人体健康与环境

（第二版）

梁文俊　陈　莎　等编著

U0824223

北京工业大学出版社

内 容 简 介

本书既可作为环境专业教材面向本、专科学生使用，也可作为高校非环境类专业学生的公共选修课教材，同时也是一本较好的环境科普读物。本书主要介绍了与人类生活密切相关的要素——水、大气、食品、日用化学品、物理性环境、室内环境中常见的污染物及其对人体健康的影响。全书共分7章，第1章介绍环境、环境污染、环境污染物的基本概念及分类；第2至4章介绍在水环境、大气环境及物理性环境中常见的化学性污染物、物理性污染物及生物性污染物的种类、理化特性、来源及对人体健康的危害，也介绍了碳减排的相关内容。第5章和第7章介绍食品及日用化学品中的污染物类型及对人体健康的影响。第6章介绍室内环境中化学性、物理性及生物性污染物对人体健康的影响。

图书在版编目（CIP）数据

人体健康与环境 / 梁文俊等编著．--2版．--北京：北京工业大学出版社，2025.6．-- ISBN 978-7-5639-8815-0

Ⅰ．X503.1

中国国家版本馆 CIP 数据核字第 20254UG688 号

人体健康与环境（第二版）

RENTI JIANKANG YU HUANJING（DIERBAN）

编 著 者： 梁文俊　陈　莎　等
责任编辑： 王宇洲
封面设计： 红杉林文化
出版发行： 北京工业大学出版社　http://press.bjut.edu.cn
（北京市朝阳区平乐园100号　邮编：100124）
010-67391722　bgdcbs@bjut.edu.cn
经销单位： 全国各地新华书店
承印单位： 廊坊市印艺阁数字科技有限公司
开　　本： 787毫米×1092毫米　1/16
印　　张： 16.5
字　　数： 395千字
版　　次： 2015年3月第1版　2025年6月第2版
印　　次： 2025年6月第1次印刷
标准书号： ISBN 978-7-5639-8815-0
定　　价： 48.00元

版权所有　翻印必究

（如发现印装质量问题，请寄本社发行部调换 010-67391106）

编著委员会

主　任：

梁文俊　北京工业大学

陈　莎　北京工业大学

委　员：

刘　佳　北京工业大学

李晶欣　华北电力大学（保定）

宋丽云　北京工业大学

蔡建宇　北京市生态环境保护科学研究院

杨竹慧　山东建筑大学

樊　星　北京工业大学

韩　静　北京轻工技师学院（北京乐器研究所）

前　　言

环境与人类息息相关，环境是人类生存的空间，人类与环境的共生关系是永恒的生命主题。工业文明在创造物质繁荣的同时，也让我们深刻体会到环境污染对健康的威胁——从伦敦烟雾事件到日本水俣病事件，从$PM_{2.5}$暴露到室内甲醛污染。当前，我国经济迅速发展的同时环境问题也不容忽视——水污染、雾霾、室内空气污染等，严重地影响着人民群众的身体健康和生活质量。编写本书的初衷，正是希望通过系统梳理环境污染物与人体健康的关系，搭建人体健康学与环境保护的学科桥梁。

本书主要介绍了与人类生活密切相关的要素——水、大气、食品、日用化学品、物理性环境、室内环境中常见的污染物及其对人体健康的影响。第1章介绍环境、环境污染、环境污染物的基本概念及分类；第2至4章介绍在水环境、大气环境及物理性环境中常见的化学性污染物、物理性污染物及生物性污染物的种类、理化特性、来源及其对人体健康的危害。第5章和第7章介绍食品及日用化学品中的污染物类型及其对人体健康的影响。第6章介绍室内环境中化学性、物理性及生物性污染物对人体健康的影响。本次修订中也补充了碳中和的相关内容。

本书既可作为环境专业教材面向本、专科学生使用，也可作为高校非环境类专业学生的公共选修课教材，同时也是一本环境科普读物。全书共分7章，各章编写分工具体如下：第1章由梁文俊、宋丽云编著，第2章由陈莎、张颖编著，第3章由梁文俊、蔡建宇、樊星编著，第4章由刘佳、杨竹慧编著，第5章由李晶欣编著，第6章由梁文俊、宋丽云、韩静编著，第7章由张颖、陈莎编著。全书由梁文俊教授统稿、审阅。在此特别缅怀本教材的发起人李坚教授，其严谨的治学精神与生命最后时刻的学术坚守，为我们树立了永恒的丰碑，编写组全体成员将继承李坚教授的遗志，持续完善该教材的知识体系和内容。

本书获得了北京工业大学教材项目的资助，编写过程中得到了北京工业大学出版社邹怡老师和王宇洲老师的大力支持和帮助，在此表示衷心的感谢！本书中引用了许多文献和书籍内容，在此向相关作者致以谢意！

由于时间紧迫，水平有限，书中难免出现不足之处，敬请读者批评指正。

编著者

2025年1月于北京

目　　录

第1章　绪　论

1.1　环境与健康

1.1.1　环境的含义

在一般意义上使用“环境”这一词汇时，往往是相对某项中心事物而言的，总是作为某个中心事物的对立面而存在。即围绕某个中心事物的外部空间、条件和状态，便构成某个中心事物的“环境”。

(1) 广义的概念

环境总是相对某一中心事物而言，作为某一中心事物的对立面而存在。它因中心事物的不同而不同，随中心事物的变化而变化。与某一中心事物有关的周围事物，就是这个中心事物的环境。中心事物与环境是既相互对立，又相互依存、相互制约、相互作用和相互转化的，它们之间是对立统一的。

(2) 狭义的概念

定义：环境科学中的环境是指围绕着人群的空间，以及直接、间接影响人类生存和发展的各种天然的和经人工改造过的自然因素的总体。

环境运动中“环境”一词大多定义在自然保护领域，具有公众难以参与的现象。近年来，国际环境教育界提出了新颖而科学的“环境定义”，主要有两个要点：①人以外的一切就是环境；②每个人都是他人环境的组成部分。这一定义有利于公众理解环境问题与自己的关系，从而激发人们去为保护环境而脚踏实地做一些力所能及的事情。

《中华人民共和国环境保护法》明确指出，本法所称环境，是指影响人类生存和发展的各种天然的和经过人工改造的自然因素的总体，包括大气、水、海洋、土地、矿藏、森林、草原、湿地、野生生物、自然遗迹、人文遗迹、自然保护区、风景名胜区、城市和乡村等。这里所指的环境是作用于人类这一客体的所有外界事物，是人类的生存环境。

环境是相对一定中心事物而言的，与某一中心事物相关的周围事物的集合就称为这一中心事物的环境。环境科学所研究的环境，是以人类为主体的外部世界，即人类生存、繁衍所必需的、相适应的环境或物质条件的综合体，它的中心事物是人类。

环境可以分为自然环境和人工环境两种。

自然环境是需要人类珍惜的资源，是指一切直接或间接影响人类的，自然形成的物质、能量和自然现象的总体。自然环境的组成见图 1－1。

- 自然环境
  - 物质
    - 空气
    - 水
    - 岩石、土壤
    - 动植物、微生物
  - 能量
    - 气温
    - 阳光
    - 引力
    - 地磁力
  - 自然现象
    - 太阳的稳定性
    - 地壳的稳定性
      - 地质构造情况
      - 地震、火山活动
      - 海啸
    - 大气力量
    - 水循环
    - 水土演变
    - ……

图 1－1　自然环境的组成

① 三大生命要素：空气、水和土壤。

② 自然资源：矿产、森林、淡水、土地、生物物种、燃料（如石油、煤炭、天然气）。

③ 两类生态系统：陆地生态系统（如森林、草原、荒野、灌丛等）与水生生态系统（如湿地、湖泊、河流、海洋等）。

④ 多样景观资源：如山势、水流、本土动植物种类、自然与文化历史遗迹等。

人工环境是指由于人类的活动而形成的环境。它是在自然物质的基础上，通过人类长期有意识的社会劳动（加工、改造自然物质），创造物质生产体系，积累物质文化等形成的环境体系。人工环境包括由人工形成的物质、能量和精神产品，以及人类活动中所形成的人与人之间的关系（或称上层建筑），其组成见图 1－2。

- 人工环境
  - 综合生产力（包括人等）
  - 技术进步
  - 人工构建物
  - 人工产品和能量
  - 政治体制
  - 社会行为
  - 文化与地方因素
  - ……

图 1－2　人工环境的组成

1.1.2 健康的含义

健康就其本义，是指人的身体状况。联合国世界卫生组织给“健康”的定义，是指一种身体的、精神的和社会的完整的幸福状态，而不仅是指发育正常，没有疾病和虚弱。身体健康应包括身体机能正常，没病；生长发育正常，无缺陷；身体能适应内外环境的变化等。精神健康指能正确认识人生的意义，与亲朋好友、左邻右舍和睦相处；精神正常，有正确的思想和判断能力等。社会环境健康，是指人们有良好的工作与生活环境；社会安定团结，无犯罪或犯罪少，发病率低，人的平均寿命长等。

人类是环境的产物，在其长期的演变过程中，形成了适应环境变化的生理调节功能。人只有在身体与自然环境和社会环境的动态平衡中，才能保持良好的心态和健康的身体。就狭义上讲，“健康”主要是指身体状态良好，无疾病，不虚弱，对环境的适应能力强。可是，要达到这种状态，没有良好的精神状态和心理素质，没有坚强的意志和科学方法，社会环境再好，也不可能实现真正的“健康”。身体健康与精神健康是互相联系和互相影响的。良好的生理素质是身体健康的基本标志和基础，是良好心理素质的载体，而心理状态的好坏，心理是否平衡，则是影响身体健康的极其重要的因素。

1.1.3 人体健康与环境

环境是以人为主体，由人与其他生物和非生物所构成的生态系统所组成的。人体与其周围环境中的物质进行着正常的交换，以维持正常的生理、生化、代谢功能，进行正常的生长、发育、繁衍后代。人类开发自然资源，从环境中获得物质和能量来进行生产和生活活动，最后又以消费形式将废物归还环境。这样就构建了一个庞大、复杂、功能多样、因素众多且具有高度协调和适应能力的人类环境。

人类的一些生产和生活活动（如过度砍伐森林、破坏植被、滥捕滥杀野生生物、废物乱排、农药化肥过度施用等），导致生物种群减少，影响繁衍，给生态系统结构和功能造成极大威胁。在生态环境遭受到破坏的同时，其产生的温室效应、环境公害事件，以及由此引起的癌症、畸形等问题，也对人类的生产和生活产生了很大的影响。

因此，环境的好坏对于人体健康至关重要，良好的环境是人类生存和发展的物质基础，也是人类健康的基础。

1.2 人类与环境

1.2.1 人类是环境的产物

众所周知，迄今为止在浩瀚的宇宙空间中，除了人类生存的地球，还没有发现第二个存在着生命的星球，地球是人类的唯一家园。地球自形成发展至今，经历了40多亿年漫长的历史岁月，由原始的混沌的不毛之地逐步演化成千姿百态、万紫千红的大千世界，孕育了各种各样的植物和动物，从中进一步进化出人类——迄今为止地球上生命有机体发展的最高形式。人类与各种生物种群共同生活在这个“绿色”的星球上，相互依存，共生共长，物竞天择，协调发展，才是唯一正确的选择。

地球是个庞然大物，而生命体基本仅生活于地球表面以上高度不超过 70 km 的大陆表面，深度不超过 11 km 的海洋。正是这很薄的一层地壳上，存在着生命体生存、发展、繁衍所必需的各种基本条件：新鲜而洁净的空气、充裕的水源、肥沃的土壤、充足的阳光、适宜的气候及其他各种丰富的自然资源。地球表面各地的生命体分布不同，人类的分布即使在大陆上也是不均衡的，如河流三角洲、沿海地区人口稠密，另外大城市也往往是从水陆交通便利的地方发展起来的，但沙漠和高寒地区人烟稀少，甚至无人居住。因此，“绿色”的地球尽管具备人类生存的必备条件，但因地而异，因时不同，只有那些条件优越地区才更适合人类的生存和发展。

1.2.2 人类与环境的辩证统一关系

人类的产生和进化发展与自然环境的变迁是紧密相关的，并与社会环境密切联系。就自然环境而论，在漫长的历史长河里，经过无数次的变迁和发展才在地球上逐步形成稠密的大气、浩瀚的海洋、蜿蜒的江河、巍峨的群山、广袤的森林，继而出现了各种生物体。面对频繁变化着的大自然，各种生物体都经历了严峻的考验。为了生存，它们必须做出巨大的努力，以适应变化着的环境。随着时间的流逝，唯独人类通过劳动完成了从猿到人的进化过程，进而构建了生机勃勃、气象万千的人类社会。人类在适应自然，利用自然和改造自然的过程中也逐步改造完善了自身。

在错综复杂、气象万千的生物圈中，人类是最活跃、最有生机、对自然环境最具影响力的因素。虽然同一切生物体一样，人类一刻也不能脱离环境，只能依赖环境，适应环境才能得以生存繁衍和发展。但是，人类与其他生物体有着根本的区别，并不是完全消极地适应环境，而是能通过劳动能动地改造环境、控制环境（当然这是很有限的），利用自然环境为人类服务、与自然协调发展共生存。

纵观几百万年人类发展的历史，人类对自然环境的影响程度和改造能力，是随着人类本身的进化和社会生产力的不断发展而逐步提高的。当人类处于原始社会时，由于生产力极其落后，人类对于自然环境只能处于非常被动的适应依附状态，对自然界的影响非常小。人类对自然环境真正产生影响的时代主要贯穿在有文明史以来的数千年，尤其是工业革命以来的几百年。20 世纪以来，科学技术的发展突飞猛进，生产力发展的速度大大超过以往任何历史时期，人类对自然环境的影响也越来越大。现在人类的足迹上及太空，下至海底，征服大自然的能力空前强大。千百年来，人类从采食野果、狩猎到开垦荒地，采伐森林，兴修水利，开采矿藏，兴建城市、发展工业及现代交通，确实创造了丰富的物质财富和灿烂的文化，建立了丰功伟绩。然而，人与自然环境是相互依存、相互影响、对立统一的整体，不可能像殖民主义者征服当地民族那样成为自然界的统治者，为所欲为。在人类改造和利用自然的过程中，作用力与反作用力相等的物理定律同样起作用。人类改造环境的能力越强大，自然环境对人类的反作用力也就越大，在人类改造环境的同时，人类的生活环境也随之发生了变化。环境问题就是这种反作用的必然结果。由于人类从自然界索取的物质日益增多，抛向自然环境的废物与日俱增，以致达到大自然无法容纳“消化”的程度，大自然在漫长的历史岁月里建立的平衡就遭到了破坏。这就是当今世界范围内出现环境污染的根本原因。人类活动造成的环境污染，不仅有碍于工农业生产的进一步发展，也严重威胁到人类自身的健康和生存。

环境是一个自然、历史的综合体，它既是人类赖以生存的物质基础，控制着人的生命，影响着人的健康，也是人类为了生存而改造和利用的对象。人与环境这种对立统一的辩证关系，是经过长时间的演化而来的。纵观人类社会的发展，人与自然的关系基本上经历了三个阶段：依附阶段，古代人视自然为神，人是自然的附属物；统治阶段，把自然界作为统治、征服的对象，妄图把自然当作人类的附属物，为所欲为，因而遭到自然的报复；协调共处阶段，以自然为友，把自然界看作改造、利用、保护的对象，人与环境协调共处。如今，人们改造自然和认识自然的能力空前提高，在人与自然的关系上认识到，不能只顾向大自然索取，不顾其承受能力，而必须充分注意自然环境的发展趋势，特别重视环境保护问题，使人类与环境互相适应、协调发展。人类只有一个地球，每个人的生命只有一次，为了人类的未来，为了自身的健康，必须保护环境，与大自然和谐共处，否则就没有人类健康，甚至会自取灭亡。人类改造环境的能力再强，比起自然的威力来，总是微不足道的。

因此，面对全球性的生态环境危机与挑战，如何化解人与自然之间的矛盾、破解全球环境治理的困局、实现环境保护和经济发展共赢、保障人类世世代代生态福祉，生态文明建设是当下唯一的答案。

1.2.3 生态文明建设

生态文明是指人类遵循人、自然、社会和谐发展这一客观规律而取得的物质与精神成果的总和；是指人与自然、人与人、人与社会和谐共生、良性循环、全面发展、持续繁荣为基本宗旨的文化伦理形态。生态文明是人类文明的一种形态，它以尊重和维护自然为前提，以人与人、人与自然、人与社会和谐共生为宗旨，以建立可持续的生产方式和消费方式为内涵，以引导人们走上持续、和谐的发展道路为着眼点。

党的十八大以来，以习近平同志为核心的党中央以高度的历史使命感和责任担当，直面生态环境面临的严峻形势，高度重视社会主义生态文明建设，坚持绿色发展，把生态文明建设融入经济建设、政治建设、文化建设、社会建设各方面和全过程，加大生态环境保护力度，推动生态文明建设在重点突破中实现整体推进。

推进新时代生态文明建设必须遵循以下六项重要原则：

① 坚持人与自然和谐共生。坚持节约优先、保护优先、自然恢复为主的方针，像保护眼睛一样保护生态环境，像对待生命一样对待生态环境，让自然生态美景永驻人间，还自然以宁静、和谐、美丽。

② 绿水青山就是金山银山。贯彻创新、协调、绿色、开放、共享的新发展理念，加

快形成节约资源和保护环境的空间格局、产业结构、生产方式、生活方式，给自然生态留下休养生息的时间和空间。

③ 良好生态环境是最普惠的民生福祉。坚持生态惠民、生态利民、生态为民，重点解决损害群众健康的突出环境问题，不断满足人民日益增长的优美生态环境需要。

④ 山水林田湖草沙是生命共同体。要统筹兼顾、整体施策、多措并举，全方位、全地域、全过程开展生态文明建设。

⑤ 用最严格制度最严密法治保护生态环境。加快制度创新，强化制度执行，让制度成为刚性的约束和不可触碰的高压线。

⑥ 共谋全球生态文明建设。深度参与全球环境治理，形成世界环境保护和可持续发展的解决方案，引导应对气候变化国际合作。

生态文明建设关乎人类未来。建设绿色家园是人类的共同梦想。保护生态环境，应对气候变化，维护能源资源安全，是全球面临的共同挑战，任何一员都无法置身事外。习近平同志强调：气候变化关乎全人类生存和发展，需要在全球范围内采取及时有力行动。国际社会应该携手同行，共谋全球生态文明建设之路。只有团结协作，才能凝聚力量，有效克服国际政治经济环境变动带来的不确定因素。只有共商共建共享，才能保护好地球，建设人类命运共同体。

1.3 环境问题和环境污染

1.3.1 环境问题的概述

环境问题主要是指由于人类活动（包括生产和生活活动）作用于周围的环境所引起的污染问题，是指影响人类健康的“公害”及各种污染物的潜在影响，是一个世界性的问题，也是一个社会问题。这里讲的环境，仍属于自然环境，但是，它是受到人类影响的人工自然环境。对于环境问题的理解，可有广义与狭义两种。

狭义的环境问题是指在人类社会经济活动的作用下，人们周围环境的结构和状态发生不利于人类生存和发展的变化。

广义的环境问题是指任何不利于人类生存和发展的环境结构和状态的变化，其产生的原因既有人为因素又有自然因素。

1.3.2 环境问题的特点

当代环境问题主要有以下三个特点：

① 环境污染呈全球性、广域性，如全球性气候变暖、臭氧层空洞、跨国酸雨、淡水资源枯竭及污染等。

② 生态失衡，如生物多样性锐减，土壤退化及荒漠化加速，森林（特别是热带雨林）面积减少带来的生态破坏。

③ 突发性的严重污染事件时有发生，如日本福岛核事故、印度的博帕尔农药泄漏事件。

当代环境问题的全球性、广域性、生态失衡（难以或不能恢复生态平衡）等特点，是人类自己制造的苦果——一味追求经济利益，不考虑环境的承载能力的副产物。人类若不善待环境，与环境协调发展，全球性的生态破坏和环境污染，不仅已经影响各国的经济的发展，威胁着人类的生存，而且将毁灭人类自身。

1.3.3 环境问题的性质和实质

环境问题是人类在生产和生活活动中产生的，因此，环境问题的产生和人类密不可分，其性质包括：

① 具有不可根除和不断发展的属性，它与人的欲望、经济的发展、科技的进步同时产生、同时发展，呈现孪生关系。

② 范围广泛而全面，存在于政治、工业、农业、科技等各领域中。

③ 对人类的行为具有反馈作用，使人类的生产方式、生活方式、思维方式等产生新的变化。

④ 可控性，即通过教育，提高人们的环保意识，充分发挥人的智慧和创造力，借助法律的、经济的和技术的手段，可以把环境问题控制在影响最小的范围内。

环境问题的实质是经济问题和社会问题，是人类自然的，而且是自觉地建设人类文明的问题。它包括两层意思：一是所谓的环境问题都是人类经济活动的直接或间接的结果；二是要对人类经济活动产生的环境污染和破坏进行治理和控制，必须要有相当的经济实力。

1.3.4 环境污染的概述

环境污染主要指在生产和生活过程中排放的废水、废气、废渣，使环境中有害有毒物质的含量超过正常值，危害到人体健康和工农业生产的现象。环境污染的产生有一个从量变到质变的发展过程，当某种能造成污染的物质的浓度或总量超过环境自净能力时，就会产生危害。

工业革命以后，工业迅速发展，人类排放的污染物大量增加，在一些地区发生环境污染事件，如1850年左右英国泰晤士河中水生生物大量死亡等。由于受当时科学技术和认识水平的限制，环境污染并没有引起重视。20世纪30年代到60年代，由于工业的进一步发展，在世界一些地区先后发生公害事件（表1－1），环境污染才逐渐引起人们的重视。这个时期的公害事件主要出现在工业发达国家，是局部的、小范围的环境污染问题。

表 1－1　世界著名的八大公害事件

事件名称	时间、地点	污染源	主要危害
马斯河谷烟雾事件	1930 年比利时马斯河谷	工厂排放的含有烟尘及 SO_2 废气，蓄积于长条形深谷空气中	呼吸道发病，约 60 人死亡
多诺拉镇烟雾事件	1948 年美国宾夕法尼亚州多诺拉镇	炼锌、钢铁、硫酸等工厂排放的含烟尘及 SO_2 的废气，蓄积于马蹄形深谷中	呼吸道发病，死亡 20 多人，患病约 6 000 人
伦敦烟雾事件	1952 年英国伦敦	含烟尘及 SO_2 的废气	呼吸道发病，5 天内 4 000 多人死亡
洛杉矶光化学烟雾事件	1943 年美国洛杉矶	汽车和工厂等排放的含 NO_x、碳氢化合物的尾气在一定条件下形成光化学烟雾	刺激眼、喉，引起眼病、呼吸道疾病、头痛
四日市哮喘事件	1961 年日本四日市	炼油厂排放的含 SO_2、重金属粉尘等的废气	1972 年有 817 人患哮喘病，死亡人数超过 10 人
富山痛痛病事件	1931 年日本富山县	锌冶炼厂排放的含镉废水	骨折，患者 200 多人，多人因痛苦不堪而自杀
水俣病事件	1956 年日本熊本市水俣湾	化工厂排放的含汞废水形成的甲基汞	中枢神经受伤害，听觉、语言、运动失调，死亡 200 多人
米糠油事件	1968 年日本北九州市、爱知县	米糠油中残留多氯联苯	死亡 10 多人，中毒 1 万余人

20 世纪 80 年代以来，环境问题的范围扩大了很多，像全球气候变暖、臭氧层耗损等已成为全球性环境问题，酸雨等也属于大面积区域环境污染问题。全球性的环境污染和大面积的生态破坏，不仅发生在经济发达国家，也发生在众多的发展中国家，甚至有些情况在发展中国家更为严重。

当今世界上空气、水体、土壤和生物所受到的环境影响已经达到危险的程度。自然界的生态平衡受到日益严重的干扰，自然资源受到大面积破坏，自然环境正在恶化。

1.4　环境污染和人体健康

环境污染会给生态系统造成直接的破坏和影响，也会给生态系统和人类社会造成间接的危害，有时这种间接的环境效应危害比当时造成的直接危害更大，也更难消除。当然，环境污染最直接、最容易被人感受的后果是使人类环境的质量下降，影响人类的身体健康、生活质量和生产活动。以大气污染为例，大气污染物主要引起或加重人类呼吸系统的疾病，如慢性支气管炎、哮喘、肺气肿等，进而引起身体机能障碍，危害心、肝、肺、肾等内脏器官，甚至致癌、致畸等。此外，它还会玷污器物，腐蚀设备，污染农作物，再间接危害人类的身体健康。

1.4.1 环境污染物进入人体的途径

环境污染物进入人（或其他动物）的机体后，在发生体内分布和代谢的同时，表现出其对组织和器官的损害作用。即在组织和器官内产生化学或物理作用，破坏了机体的正常生理功能，引起功能损害、组织损伤，甚至危及生命。

环境污染物进入人体的主要途径有饮食、呼吸和皮肤三个途径。

（1）消化道吸收

水和食物中的有害物质主要通过消化道被人体吸收。化学污染物随饮食进入人体，先后经过口腔、咽部、食管、胃、小肠、大肠等部位。消化系统大部分部位都有吸收作用，但主要在小肠。成人的小肠长约5.5 m，食物的最后全面消化也就在这一“黄金地段”内进行。小肠的管径小而均匀，由其黏膜分泌的多种酶可将初步消化过的食物转为可被吸收的营养物。小肠对毒物的吸收能力主要取决于毒物性质。一般说来，分子量小的毒物（如醇类、氰化物等）在食管和胃壁处可被吸收，分子量大的毒物则需在有水输入后在小肠内被缓慢吸收。兼有水溶性和脂溶性的毒物（如酚类、苯胺等）更易被消化道吸收。胃肠道不同部位的pH不同，胃液呈酸性，肠液呈碱性，因此有机酸主要在胃内被吸收，有机碱主要在小肠内被吸收。

在人体肠道内有大量的厌氧细菌，它们有很强的分解毒物的能力，分解后产物一般具有比初始毒物更强的被吸收能力，也可形成新的物质而改变其毒性。此外，胃肠道内容物多少、排空时间以及蠕动状况等其他因素也可影响吸收。

环境污染物也能随不洁饮用水进入人体。已发现在饮用水中可能含有的有机污染物就有1 100多种。世界卫生组织曾经调查后指出，人类疾病80%与饮用水有关，世界上每年有2 500万名以上的儿童因饮用被污染的水而死亡。

（2）呼吸道吸收

各种污染物（呈气体、蒸气或颗粒物形态的非生物物质或微生物）随空气进入人体，会先后经过鼻、咽、喉、气管、支气管及肺等部位。从鼻腔到肺泡整个呼吸道各部分结构不同，对污染物的吸收情况也不同。吸入部位愈深，表面积愈大，停留时间愈长，吸收量愈大。因此，污染物经呼吸道吸收，以肺泡为主。由于人体肺泡多，表面积大，毛细血管丰富，毛细血管壁和肺泡上皮细胞膜薄，有利于化学污染物的吸收。

气体类污染物（如CO、NH_3、HCl等）可直接进入肺部，不但直接危害肺组织，还可能进一步溶于血液而运转全身。如果是水溶性很大的气体毒物（如氢化氰或某些杀虫剂蒸气），一般会被阻留在鼻腔或至多抵达支气管部位，因此其显示出的毒性略为轻微。

颗粒状物质的吸收主要取决于颗粒的大小。直径大于10 μm的颗粒物，因重力作用迅速沉降，吸收后因惯性碰撞而大部分黏附在上呼吸道；5～10 μm的颗粒物，因沉降作用，大部分阻留在气管和支气管；1～5 μm的颗粒物可随气流到达下呼吸道，并有部分到达肺泡；小于1 μm的颗粒物可能在肺泡内扩散而沉积下来；小于0.5 μm的更细微粒子则可深入肺部而不易呼出，其中可被体液溶出部分又可进一步由肺泡中毛细血管附着，转入血液系统或淋巴系统或其他器官，因未经肝脏解毒而可能产生更大的危害作用。

（3）皮肤吸收

人体皮肤最外层是厚度约为 10 μm 的角质层，由角质化的上皮细胞所形成，具有保护皮肤和防止体液流失的功能。角质层之下依次是表皮和真皮，在真皮之下则密布着网状毛细血管。由于长时间接触外界环境，在皮肤上又生出毛发、指甲、汗腺、皮脂腺等衍生物。

人体皮肤摄入毒物的能力较弱。相比之下，液态的醇类、酚类或某些有机磷杀虫剂较易渗入皮肤，而水溶性盐类等化合物较难渗入。皮肤还能吸收氧气、二氧化碳和水蒸气等，所以它具有一定的呼吸功能。至于固体物质，必须先行溶解于皮肤上的汗水，转成水溶液后方可渗入皮肤。入侵后的毒物可能滞留于皮肤表层，或进入真皮下的毛细血管后，转运到其他有关的器官组织。

化学污染物经皮肤吸收还受其他因素的影响，例如，皮肤擦伤可促进各种化学物迅速经皮肤吸收，温热烧伤和酸碱损伤能增加皮肤的渗透性，潮湿也可促进某些气态物质的吸收。

当人的皮肤不慎接触强酸或强碱后，不但会局部损伤表皮组织，引发炎症、湿疹、坏疽等，重者还会浸透内层组织，与血液淋巴相混合，并发各种中毒症状。

皮肤排泄废物的能力相对地比其吸收外来毒物的能力要强得多。体内毒物可通过出汗转移到皮肤或者转移到头发和指甲。

1.4.2 环境污染物在人体中的分布和代谢

化学污染物被摄入人体后，通过吸收进入血液和体液，随血液和淋巴液分散到全身各组织的过程称为分布。不同的化学污染物在体内并不是均匀地分布到各组织，不同化学物在体内分布不一样，这是因为化学物在体内各组织的分布与该组织的血流量、亲和力以及屏障作用等有关。所谓屏障作用是指具有固有的形态结构基础，为机体阻止或减少化学物由血液进入某种组织器官的一种保护机制，使其不受或少受化学污染物的危害。

血脑屏障虽不能绝对阻止有毒物质进入中枢神经系统，却比其他部位渗透性小。许多物质在相当大的剂量时仍不能进入大脑。

进入血液的化学污染物大部分与血浆蛋白或体内各种组织（如肝脏、肾脏、脂肪组织、骨骼组织）结合，在特定部位累积而浓度较高。但化学污染物对这些部位所产生的作用并不相同。有的部位化学污染物可直接发挥作用，称为靶器官。例如，甲基汞积聚在脑，百草枯积聚在肺脏，均可引起这些组织的病变。肝脏、肾脏具有与许多化学物结合的能力，这些组织中的细胞含有特殊的结合蛋白，能将血浆中和蛋白质结合的有毒物质夺过来。动物实验表明，铅中毒后 30 min，肝脏中铅浓度比血浆中高 50 倍。化学污染物中有许多具有脂溶性的化合物，易于通过生物膜进入血液，并分布和蓄积在体脂内，如各种有机氯农药等。骨骼组织中某些成分与化学污染物有特殊亲和力，因此有些物质在骨骼中的浓度很高，如氟化物、铅、锶等能与骨基质结合而贮存其中，体内90%的铅贮存在骨组织内。

排泄化学污染物及其代谢产物的主要器官是肾脏。肝胆系统也是化学污染物自体内排出的重要途径之一。通常小分子物质经肾脏排泄，大分子化合物经胆管排泄。此外，呼吸道、消化道等也都是污染物的排泄途径。

污染物随着时间的推移而逐渐累积或在某些组织器官中获得富集，这样的过程称为生物蓄积。蓄积量是摄取、分布、代谢和排泄各量的代数和。人体内的不同部位蓄积毒物的种类也是不同的。

1.4.3 环境毒物对人体的毒害作用

对于生物机体来说，有些物质虽然无毒（害）甚至有益，但其中大多数在其被超常量摄入时，也会转化为有毒（害）物质。当进入体内的毒物发作时，就会使组织细胞或其功能受损，发生健康障碍和各类病理现象乃至即刻死亡。根据经历时间的长短和症状发作的缓急可将毒物的毒性分为急性中毒、亚急性中毒、慢性中毒和远期性中毒（致癌、致畸、致突变作用等）。

当具有强毒性的环境毒物以高浓度污染空气、水体、食物等时，就会通过相应途径进入人体，引起急性中毒或亚急性中毒。

（1）急性中毒

毒物的急性毒性主要源于其本身特定的化学结构，其毒作用的强度又与其进入机体的量之间呈正相关。即当毒物在机体内的浓度相当低时，则不显示任何作用。当达到一定浓度时，就会开始出现该毒物所固有的生理作用，且随量的增大，其毒效应加强，其作用时间也延长。当浓度再进一步加大时，机体的正常功能就难以维持，继而威胁生命，导致死亡。若毒物原先进入人体内的量不大，且可能在体内被代谢酶所代谢，转化为高度水溶性物质而及时排出体外，这时中毒症状会趋向好转。

（2）慢性中毒

慢性中毒的特点是毒性显示与其在体内的代谢过程有关。毒物在人或动物全生命期的大部分时间内或整个生命期内持续作用于机体所引起的损害作用就是慢性中毒作用。这种毒性的特点是小剂量，多次摄入，作用的持续时间长，引起的损害缓慢细微，易呈现耐受性，并有可能通过遗传贻害后代。从环境毒理学看，存在慢性中毒危险性的有机毒物多数有以上特点。由于污染物排放受相关标准控制，接受污染物的环境介质（水、气、土壤）有较大的环境容量及一定的自净作用，使得环境中存留的污染物浓度一般很低，污染物毒害作用短期内不易显现。与此同时，毒物进入环境后会在各种环境条件下发生扩散、迁移、导致污染波及地区广，影响人群众多。

（3）远期性中毒

三致性毒物是指那些进入人体后能致癌、致畸和致突变的毒物。这些毒物的致病、致残、致死的效应是远期性的，但对人类生存的威胁很大。三致性毒物在环境中普遍存在，其种类多得不可胜数。在环境容量极大的环境介质中，它们的数量和浓度还是相当小的。但若是长期积累，极有可能造成无法估量的后果。

1.4.4 环境污染与致癌危害

1775 年英国外科医生波特首次报道清扫烟囱的工人易患阴囊癌，提示阴囊癌的发生与烟尘（煤焦油）在阴囊部位沉积有关，煤焦油可能致癌；1915 年日本学者首次报道将煤焦油涂抹在兔耳上诱发出了皮肤癌，证实了煤焦油的致癌性；英国学者于1932 年从煤焦油中分离出苯并［a］芘，并诱发出小鼠皮肤癌，这是人类首次从环境中分离出化学致癌物。化学致癌物在环境中的存在，以及环境污染与癌症发生的关系愈来愈受到人们的关注。

环境化学物的致癌作用是指化学物引起正常细胞发生恶性转化并发展成肿瘤的过程。近年来，癌症已经成为严重威胁人类健康和生命的疾病之一。过去世界各国疾病谱和死因构成以急性传染病死亡占首位，现在已逐渐变为心脏病、心脑血管病、恶性肿瘤、肺病等。其中癌症已逐渐成为危害人群健康的一种常见病。据统计，80% ~90% 的人类癌症与环境因素有关。

比如说，大气污染在城市和乡村有着十分明显的差异，对比城市和乡村肺癌发生率和死亡率可在某种程度上反映出大气污染的致癌危害。此外全世界在水中检测出的有机化学污染物共约 2 221 种，美国国家环保局从自来水中检出约 765 种。其中 20 种为确证致癌物，26 种为可疑致癌物，18 种为促癌物和辅癌物，48 种为致突变物。目前，许多国家都进行了饮用水和水源水有机萃取物致突变性研究。饮用水加氯消毒产生的氯化副产物（如三卤代甲烷等）具有明显的致突变性，使得人们对加氯消毒后的饮用水致突变，甚至是致癌性的危害忧虑有所增加。

1.4.5 环境污染与致畸危害

人类先天畸形又称为出生缺陷，它主要是指出生时人类胚胎在结构和功能方面的异常。尽管遗传因素对人类出生缺陷的发生有重要影响，但后天环境因素对生殖细胞遗传物损伤、对胚胎发育过程中的直接损害和对出生缺陷的发生也具有重要作用。环境因素作用于胚胎发育的不同阶段可引发多种后果，如流产、胎儿发育迟缓、胎儿结构畸形以及出生后再显现的各种生理和心理缺陷。环境因素干扰正常胚胎发育过程，使胚胎发育异常而出现先天畸形或出生缺陷，它作用的靶点若为是体细胞，则不具遗传性，如果环境因素作用于生殖细胞，在分裂中把对遗传物质损害的特征（如突变）传递给子代细胞，它对生殖功能的影响和发育的不良影响是可遗传的。

例如，汞在进入动物体内后会变成甲基汞，毒性骤然增大，因此，人吃了含有微量汞元素的鱼就可能严重中毒。甲基汞进入人体后主要侵害神经系统，尤其是中枢神经系统。甲基汞还可通过胎盘屏障侵害胎儿，使新生儿发生先天性疾病。报告显示，在美国，1/12 或将近 500 万名妇女体内的汞含量高于安全标准，每年可能有高达 30 万名新生儿因为汞污染致其智力和神经系统受到影响。

研究还发现，许多化学污染物具有类似激素的作用，能干扰生物体的内分泌功能，对机体、后代或亚群引起有害效应。这些化学污染物称为环境内分泌干扰物，又称为环境荷尔蒙或环境激素。目前，已确认的环境内分泌干扰物有130多种，主要为农药、合成洗涤剂、防腐剂、涂料、塑料制品和石油制品等。它们影响体内激素的合成、分泌、传递、结合、启动以及消除等环节，从而对个体的生殖、发育以及行为产生多方面的影响。

1.4.6 环境污染与致突变危害

致突变作用是指污染物或其他环境因素引起生物体细胞遗传信息发生突然改变的作用。这种变化的遗传信息或遗传物质在细胞分裂过程中能够传递给子代细胞，使子代细胞具有新的遗传特性。具有这种致突变作用的物质，称为致突变物。

致突变类型主要包括基因突变和染色体畸变两种。生物细胞内的遗传物质主要是染色体，它是一种复杂的核蛋白结构，主要成分是脱氧核糖核酸（DNA）。染色体上排列着成千上万个基因，即染色体上占有一定位置的遗传单位。遗传物质的变化，如涉及整个染色体，则表现为染色体结构或数目的改变，称为染色体畸变，这种改变可用普通光学显微镜直接观察。如只限于基因范围，称基因突变，这种突变属于分子水平的变化，不能用普通光学显微镜直接观察，要用其他方法加以鉴定。

突变本来是生物界的一种自然现象，是生物进化的基础，但对大多数生物个体往往有害。如果哺乳动物的生殖细胞发生突变，可能影响妊娠过程，导致不孕和胚胎早期死亡等；体细胞的突变，可能是形成癌症的基础。因此，环境污染物如具有致突变作用，亦即具有毒性的表现。

思考题

1. 什么是人体健康和环境？环境与人类健康有什么关系？
2. 人类和环境有怎样的关系？
3. 什么是环境问题？其特点和实质又是什么？
4. 环境污染对人类有哪些方面的危害？分别举例说明。

第2章　水环境与人体健康

2.1　水环境

2.1.1　水环境概述

水在地球上处于不断循环的动态平衡状态，水环境是指自然界中水的形成、分布和转化所处的空间环境。水环境主要由地表水环境和地下水环境两部分组成。地表水环境包括河流、湖泊、水库、海洋、池塘、沼泽、冰川等，地下水环境包括浅层地下水、深层地下水等。

在地球表面，水体面积约占地球表面积的71%，分别由海洋水和陆地水两部分组成，海洋水约占总水量的97%，后者所占总量比例很小，且所处空间的环境十分复杂。

水环境是构成环境的基本要素之一，是人类赖以生存和发展的重要场所，也是受人类干扰和破坏最严重的领域。水环境的污染和破坏已成为当今世界主要的环境问题之一。

2.1.2　天然水的循环与基本特征

天然水是海洋、江河、湖泊、沼泽、冰川等地表水与地下水的总称，它会在液态水、水蒸气和冰之间变化形态。天然水的循环就是指水在地球表面、大气中与地下连续不断地运动，如图2-1所示。天然水在循环过程中不断与环境中的各种物质接触，并能或多或少溶解它们，因此天然水是一种成分复杂的溶液。天然水中蕴含着丰富的可溶性物质与悬浮物质，这些成分共同构成了天然水的独特性质。悬浮物质涵盖了悬浮物、颗粒物及水生生物等，而可溶性物质则更为复杂，它们大多源自岩石风化过程中经水溶解并迁移的地壳矿物质。在天然水的离子组成中，八大常见离子占据了总量的95%～99%，它们构成了天然水化学特征的核心。这些离子被细分为阳离子与阴离子两类，详见表2-1。

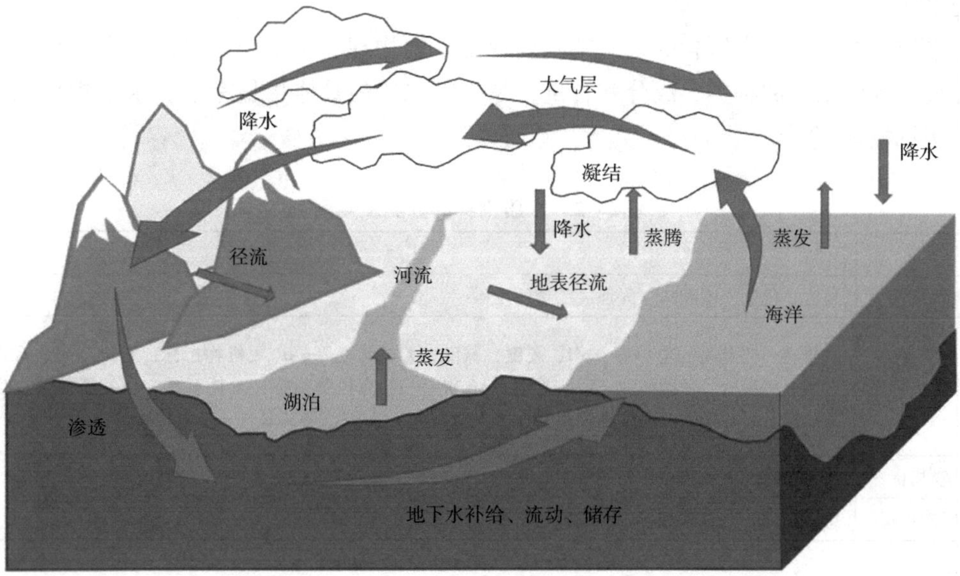

图2-1　天然水的循环

表2-1　天然水中的离子

离子分类		特点和作用
阳离子	钾离子（K^+）	广泛分布于各类天然水中，其含量因水源而异
	钠离子（Na^+）	在天然水中普遍存在，尤其在海水中含量尤为丰富
	钙离子（Ca^{2+}）	其含量与水源地的地质条件紧密相关，是硬水的主要成分之一
	镁离子（Mg^{2+}）	同样受地质条件影响，与钙离子共同决定了水的硬度
阴离子	碳酸氢根离子（HCO_3^-）	作为天然水中常见的阴离子，它参与了水的酸碱平衡调节
	硝酸根离子（NO_3^-）	可能源于农业施肥等人类活动，对水质产生一定影响
	氯离子（Cl^-）	在海水中含量极高，同时也存在于其他天然水体中
	硫酸根离子（SO_4^{2-}）	同样受地质条件影响，与钙离子共同决定了水的硬度

天然水受多种因素影响，其化学成分呈现出显著差异。

淡水：总含盐量低于500 mg/L（或1 g/L以下），主要离子含量相对较低。

半咸水：含盐量0.5‰至30‰，常见于入海河口区和内陆咸水湖。

咸水：总含盐量超过10 g/L，主要离子含量远高于淡水和半咸水。

天然水的化学成分并非一成不变，而是受到多种因素的共同影响。

地质条件：决定了水中矿物质的种类与含量，是天然水化学成分的基础。

气候条件：通过影响水的蒸发、降水等自然过程，间接改变水中化学成分的分布与含量。

人类活动：如农业施肥、工业排放等，可能向水体中引入额外的化学物质，对水质造成一定影响。

综上所述，天然水的组成与影响因素复杂多样，这些因素共同作用，形成了各具特色的水质。

水质是指水和其中所含的杂质共同表现出来的物理、化学和生物的综合特性。水质指标表示水中杂质的种类、成分和含量，是判断水质的具体衡量标准。水质指标的分类及实例见表2－2。

表2－2　水质指标的分类及实例

分类	实例
物理指标	温度、色度、嗅和味、浑浊度、透明度等
化学指标	a. 非专一性指标：电导率、pH、硬度、碱度、无机酸度等；b. 无机物指标：有毒金属、有毒准金属、硝酸盐、亚硝酸盐、磷酸盐等；c. 非专一性有机物指标：总耗氧量、化学需氧量、生化需氧量、总有机碳、高锰酸钾指数、酚类等；d. 溶解性气体：氧气、二氧化碳等
生物指标	细菌总数、大肠菌群、藻类等
放射性指标	总α射线、总β射线、铀、镭、钍等

有些指标用某一物理参数或某一物质的浓度来表示，是单项指标，如温度、pH、溶解氧等；而有些指标则是根据某一类物质的共同特性来表明在多种因素的作用下所形成的水质状况，称为综合指标，比如生化需氧量表示水中能被生物降解的有机物的污染状况，总硬度表示水中钙、镁等无机盐类的含量。水质指标是判断和综合评价水体质量并对水质进行界定分类的重要参数。

下面仅介绍我国相关排放标准（表2－3）中的几种主要的水质指标。

2.1.2.1　物理指标

（1）温度

水的许多物理特性、物质在水中的溶解度以及水中进行的许多物理化学过程都和温度有关。地表水的温度随季节、气候条件而有不同程度的变化，在0.1～30 ℃。地下水的温度比较稳定，一般在8～12 ℃。工业废水的温度与生产过程有关。

测定：现场测定，与地点和深度有关，用精度为0.1 ℃的水银温度计。

（2）颜色和色度

纯水是无色的。水的颜色有真色和表色之分。真色是水中所含溶解物质或胶体物质所致，即除去水中悬浮物质后水所呈现的颜色。表色是由溶解物质、胶体物质和悬浮物质共同引起的颜色。一般只对天然水和饮用水作真色的测定。

测定方法常用铂钴标准比色法。

（3）浑浊度和透明度

水中由于含有悬浮及胶体状态的杂质而产生浑浊现象。水的浑浊程度可以用浑浊度来表示。水体中悬浮物质含量是水质的基本指标之一，表明的是水体中不溶解的悬浮和漂浮物质的数量，水体中悬浮物包括无机物和有机物。悬浮物对水质的影响在于阻塞土壤孔隙，形成河底淤泥，还会阻碍机械运转。悬浮物在1～2 h内沉淀下来的部分称为可沉固体，此部分可粗略地表示水体中悬浮物的量。生活污水中沉淀下来的物质通常称作污泥，工业废水中沉淀的颗粒物则称作沉渣。

2.1.2.2 化学指标

（1）pH

一般天然水体的 pH 为 6.0～8.5。测定法主要有试纸法、比色法、电位法。试纸法虽简单，但误差大；比色法用不同的显色剂进行，比较不方便；现在普遍根据电位法原理设计的 pH 计测定 pH。

（2）硬度

水的硬度最初是指水中钙、镁离子沉淀肥皂水化液的能力。水的硬度分为总硬度、碳酸盐硬度和非碳酸盐硬度。碳酸盐硬度，又称暂时硬度，主要化学成分是钙、镁的重碳酸盐，其次是钙、镁的碳酸盐。由于这些盐类一经加热煮沸就可分解为溶解度很小的碳酸盐，硬度大部分可除去，故又称暂时硬度。非碳酸盐硬度，又称永久硬度，表示水中钙、镁的氯化物，硫酸盐、硝酸盐等盐类的含量。这些盐类经加热煮沸不会产生沉淀，硬度不变化，故又称永久硬度。水的总硬度是暂时硬度与永久硬度之和。水硬度的表示方法很多，在我国主要采用两种：a. 以度（°）计：以每升水中含 10 mg CaO 为 1 度（°），也称为德国度；b. 用 $CaCO_3$ 含量表示，单位为 mg/L。

（3）碱度

碱度是指水中能与强酸发生中和作用的全部物质，亦即能接受质子 H^+ 的物质总量。组成水中碱度的物质可以归纳为三类：a. 强碱，如 NaOH、$Ca(OH)_2$ 等，在溶液中全部电离生成 OH^- 离子；b. 弱碱，如 NH_3、$C_6H_5NH_2$ 等，在水中有一部分发生反应生成 OH^-；c. 强碱弱酸盐，如各种碳酸盐、重碳酸盐、羧酸盐、磷酸盐、硫化物和腐殖酸盐等，它们水解时生成 OH^- 或者直接接受质子 H^+。

天然水中的碱度主要由 CO_3^{2-}、HCO_3^-、OH^-、$HSiO_3^-$、$H_2BO_3^-$、HPO_4^-、HS^- 和 NH_3 等决定。其中 CO_3^{2-}、HCO_3^-、OH^- 是主要的致碱度阴离子。

碱度的测定：用中和滴定法进行。用酚酞为指示剂测得的碱度为酚酞碱度 P。用甲基橙为指示剂测得的碱度为甲基橙碱度，或称总碱度 T。从酚酞变色到甲基橙变色之间的，所用去的 H^+ 的物质的量为 M。$T = P + M$。

（4）酸度

酸度是指水中能与强碱发生中和作用的全部物质，也指释放出 H^+ 或经过水解能产生 H^+ 的物质的总量。组成水中酸度的物质也可归纳为三类：a. 强酸，如 HCl、H_2SO_4、HNO_3 等；b. 弱酸，如 CO_2、H_2CO_3、H_2S、蛋白质以及各种有机酸类；c. 强酸弱碱盐，如 $FeCl_3$、$Al_2(SO_4)_3$ 等。

酸度的测定：用中和滴定法进行。

（5）溶解氧

空气中的分子态氧溶解在水中称为溶解氧，通常记作 DO，用每升水里氧气的毫克数表示。水中的溶解氧的含量与空气中氧的分压、水的温度都有密切关系。在自然情况下，空气中的含氧量变动不大，故水温是主要的因素，水温愈低，水中溶解氧的含量愈高。

在 20 ℃、100 kPa 下，纯水里大约溶解氧 9 mg/L。有些有机化合物在好氧菌作用下发生生物降解，要消耗水里的溶解氧。如果有机物以碳来计算，每 12 g 碳要消耗 32 g 氧气。当水中的溶解氧值降到 5 mg/L 时，一些鱼类的呼吸就发生困难。水里的溶解氧由于空气里氧气的溶入及绿色水生植物的光合作用会不断得到补充。但当水体受到有机物污染，耗氧严重，溶解氧得不到及时补充，水体中的厌氧菌就会很快繁殖，有机物因腐败而使水体变黑、发臭。

水中溶解氧的多少是衡量水体自净能力的一个指标，是研究水自净能力的一种依据。水里的溶解氧被消耗，要恢复到初始状态，所需时间短，说明该水体的自净能力强，或者说水体污染不严重。否则说明水体污染严重，自净能力弱，甚至失去自净能力。

（6）化学需氧量

化学需氧量（COD）指水体中能被氧化的物质在规定条件下进行化学氧化过程中所消耗氧化物质的量。以每升样水消耗氧的毫克数表示。水中各种有机物进行化学氧化反应的难易程度是不同的，因此化学需氧量指标是在规定条件下水中可被氧化物质的需氧量的总和。化学需氧量主要反映水体受有机物污染的程度。

当前测定化学需氧量常用的方法有：① 高锰酸钾法，简称锰法，记为 COD_{Mn}，比较简便，多用于测定较清洁的水样；② 重铬酸钾法，简称铬法，记为 COD_{Cr}，其氧化程度比高锰酸钾法高，用于污染严重的水和工业废水的水样。同一水样用上述两种方法测定的结果是不同的，因此在报告化学需氧量的测定结果时要注明测定方法。国际标准化组织（ISO）规定，化学需氧量指 COD_{Cr}，而把 COD_{Mn} 称为高锰酸钾指数。

化学需氧量的测定方法简便、迅速，但不能反映有机污染物在水中降解的实际情况。水中有机物的降解主要靠微生物的作用，因此，常用生化需氧量作为评价水体有机物污染的指标。

（7）生化需氧量

生化需氧量（BOD）指地表水水体中微生物分解有机物过程中消耗水中溶解氧的量，是水体受有机物污染的最主要指标之一。

水体要发生生物化学过程必须具有存在好氧微生物，有足够溶解氧以及有能被微生物利用的营养物质这三个条件。

大量研究表明，在好氧微生物的作用下，有机物的分解大致分成两个阶段进行。第一阶段主要是氧化分解碳水化合物及脂肪等一些容易被氧化分解的有机物，氧化产物是二氧化碳和水等，这个阶段称为含碳物质的氧化阶段，也称碳化阶段。在 20 ℃时碳化阶段可进行 16 d 左右。在碳化阶段后的一段时间称为第二阶段，被氧化的对象为含氮的有机物，氧化产物为硝酸盐和亚硝酸盐，所以这个阶段也称硝化阶段。虽然这两个阶段并不能截然分开，但是人们所关心的是第一阶段，目前资料或书籍中常提及的 BOD 值一般不包括硝化阶段 BOD 值，而是指碳化阶段 BOD 值。

微生物在分解有机物的过程中，分解作用的速度和程度同温度和时间有直接关系。为了使测定的BOD值有可比性，采用在20 ℃条件下、培养5 d后测定溶解氧消耗量作为标准方法，称为五日生化需氧量，用 BOD_5 表示，以每升水中消耗溶解氧的毫克数来表示。清洁水体中 BOD_5 含量应低于3 mg/L，否则表明水体已经受到严重污染。某些化工废水由于污染物不易被微生物分解或者对微生物活动有抑制作用，不宜用BOD作为指标。

表2-3　地表水环境质量标准基本项目标准限值　　单位：mg/L

序号	项目		分类				
			Ⅰ类	Ⅱ类	Ⅲ类	Ⅳ类	Ⅴ类
1	水温（℃）		人为造成的环境水温变化应限制在： 周平均最大温升≤1 周平均最大温降≤2				
2	pH（无量纲）		6～9				
3	溶解氧	≥	饱和率90%（或7.5）	6	5	3	2
4	高锰酸盐指数	≤	2	4	6	10	15
5	化学需氧量（COD）	≤	15	15	20	30	40
6	五日生化需氧量（BOD_5）	≤	3	3	4	6	10
7	氨氮（NH_3-N）	≤	0.15	0.5	1.0	1.5	2.0
8	总磷（以P计）	≤	0.02（湖、库0.01）	0.1（湖、库0.025）	0.2（湖、库0.05）	0.3（湖、库0.1）	0.4（湖、库0.2）
9	总氮（湖、库，以N计）	≤	0.2	0.5	1.0	1.5	2.0
10	铜	≤	0.01	1.0	1.0	1.0	1.0
11	锌	≤	0.05	1.0	1.0	2.0	2.0
12	氟化物（以F^-计）	≤	1.0	1.0	1.0	1.5	1.5
13	硒	≤	0.01	0.01	0.01	0.02	0.02
14	砷	≤	0.05	0.05	0.05	0.1	0.1
15	汞	≤	0.000 05	0.000 05	0.000 1	0.001	0.001
16	镉	≤	0.001	0.005	0.005	0.005	0.01
17	铬（六价）	≤	0.01	0.05	0.05	0.05	0.1
18	铅	≤	0.01	0.01	0.05	0.05	0.1
19	氰化物	≤	0.005	0.05	0.2	0.2	0.2
20	挥发酚	≤	0.002	0.002	0.005	0.01	0.1
21	石油类	≤	0.05	0.05	0.05	0.5	1.0
22	阴离子表面活性剂	≤	0.2	0.2	0.2	0.3	0.3
23	硫化物	≤	0.05	0.1	0.2	0.5	1.0
24	粪大肠菌群（个/L）	≤	200	2 000	10 000	20 000	40 000

摘自《地表水环境质量标准》（GB 3838—2002）。

2.2 水体污染

2.2.1 水体污染的定义

水体污染是指一定量的污水、废水、各种废物等污染物质进入水域，超出了水体的自净和纳污能力，从而导致水体及其底泥的物理、化学性质和生物群落组成发生不良变化，破坏了水中固有的生态系统和水体的功能，从而降低水体使用价值的现象。

2.2.2 水体污染源

（1）按污染物主要来源分类

水体污染源按污染物主要来源分为自然污染源和人为污染源两大类型。水体的自然污染源指自然界本身因地球化学异常而释放有害物质或造成有害影响的场所。水体的人为污染源指由于人类活动产生的污染物对水体造成的污染的场所。人为污染源包括工业污染源、生活污染源和农业污染源。

工业污染源：由于不同企业、不同产品、不同工艺、不同原料、不同管理方式，工厂排放废水水质、水量差异很大。工业废水是水体最重要的污染源。它具有量大、面广、成分复杂、毒性大、不易净化、难处理等特点。

生活污染源：污染物主要是生活中各种洗涤水。一般固体物质小于1%，并多为无毒的无机盐类、需氧有机物类、病原微生物类及洗涤剂。生活污水的最大特点是含氮、碘、细菌多，用水具有季节变化规律。

农业污染源：污染物包括牲畜粪便、农药、化肥等。农村污水具有两个显著特点：一是有机质、植物营养物质及病原微生物含量高，二是农药含量高。

（2）按污染物属性分类

水体污染源按污染物属性分类分为物理污染源、化学污染源、生物污染源和复合污染源。

物理污染源：如热污染、放射性污染等。

化学污染源：如重金属、酸碱污染物、有机污染物等。

生物污染源：如致病菌、寄生虫与卵等。

复合污染源：同时排放多种污染物的源。

（3）按污染源空间分布分类

水体污染源按污染源空间分布分为点污染源和面污染源两大类型。

点污染源：如城市污水排放口和工矿企业与船舶等废水排放口，污染物集中且排放量较大。

面污染源：如农田排水、地表径流等，污染物分布广泛且难以控制。

2.2.3 水体无机污染物

2.2.3.1 铝（Al）

（1）铝在环境中的分布及污染

1825年，奥斯特在丹麦，通过实验发现金属铝。铝在自然界分布极广，地壳中铝的质量分数仅次于氧和硅，居第三位。铝在自然界普遍存在的原生矿物有长石、辉石和云母等铝硅酸盐矿物，以及在风化作用下转变成的多种次生矿物，如高岭石、蒙脱石和伊利石等。铝在矿物中主要以氧化物的形式存在，其矿物有250多种，但最重要的是铝土矿 $Al_2O_3 \cdot nH_2O$、冰晶石 Na_3AlF_6。

铝的环境污染主要由铝的工业生产引起，有色冶金、化工制药、涂料工业、合成橡胶等工业废水中也有铝，其排放也会造成铝的环境污染。此外，在生产铝的过程中，由铝土矿提炼矾土时会产生大量泥状残渣——赤泥，全世界每年产生的赤泥在 4×10^7 t 以上，赤泥的有效处理已经成为当前制铝工业亟待解决的问题。

（2）铝的环境化学及迁移转化

铝在自然界的化学性质十分活泼，多以氧化态形式存在。铝在环境中以 +3 价离子状态存在。在水中铝离子容易发生水解，生成羟基配合物和无定形氢氧化铝溶胶。氢氧化铝是两性的，它既溶于酸又溶于碱。

铝离子还能与水中的氟离子、硫酸根等无机配体以及水杨酸、腐殖酸、富里酸等有机配体形成配合物，增加天然水中可溶性铝的浓度，促进铝随水流迁移。铝可以与磷酸根、硅酸根等形成难溶化合物，使水中铝向底泥迁移。

此外，环境中的铝还容易与除锂以外的碱金属硫酸盐结合成矾类化合物，比如硫酸铝钾 $KAl(SO_4)_2 \cdot 12H_2O$。

当pH在7.0~9.0时，铝离子生成 $Al(OH)_3$ 沉淀，容易使水中铝向底泥中迁移。在pH在5.0~7.0时，铝呈溶解态或溶胶态，一般可以随水流迁移。

铝以铝硅酸盐和铝的氢氧化物的形式存在于土壤中。在弱酸性或弱碱性土壤中，铝容易被固定，迁移能力弱；在酸性或碱性较强的土壤中，铝的活性强，容易发生淋溶迁移。目前在污染严重的地区，酸雨对土壤中铝的活性及迁移转化有显著的影响。首要因素是雨水的酸度，雨水的酸度越大，影响越大。在酸雨长期淋溶作用下，土壤逐渐酸化，使土壤中活性铝增加，促进铝的淋溶迁移，活性铝对植物的毒害很大。

2.2.3.2 铬（Cr）

（1）铬在环境中的分布及污染

1797年，沃克兰从西伯利亚红铅矿中首先发现铬这一元素。铬是在环境中广泛分布的元素，估计全世界铬的埋藏量为 2.66×10^9 t。地壳中所有岩石都含有铬，现已发现铬矿近30种，主要是以 Cr^{3+} 存在的 $FeO \cdot Cr_2O_3$。由于风化、火山爆发、风暴、生物转化等自然作用，岩石中的铬进入土壤、大气、水及生物体内。

有关铬的工业生产均可以产生含铬三废（废气、废水、废渣），如处理不当就会造成环境污染。冶炼、燃烧、耐火材料、化学工业等排放的含铬灰尘扩散面大，污染面宽，产生的危害大。堆放的铬渣也是重要的污染源。许多国家的内河湖泊中流进了大量含铬废水。我国部分江河湖泊及地下水曾也受到不同程度的污染，有些地区出现了值得引起注意的铬污染问题。

（2）铬的环境化学及迁移转化

铬在潮湿的空气中是稳定的，具有抗腐蚀的性质。在自然环境中，铬以多种价态形式存在，通常是 Cr^{2+}、Cr^{3+} 和 Cr^{6+}。Cr^{2+} 在空气中可迅速被氧化成 Cr^{3+}。铬的常见氧化物是 Cr_2O_3 和 CrO_3。常见的铬酸盐 Na_2CrO_4、K_2CrO_4 和重铬酸盐 $Na_2Cr_2O_7$、$K_2Cr_2O_7$ 是强氧化剂。Cr^{3+} 与 Cr^{6+} 在一定条件下又可以互相转化。在天然水体中，在有机物和还原剂的作用下，Cr^{6+} 可以还原成 Cr^{3+}。因此，在缺氧条件下的水体中，铬一般以 Cr^{3+} 形式存在，但水体中的 Cr^{6+} 在富氧条件下是稳定的。

天然水体中的胶体物质对铬的吸附作用很明显，例如在水体中广泛存在的黏土矿物，对 Cr^{3+} 和 Cr^{6+} 都能吸附，但吸附的程度有所不同。由于黏土矿物在水体中形成带负电荷的胶体微粒，所以吸附荷正电 Cr^{3+} 的能力大于吸附荷负电 CrO_4^{2-}、$Cr_2O_7^{2-}$ 的能力。胶体物质对铬的吸附作用对铬在环境中的迁移转化起重要作用。

2.2.3.3 镉（Cd）

（1）镉在环境中的分布及污染

1817 年，德国人施特罗迈尔从不纯的碳酸锌中首先发现镉。镉以微量广泛分布在环境中，质量分数超过 10^{-6} 的只发生于富矿层或因人类活动的污染地区。由于镉与锌的化学性质非常相似，所以镉的矿物与锌矿常常共同存在，以硫化镉（CdS）、碳酸镉（$CdCO_3$）和氧化镉（CdO）形式存在。冶炼厂和工业区空气中镉污染的来源主要是各种含镉物质的冶炼和燃烧过程。通过多种不同来源散发的镉化合物附着于烟尘中，有色金属冶炼厂是主要的镉污染源，煤燃烧、塑料焚烧物、某些汽车轮胎和润滑油中的镉，也是镉污染的来源。

湿法有色金属冶炼厂主要通过废水排放而污染环境，酸性废水含镉量最大。矿山废水、电镀废水、镉化工生产废水的外排都造成镉污染。

（2）镉的环境化学及迁移转化

镉在潮湿的空气中会缓慢氧化，产物加热易挥发，其蒸气有毒。它与空气中的氧结合成氧化镉（CdO），化合物中以氧化镉毒性最大，而且属于累积性的。在自然界中，镉主要以 Cd^{2+} 形式存在。最常见的镉化合物中，硝酸镉［$Cd(NO_3)_2$］、氯化镉（$CdCl_2$）、硫酸镉（$CdSO_4$）均溶于水；氧化镉（CdO）、氢氧化镉［$Cd(OH)_2$］难溶于水，属碱性化合物。

镉在环境中存在的形态很多，大致可以分为水溶性镉、吸附性镉和难溶性镉。镉在水中可以简单离子或配离子形态存在，镉能和氨（NH_3）、氰根离子（CN^-）、氯离子

（Cl^-）、硫酸根离子（SO_4^{2-}）形成多种配离子而溶于水。在岩石风化过程中，镉常以硫酸盐和氯化物的形式存在于土壤溶液中。然而水中的镉离子在天然水的pH范围内都可以发生逐级水解而生成羟基配合物和氢氧化物沉淀。在缺氧条件下，土壤中的硫主要以S^{2-}形式存在，镉则以硫化镉（CdS）沉淀的形式存在。此外，各种胶体对镉有吸附作用，其中黏土矿物表面由于离子吸附交换而强烈吸附镉，蓄积在黏土矿物表面的吸附态镉一般浓度较高，受pH等多种因素的影响可以发生解吸作用。

2.2.3.4 汞（Hg）

（1）汞在环境中的分布及污染

汞在地壳中的总储量达1.6×10^{11} t，它是稀有的分散元素，以微量广泛分布在岩石、土壤、大气、水和生物中，构成汞的地球化学循环。存在于岩石中的含汞矿物有近20种，主要有辰砂（$\alpha-HgS$）、黑辰砂（$\beta-HgS$）、硫汞锑矿和汞黝铜矿。

我国是世界上产汞最多的国家之一，储量居世界前列。我国汞矿床主要集中在西南和中南。环境中汞的主要来源是生产汞的厂矿，有色金属的冶炼，以及使用汞的部门。化工生产中汞的排放是水体中汞的主要污染源，又以氯碱工业、汞化合物的合成与使用造成的汞污染最为严重。日本由于汞污染曾造成震惊世界的水俣病。土壤汞污染有农业和工业污染，农业污染大部分是有机汞农药所致；工业污染因含汞废水、废气、废渣的排放而污染土壤。我国汞污染比较普遍，在许多灌区都发现不同程度的汞污染。

（2）汞的环境化学及迁移转化

汞是室温下唯一的液体金属，熔点很低，为－38.87 ℃。液体汞具有挥发性，吸入汞蒸气会危害人体健康。汞是比较稳定的金属，在室温下不被空气氧化，加热至沸腾时才缓慢与氧作用生成氧化汞（HgO）。汞不与盐酸和稀硫酸作用，仅与氧化性酸作用。汞与硫结合的能力较大，液体汞与硫黄混合即可以生成硫化汞（HgS），通常采用硫黄覆盖法来处理地面汞污染。

汞在自然界以金属汞、无机汞和有机汞的形式存在。无机汞Hg^+和Hg^{2+}合物。Hg^+化合物只有少数的盐是溶于水的，如硝酸亚汞［$Hg_2(NO_3)_2$］，其他Hg^+盐都是微溶的，在水中微弱水解，Hg_2^{2+}离子不能形成配合物。+2价汞离子（Hg^{2+}）生成配合物的倾向很强，能与卤素离子（X^-）、氢氧离子（OH^-）、氰根离子（CN^-）及有机配体生成一系列稳定的配合物。Hg^{2+}与S^{2-}生成稳定的硫化汞（HgS）沉淀。有机物、黏土矿物、金属氧化物等对汞化合物具有吸附能力，其吸附作用与吸附剂的种类、汞化合物的形态以及环境条件有关。

2.2.3.5 砷（As）

（1）砷在环境中的分布及污染

砷储量最多、分布最广的矿石是砷黄铁矿（FeAsS），还有雄黄（As_2S_2）、雌黄（As_2S_3）等，但多伴生于铜、铅、锌等的硫化矿物中。

砷的污染是由于岩石风化、水循环运输等自然释放和燃煤、矿石开采冶炼、含砷农药使用、地热发电等人类活动造成的。人为活动的污染重于天然释放。

（2）砷的环境化学及迁移转化

砷在室温下氧化很慢，但当加热灼烧时，则燃烧生成白色的三氧化二砷（As_2O_3，砒霜）和五氧化二砷（As_2O_5），成为有剧毒的物质。As_2O_3在水中溶解，生成两性氢氧化物 H_3AsO_3，因其酸性较强，故称亚砷酸。As_2O_5易溶于水，生成砷酸（H_3AsO_4），它的酸性比 H_3AsO_3强。H_3AsO_4容易被还原，可以作为氧化剂。碱金属的砷酸盐和亚砷酸盐都溶于水，其余金属的这两类盐都不溶于水，但溶于酸。

环境中砷的化合物种类很多，有固态、液态、气态三种。固态的有 As_2O_3、As_2O_5、As_2S_2、As_2S_3 等，液态的有 $AsCl_3$ 等，气态的有 AsH_3 等。一般砷以 -3、0、+3、+5 四种价态存在。单质砷只有在极少情况下产生。

2.2.3.6 氟（F）

（1）氟在环境中的分布及污染

氟是构成地壳的固有元素之一。地壳中氟的平均浓度比氯还要高。氟的主要矿物有萤石（CaF_2）、冰晶石（Na_3AlF_6）以及氟磷灰石［$Ca_5(PO_4)_3F$］。其他的氟矿石还有氟盐（NaF）、氟镁石（MgF_2）、氟铝石（AlF_3）等。这些矿物所在区域的地层含氟量高，流经这些地层的水中可能含有大量的氟化物，会造成地方性氟中毒。矿石的开采也会造成环境氟污染。

氟的环境污染以大气污染最为严重，还有废水和废渣的污染。氟污染主要来自磷矿石加工，铝和钢铁的冶炼，以及煤的燃烧过程。陶瓷、玻璃、塑料、农药、原子能等工业也排放含氟污染物。通常，钢铁厂、铝厂、磷肥厂以及氟石矿区周围的环境多受到氟的严重污染。此外，火山活动也会使氟进入自然环境。

（2）氟的环境化学及迁移转化

氟是已知元素中电负性最高的，所以化学性质非常活泼，可以氧化所有的金属从而形成氟化物，可以与大多数非金属直接发生猛烈的反应。因此，在环境中没有氟的单质存在，它仅以 F^-形态存在，其环境化学特征主要有四个。

① 许多氟化物具有挥发性。有些氟化物的沸点低，在常温或较低的温度下就能气化，例如四氟化硅（SiF_4）和氟化氢（HF），它们是造成大气氟污染的主要物质。还有一些挥发性的氟化物，虽然沸点高，但在某些强烈的自然条件下（如火山爆发），可以发生显著地球化学迁移。

② 环境中大多数氟化物都具有一定的水溶性。很多氟化物易溶于水。一些氟矿物的溶解度比较低，但在水中也有溶解性。例如，在 20 ℃时，萤石（CaF_2）的溶解度为 40 mg/L，氟硅酸钠（Na_2SiF_6）为 7 330 mg/L，冰晶石（Na_3AlF_6）为 348 mg/L。所以氟化物的迁移性比较强。

③ 氟与许多元素有形成配合物的趋势。氟可以与铝、硅、钙、镁、硼等元素形成配合物，并且比较稳定。氟配合物中有一部分是易溶于水的，使氟以配合物形态迁移；另一部分不溶于水，可以使氟固定。只有在酸性环境条件下，才能形成氟配合物。

④ 无机胶体和有机胶体对氟有强烈的吸附作用。例如，黏土矿物、氢氧化铝、有机质等都能吸附和吸收气态和液态的氟化物，起固定氟化物的作用，同时也使氟在环境中富集。

2.2.4　水体有机污染物

有机化合物的经典定义是含碳化合物，有机化合物种类繁多，数量巨大，并以惊人速度在增长。人类的生产生活，都生产和排放着大量的有机化合物。有机化合物与人类息息相关，但也是污染自然环境的主要污染物。碳水化合物、蛋白质、脂肪和维生素是人类生命过程不可缺少的营养物质，但若不受限制地排入水中，可使水中氮磷增加，引起水体富营养化，造成水华或赤潮，就成为污染物。

2.2.4.1　一般有机污染物

（1）有机汞

汞的有机化合物是汞及其化合物中毒性最强的物质。典型的有机汞：①甲基汞，分子式为 $[CH_3Hg]^+X^-$（X 为卤素原子）；②二甲基汞，分子式为 CH_3HgCH_3。甲基汞为剧毒物质，进入人体后可被吸收 80%，在体内代谢为无机汞，均匀分布在全身器官组织中，肝、肾、头发里含量较多。人体对甲基汞的耐受量约在 0.5 mg/kg（体重）。由于甲基汞更易透过细胞膜和血脑屏障而渗入脑组织，因此，甲基汞对中枢神经系统的毒性比其他汞的化合物强。从甲基汞中毒尸检测得，脑内汞积蓄量约占全身汞负荷量的 10% ~ 15%，而且小脑部位汞含量最高。

氯碱、树脂化工厂、化肥厂、制药厂、电器厂、电池厂和金矿等都排放含汞的工业废水、废渣。进入水体的汞以元素汞、甲基汞和二甲基汞的形式存在。汞被水体中的胶体泥沙、微粒和悬浮物等吸附而沉淀在底泥中，微生物将无机汞转化为甲基汞及二甲基汞。乏氧时无机汞主要生成易挥发的二甲基汞，逸入大气。而富氧时主要生成甲基汞。甲基汞除了碳与汞之间的共价键，另一个键则与氯离子形成离子键，因而溶于水，也具脂溶性，可以通过食物链在虾、鱼、贝类等生物体内积累。甲基汞化学性质非常稳定，在生物体内难分解，水中也难被日光分解，在鱼体内的半衰期为 70 d。实验证实，鱼体内的甲基汞极难清除，无论洗涤、冷冻、油炸、蒸煮、烘干等都不能将其清除。检验烹调过的鱼发现鱼中汞的损失还不到 15% ~20%。甲基汞历史上曾用作农药、杀菌剂，在农业上拌种消毒时用，现在已禁止使用。

（2）有机锡

三丁基锡，$(C_4H_9)_3SnX$（X = F、Cl、O 等），常用作木材的防腐杀菌剂、消毒剂。为使海洋轮船免受海洋生物的侵蚀，在喷刷船漆时也要加入三丁基锡。其他烷基锡常用于 PVC 塑料的化学稳定剂，以防止 PVC 的热老化和光老化。加入有机锡的 PVC 可制成水管、食品级 PVC 材料、屋顶材料和窗架等。其他有机锡化物如醋酸三苯基锡、氢氧化三苯基锡在农业上用作杀螨剂、杀菌剂和杀真菌剂，用于防治马铃薯和水稻的枯萎病，甜菜和芹菜的叶锈病，咖啡的叶锈病等。二氯化二甲基锡等可用作玻璃的镀层材料，以改善玻璃的抗破裂性、光泽性和导电性等。有机锡也常用作化工生产的催化剂。

（3）*石油*

烃类化合物是石油的主要成分。石油是两亿五千万年前因地壳变动埋入地下的动植物的残骸，在漫长的地球化学过程中形成的。

石油对海洋的污染，越来越引起人们关注。全世界石油总产量的60%在海上运输，船舶事故、洗舱水、压舱水及其他含有石油的废水都将大量烃类带入大海；海底油田、沿海油库的漏油或非法排放以及偶然事故都会造成石油泄漏；工业排放含油废水和大气中石油烃的沉降也会引起海洋石油的污染。

石油的相对密度为0.829～0.896，化学性质稳定。石油进入水体后，首先形成浮油，在油膜扩展和漂流过程中，其中25%～30%的石油低沸点组分部分（C_1～C_5）迅速挥发，进入大气，造成大气污染。而低级芳香烃（C_6～C_8），如苯、甲苯、二甲苯等和低级烷烯烃（C_4～C_8），如辛烷、己烷、庚烷等在水面上形成一层很薄的油膜。残余的焦油团块长期漂浮在海面上，阻断了海洋和空气的接触，给海洋生物如海鸟、海豹等海洋生物带来灭顶之灾，使海洋的生态平衡遭到严重破坏，也给海洋养殖、海洋捞捕业带来极大损失。据推算，100 t泄漏的石油可分散在8 km^2 的海面上，形成0.02 mm的油膜，每天可向大气挥发1 t左右的低分子烃，为光化学污染创造了条件。

海面油污染的去除方法有：用稻草、米糠、泡沫塑料等能漂浮在水面上的多孔物质进行吸收，然后予以回收或烧毁；以白垩等粉状物撒布于海面，使油聚集成较重的质点沉降；用泵抽吸海洋表面，或在海面上直接燃烧油层。也有用合成洗涤剂使油凝聚，以除去；用溶于油的铁磁性流体（含铁的油溶性物质），撒布于油面，然后用电磁铁收集；用特别选育的能够分解石油的微生物，使石油降解，有的微生物可在48 h内，将50%～75%的油，降解成小分子或无害的物质。

（4）烃

① 甲烷

甲烷是天然气、沼气的主要成分，为主要的能源和石油化工原料。甲烷是仅次于二氧化碳的第二大温室气体，有较强的温室效应。

甲烷主要来自天然气、沼泽地和稻田中有机物的发酵腐烂、食草动物肠中发酵以及海洋中沉积物的缺氧分解。在煤炭开采过程中，甲烷会进入周围的水源。这会污染地下水和地表水，危害水生生物，使水不再适合人类饮用。

② 苯及苯系物

苯及苯系物通常指苯、甲苯、二甲苯等。这些芳烃在相关化工厂及其周边地区产生污染。现在随着家庭装修的普及，苯及苯系物已成为家庭的重要污染之一。

苯与乙醇、乙醚、丙酮、氯仿、甲苯等许多有机溶剂互溶，在血液中的溶解度很高，而在水中的溶解度很低，20 ℃时，仅为0.05%。苯为易燃、易爆有机物，一旦发生泄漏，遇明火极易发生爆炸。苯燃烧时，冒出浓烈的黑烟，伴有刺激性气味。因苯蒸气比空气重，火焰会沿地面燃烧。水中排入大量苯时，由于苯难溶于水，水面会出现漂浮液体。这些液体有刺激性气味，还会导致鱼类及其他水生生物死亡。

（5）有机农药

农药包括杀虫剂、杀菌剂等。杀虫剂包括触杀、胃毒的接触性杀虫剂以及通过植物的根、茎、叶等内吸而进入植物全身的所谓内吸杀虫剂。其结构的特点是往往含有极性基团，或在生物体内经酶的催化后形成的极性基团使得农药具有亲水性，因而可随植物组织液输送。一般也具有脂溶性，可透过植物的蜡质膜而成为全身性杀虫剂。

有机农药品种很多，主要有有机氯、有机磷、有机氮、氨基甲酸酯、拟除虫菊酯等。农药对水体的污染主要来源于直接向水体施药、农田施用的农药随降水或灌溉水向水体的迁移、农药生产加工企业废水的排放、大气中的残留农药随降水进入水体、农药使用过程中的雾滴或粉粒飘移沉降至水体以及施药器械的清洗等。农药除污染地表水体以外，还使地下水源遭受严重污染。一般情况下，水体中农药污染范围较小，但随着农药的稀释扩散，污染范围逐渐扩大，造成大面积的水体污染，导致一系列不良后果。例如，水质恶化，影响水中生物正常生存发展；饮用水水源受到农药污染，致使人畜中毒致病等。

① 有机氮农药

有机氮农药常用的有氨基甲酸酯类、杀虫脒、巴丹等。有机氮农药较有机磷、有机汞、有机氯农药毒性低，残留毒性小，而药效相似，因而使用更安全，近年来国内外发展较快，有代替其他杀虫剂的趋势。有机氮农药为内吸和触杀型，主要是氨基甲酸酯的衍生物，具有下列结构：

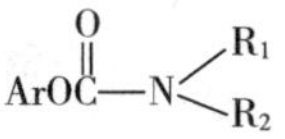

R_1，R_2为H或烷基

Ar为芳基或芳杂环

有机氮农药对神经系统有强烈刺激作用。生物体内合成的乙酰胆碱起着传导神经纤维刺激作用，而可分解乙酰胆碱的胆碱酯酶可调节乙酰胆碱的含量，从而控制神经的正常的活动。有机氮农药在结构上与乙酰胆碱相似，可与胆碱酯酶结合，干扰胆碱酯酶控制、调节乙酰胆碱，致使乙酰胆碱积累而引起神经的过敏兴奋，造成昆虫的震颤、痉挛、麻痹而死亡。

有机氮农药主要品种有施威因（sevin），为广谱杀虫剂，施用于棉花、果树、林木等100多种作物，鼠的LD_{50}为540 mg/kg；速灭散（tsumacide），用于水稻、柑桔害虫的防治，小鼠的LD_{50}为368 mg/kg；百抗（bagon），用于家庭蟑螂、白蚁、蚊蝇及水稻、果树、林木害虫的防治，鼠的LD_{50}为100 mg/kg。

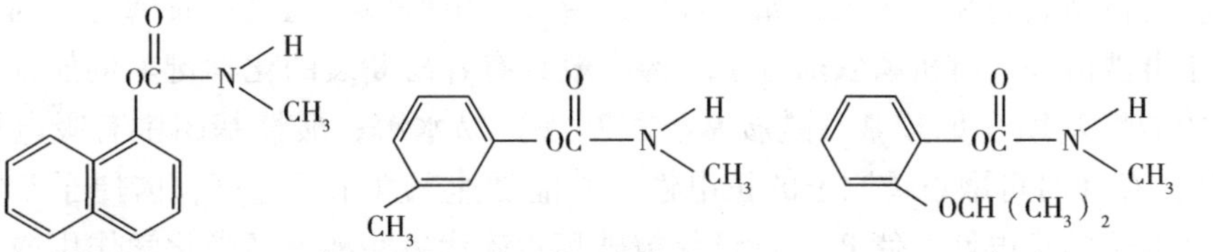

施威因　　　　速灭散　　　　百抗

有机含氮杀菌剂有托布津（topsin），甲基托布津（topsin－M），对稻、麦、果、瓜、蔬、豆的多种病害的防治效果很显著，如麦芽霉病、白薯黑斑病等。其他类型的杀菌剂还有广谱的内吸杀菌剂多菌灵（bovistin），蔬菜和果树病害用的百菌清（daconil）等。

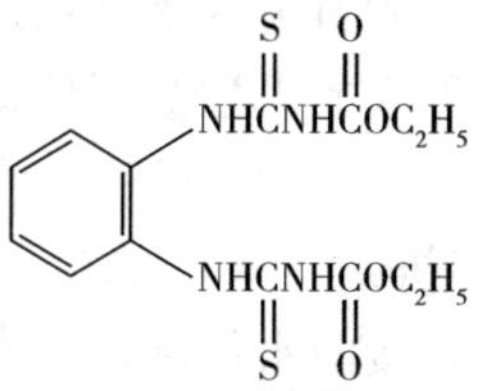

托布津

除草剂可使植物接触部位异常生长，导致功能丧失而迅速死亡。有机含氮除草剂第一类是1，3，5－三嗪的衍生物，如悉灭嗪，俗称西玛津（simajine），在玉米出苗前施用，可除去玉米田里90%的杂草，对玉米还有促进生长的功效，对其他农作物（如小麦、大豆、马铃薯、苹果及甘蔗）的选择性除草也适用。第二类是酰胺型的衍生物，包括酰基芳胺型、脲素型、氨基甲酸酯型的衍生物，都具高度的选择性，如用于水稻田除草的敌稗（propani）。

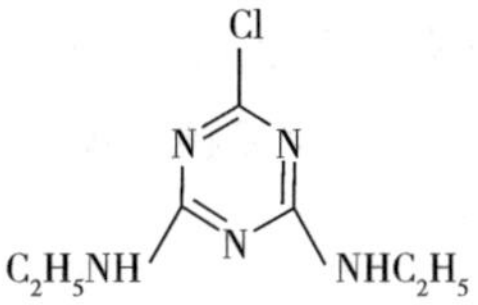

悉灭嗪

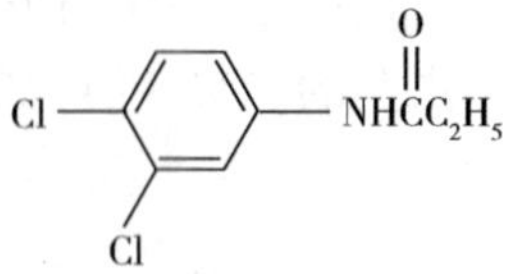

敌稗

其他类型的含氮除草剂，有在稻田施用的除草醚和草枯醚，两者的优点是对水中生物鱼和贝类毒性小，可保障水产养殖安全。广谱除草剂百草枯和杀草快可在土壤迅速分解，适用于播种前除草，常用于森林和果园的除草。

② 有机磷农药

有机磷农药是一类人类最早合成的，在我国农业生产中仍然广泛应用的农药，而其中也存在高毒品种如毒死蜱、对硫磷、甲胺磷等。在美国，现在已不再接受有机磷农药的登记申请，并且根据《食品质量保护法》的规定，其被美国国家环保局列为最先接受再登记和残留限量再评价的农药。自有机氯农药被禁用后，目前有机磷农药在我国农业活动中的使用最为广泛。有机磷农药在理论上被认为在环境中容易分解，残留性低，但其可以转化为某些持久性污染物。

有些有机磷农药易溶于水，如敌百虫、磷胺、甲胺磷、乙酰甲胺磷等。因此，这些农药易于淋洗流失。有机磷农药分子结构一般具有容易断裂的化学键。例如，一些有机磷农药的酸性基团（如羧基、酰胺基、醚基等）易水解；酸性基团中有吸电子取代基（如卤素）存在时可增强磷原子的正电性，并能加速碱性水解速度；磷原子双键上的氧可增强磷原子的正电性，使P—O键易被破坏；硫代磷酸酯类经光化学作用或生物代谢而成氧化衍生物后，也因增强了磷原子的正电性，使P—O键易断裂降解。此外，有机磷农药可被生物体内的水解酶系水解。

有机磷农药一般在自然环境中会迅速降解。在土壤中的降解会随土壤含水量、温度和 pH 的增高而加快。在水体中的降解会随水的温度、pH 的增高，以及微生物数量、光照等的增加而加快。因此有机磷农药大多数品种不像有机氯农药那样稳定，它们在土中的残留时间仅数天或数周。

③ 有机氯农药

有机氯农药污染是多氯有机合成的杀虫剂所造成的环境污染。有机氯农药主要品种有滴滴涕（DDT）、六六六等。由于其化学性质稳定、难以分解，能造成对环境的严重污染。具体介绍见 2.2.4.2 新型有机污染物。

（6）多环芳烃

分子中有两个或更多的芳香环系的烃，称为多环芳烃（PAH）。多环芳烃可分为孤立多环芳烃（苯环彼此分离）和稠合多环芳烃（苯环借两个相邻的碳原子结合）。

孤立多环芳烃如二联苯，简称联苯：

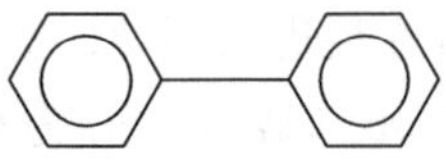

联苯

稠合多环芳烃如蒽、芘：

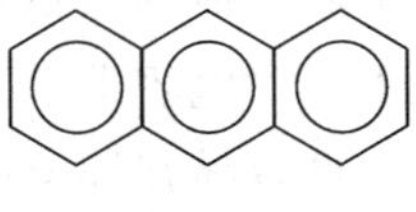

蒽

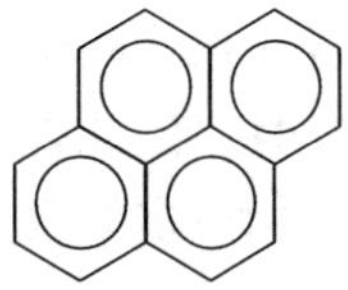

芘

环境中的化学物质是诱发癌症的主要因素，多环芳烃是引起人和动物癌症的最重要的致癌剂之一。最简单的多环芳烃为萘。萘有防虫、防蛀和防霉作用，曾作为“卫生球”用于衣物储存。萘有毒，可能导致溶血性贫血。资料证明，长期接触萘的人，会发生喉癌、胃癌和结肠癌等癌症。

多环芳烃的来源主要分为自然源和人为源两类：① 自然源：主要来自陆地和水生植物、微生物的生物合成过程，以及森林、草原的天然火灾和火山的喷发物。此外，化石燃料、木质素和底泥中也存在多环芳烃，这些构成了 PAH 的天然本底值。② 人为源：主要是由各种矿物燃料（如煤、石油和天然气等）、木材、纸以及其他含碳氢化合物的不完全燃烧或在还原条件下热解形成的。构成我国能源 75% 的煤以及柴油、煤油、汽油、煤气和天然气等的燃烧，排放大量多环芳烃，如热电工业、焦炭的生产等。煤的燃烧过程产生的多环芳烃远较其他燃料为高。有机物在焦化和燃烧过程中，700 ℃时燃烧过程产生苯并［a］芘最多。据资料，全世界每年散发的苯并［a］芘约为 5 000 t。苯并［a］芘在天然环境本底中含量为 10 ~ 20 μg/kg 有机物，占总致癌物的 1% ~ 20%。未污染的地下水含量为 0.001 ~ 0.01 μg/L。工业废水、生活污水、石油开采、海上船舶泄漏等也是多环芳烃进入水环境的重要途径。

由于多环芳烃的疏水性，它们在水中的含量通常较低，而在沉积物中的浓度要高出水中几个数量级。此外，水体中的多环芳烃主要以低分子量的种类为主，而沉积物中则以较高分子量的种类占主导。世界大部分地区的表层水都不同程度地受到多环芳烃的污染，特别是各国近海及海湾区域沉积物富集了大量的多环芳烃。

2.2.4.2 新有机污染物

新型有机污染物是指近年来新出现或新合成的有机化合物，它们通常具有较高的环境持久性、生物累积性和潜在的生态毒性。这些污染物主要包括以下几类：

持久性有机污染物（POPs）：如多氯联苯（PCBs）、二噁英等，这类污染物具有高毒性、长期滞留性和远距离迁移能力，能够在环境中长期存在并通过食物链富集。

内分泌干扰物质：这类物质能够干扰生物体内激素系统的正常功能，对生物体产生潜在的危害。它们广泛存在于水体、土壤和空气中，对生态系统造成严重影响。

药品和个人护理产品（PPCPs）：包括抗生素、避孕药等，在人类生活和医疗过程中广泛使用。这些物质通过污水处理厂等途径进入环境，对生态系统和人类健康构成潜在威胁。

微塑料：直径在 1 μm ~ 5 mm 的塑料碎片，分为初生微塑料和次生微塑料。微塑料在环境中广泛存在，并可以通过食物链进入生物体内，对健康造成严重影响。

（1）多氯联苯

多氯联苯（PCB）为联苯的多氯化产物，商品多氯联苯是多种异构体的混合物。多氯联苯是一类由多个氯原子取代联苯分子中氢原子而形成的有机化合物。它们具有优异的稳定性、绝缘性和耐热性，因此曾被广泛应用于电力电容器、变压器、热载体和润滑油等工业产品中。然而，由于多氯联苯难以降解，且容易在环境中持久存在，因此被视为一种持久性有机污染物（POPs）。

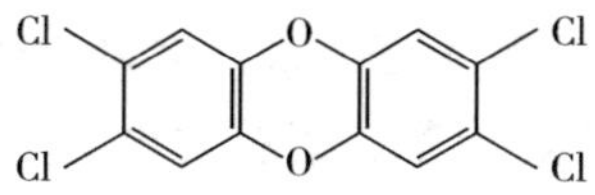

多氯联苯

水中多氯联苯的来源主要包括以下几个方面：a. 工业排放。曾经广泛使用的多氯联苯在生产和使用过程中可能通过废水、废气等方式排入水体，造成水体污染。b. 环境迁移。土壤中的多氯联苯可能通过地表径流、地下渗流等方式进入水体，尤其是当土壤受到污染时，这种迁移现象更为明显。c. 大气沉降。大气中的多氯联苯颗粒可能通过降水等方式沉降到水体表面，进而溶解或悬浮在水中。

多氯联苯对水生生物具有直接的毒害作用，能够影响它们的生长、繁殖和生存能力。此外，多氯联苯还可能在生物体内累积，并通过食物链传递给更高级别的生物，造成更广泛的生态影响。此外，多氯联苯具有致癌、致畸和致突变作用，长期暴露于多氯联苯污染的环境中可能增加人类患癌症、生殖系统疾病和免疫系统疾病的风险。此外，多氯联苯还可能通过饮用水、食物链等途径进入人体，对人体健康造成潜在威胁。

（2）二噁英

二噁英，是结构和性质都很相似的包含众多同类物或异构体的两大类有机化合物的总称，主要包括多氯二苯并二噁英（PCDDs）和多氯二苯并呋喃（PCDFs）。

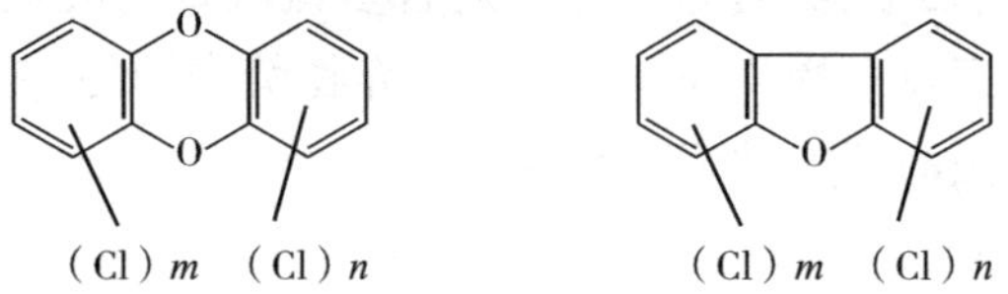

多氯二苯并二噁英　　多氯二苯并呋喃

$1 \leqslant m+n \leqslant 8$

多氯二苯并二噁英（PCDDs）有75个同族体，多氯二苯并呋喃（PCDFs）135个，统称为PCDD/Fs，共有17个化合物有毒。

最毒的是一种称为2，3，7，8-四氯二苯并二噁英（TCDD）的物质。

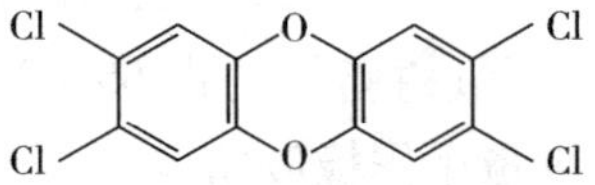

2，3，7，8-四氯二苯并二噁英（TCDD）

TCDD为白色固体，为脂溶性物质；热稳定性非常好，700 ℃不分解；耐酸碱、耐氧化剂、化学性质稳定；在环境可长期稳定存在，其半衰期达7～10年。

二噁英类已被世界卫生组织列为剧毒化合物，被国际癌症研究中心列为人类一级致癌物。它不仅具有致癌性、致畸性，还具有内分泌毒性和免疫抑制作用，引起肝损伤，尤其对人类生长发育、生殖功能和繁衍的影响最令人担忧。

二噁英主要影响生殖系统和内分泌系统激素的分泌，造成男性的女性化，如精子数急剧下降、睾丸发育中断、永久性性功能障碍、性别的自我认知障碍等。女性可造成子宫癌变畸形、乳腺癌等，还可能造成儿童的免疫力、智力和运动能力永久性障碍，如多动症、痴呆、免疫功能低下等。二噁英的毒性可通过母亲在怀孕和哺乳的过程传递，超微量的剂量即可对婴幼儿产生毁灭性和无可挽回的危害。欧美各国已将防治二噁英的主要保护人群定为婴幼儿。二噁英的危害还具潜伏性，可能有跨世代的效应。健康的母亲，摄入了过量的二噁英，仍然可能生育出看上去健康的婴儿，但20多年后，婴儿已成人并也要生育孩子时，问题才爆发。

二噁英对大鼠的半数致死量（LD_{50}）为：皮肤接触，1～100 μg/kg（体重），毒性相当于DDT的2万倍；经口摄入，10～20 μg/kg（体重），毒性相当于DDT的4 000倍。

水中的二噁英主要来源于以下几个方面：a. 工业排放。化工冶金工业、垃圾焚烧、造纸以及生产杀虫剂等产业在生产过程中会排放大量的二噁英，这些二噁英通过大气、土壤等途径最终进入水体。b. 氯化消毒剂的使用。在饮用水处理过程中，氯化消毒是常用的消毒方式。然而，氯与水中某些有机和无机成分反应会生成一系列卤代有机副产物，其中就包括二噁英。c. 原水水质。原水水质差异也是影响饮用水中二噁英浓度的一个重要原因。如果原水中已经含有较高浓度的二噁英或其前体物质，那么在后续处理过程中可能难以完全去除。

二噁英的降解主要是断裂二噁英分子中 C—O、C—Cl 键。通过 1 250 ~ 1 450 ℃时的热降解，以及化学分解、光分解和生物降解法将二噁英分解成小分子。杜绝、减少二噁英污染首先应严格控制、检测、监测多氯联苯等有机氯化学物质的焚烧；规定、限制产量大的有机氯化工产品的二噁英含量；加强对含多氯联苯的废旧电容器的回收与保管；建立我国垃圾焚烧炉、工业废物焚烧炉、医院废弃物焚烧炉的许可证制度，严格行业规范，严格检测；加强公民的环保常识教育等。

（3）双酚 A

酚含量是水质污染的一个重要标志，微量的酚可使水产生不适的味觉和嗅觉。最小察觉浓度为 0.25 ~ 4 mg/L。用氯气对水进行消毒时，生成特殊气味的 2，4 - 二氯苯酚等氯代酚，察觉浓度低达 1×10^{-9} mg/L。酚污染主要是含酚废水对水体的污染。产生含酚工业废水的有焦化厂、炼油厂、石油化工厂、造纸厂、塑料厂、农药厂、印染厂和木材厂等。

双酚 A 学名 4，4′ - （丙烷 - 2，2 - 二基）二苯酚，简称二酚基丙烷。白色晶体，熔点 156 ~ 158 ℃。主要用于制备环氧树脂（约占 65%）和聚碳酸酯（约占 35%），其钾盐或钠盐是生产聚砜的原料，少量用作橡胶防老剂（橡胶助剂）。双酚 A 是重要的有机化工原料，苯酚和丙酮的重要衍生物，主要用于生产聚碳酸酯、环氧树脂、聚砜树脂、聚苯醚树脂、不饱和聚酯树脂等多种高分子材料。也可用于生产增塑剂、阻燃剂、抗氧剂、热稳定剂、橡胶防老剂、农药、涂料等精细化工产品。工业上双酚 A 系由苯酚和丙酮在酸性介质中缩合制得。

双酚 A 具有内分泌干扰作用，能够模拟雌激素的效果，对生物体产生不良影响。即使是很低的剂量，也可能对人体健康造成潜在威胁，如诱发儿童性早熟、导致内分泌失调等。此外，双酚 A 还可能损害神经系统、生殖系统、甲状腺等，甚至增加癌症风险。双酚 A 对水生生物也有毒性作用，可以影响水生生物的生存和繁殖，进而破坏水生生态系统的平衡。

为了保障饮用水安全，各国和地区都制定了相应的限量标准。例如，《生活饮用水卫生标准》（GB 5749—2022）中明确将双酚 A 作为饮用水安全的参考指标，要求双酚 A 的限量不得超过 0.01 mg/L。这一标准旨在确保饮用水中的双酚 A 含量不会对人体健康造成危害。

（4）有机氯农药

有机氯农药是一类用于防治植物病虫害的有机化合物，其分子结构中含有有机氯。这类农药具有成本低、效率高、杀虫谱广等特点，曾是最早且应用最广的杀虫剂之一。有机氯农药化学性质极其稳定，可在自然界长期存在。在土壤中六六六可保存六年半，狄氏剂可存在八年，DDT 可保存十年以上。所以，DDT 可被大气环境和水环境带至地球任何一个角落，在地球南北极都能检测到 DDT 及其衍生物。

水中的有机氯农药主要来源于以下几个方面：a. 农田农药流失。在农业生产中，农民使用有机氯农药后，部分农药会通过地表径流、渗透等方式进入水体。b. 大气沉降。农药在喷洒过程中会有一部分挥发到大气中，随后通过降雨、降雪等方式沉降到地面和水体中。c. 工业废水排放。一些化工厂、农药厂等在生产过程中会产生含有有机氯农药的废水，如果处理不当就会直接排放到水体中。有机氯农药可经食物链的传递积累放大而发生生物富集作用，作为食物链终端的人类经受最后和最大的危害。

① DDT

学名为1，1，1－三氯－2，2－双（对氯苯）乙烷［1，1，1－trichloro－2，2－bis（p－chlorophenyl）ethane，DDT］，白色结晶体，有多种异构体，其中对位异构体有强烈的杀虫效能，工业品中对位异构体的含量在70%以上。历史上作为杀虫剂，使人类免除疟疾、大脑炎、霍乱等蚊蝇传播的疾病的侵扰。

DDT作为农药和家庭杀虫剂时溶解在有机溶剂或制成乳化剂时，很易被人的皮肤吸收而中毒。DDT可导致人腹泻、胃肠痉挛和头颈颤等，吸入20 mg/kg会死亡。可引发小鼠肝癌和肺癌，但致癌活性较弱。DDT阻碍海鸟的钙代谢，使海鸟的蛋壳脆而薄，在海鸟孵化时碎裂。DDT进入蟹卵，可引起幼蟹的死亡。DDT化学性质稳定，不易挥发，在190 ℃以上才开始分解；难于被自然界微生物分解，可在环境中长期积累。由于长期使用DDT，昆虫已产生抗性。

② 六六六

六六六学名为1，2，3，4，5，6－六氯环己烷（1，2，3，4，5，6－hexachloro cyclohexane），白色或淡黄色粉状结晶体。工业品含有α、β、γ和δ异构体，仅γ－体具杀虫活性。六六六曾是广泛使用的杀虫剂，在环境中高度稳定。其中的α、γ体可引起鼠和小鼠的肝癌，β体可引起良性瘤。

③ 其他含氯杀虫剂

除DDT、六六六外，还有几种杀虫能力更强的有机氯杀虫剂，如七氯（heptachlor）、艾氏剂（aldrin）、狄氏剂（dieldrin）等。这些有机氯农药作用于昆虫的中枢神经。艾氏剂等的生物降解较DDT快，杀虫活性高于DDT，但对哺乳动物的毒性较DDT要强得多。艾氏剂等仍然属于持久性农药范畴。

含氯农药在肝中积累，高剂量可引起脑出血、肝硬化、不育等。艾氏剂和狄氏剂能提高肺淋巴肉瘤的发生率。

④ 有机氯杀菌剂

六氯苯（hexachlorobenzene），杀菌剂，动物试验可引起肝癌和血管内皮瘤。2，4，6－三氯苯酚，木材防腐剂，高剂量时可引起胃癌和扁平细胞癌。1，2－二溴－3－氯丙烷，土壤消毒剂，可引起肝癌、胰腺癌或淋巴癌。毒杀酚，又称八氯莰烯，氯丹，以及八氯化六氢甲基茚，均可引起肝癌和甲状腺癌。

⑤ 除草剂

有机氯化物除草剂为2，4－二氯苯氧乙酸，简称2，4－D。可杀死阔叶植物，而对禾本科植物影响较小，因此可防除水稻、小麦和玉米等作物的田间杂草。低浓度除草剂还是植物生长调节剂，用于促进果树生根、开花、早熟等。其他系列含氯除草剂都是苯氧羧酸的衍生物。重要的有2，4，5－三氯苯氧乙酸，简称2，4，5－三T，可杀死阔叶植物。2，4，5－三T经动物实验证实可引起突变。

（5）全氟辛烷磺酸及其盐类

全氟辛烷磺酸（perfluorooctane sulfonate，PFOS），是一种由全氟化酸性硫酸基酸中完全氟化的阴离子组成的化合物，具有极强的稳定性和生物累积性，难以在环境中自然降解，这使得 PFOS 成为了一种持久性有机污染物（POPs）。其作为一种重要的全氟化表面活性剂，也是许多其他全氟化合物的重要前体。作为氟化有机物的代表性化合物，由于具有低表面张力、低临界胶束浓度、良好的热稳定性和化学稳定性及相容性等优越的自身特性，PFOS 可以用于低表面物质的润湿、乳化、分散，并可用于高温、强酸、强碱、强氧化剂介质体系中。PFOS 被广泛使用于纺织、电镀、消防、航空等领域，以及农药、地毯、皮鞋等生产领域。

水中 PFOS 及其盐类的来源：a. 工业排放。在工业生产过程中，如纺织品、皮革制品、涂料、泡沫灭火剂等产品的生产过程中，PFOS 可能被作为原料或添加剂使用，并随着废水排放进入水体。b. 农业污染。虽然 PFOS 在农业上的直接应用较少，但农药、化肥等农业生产资料的制造过程中可能使用到含有 PFOS 的原料或添加剂，间接导致水体污染。c. 生活污水。含有 PFOS 的洗涤剂、化妆品、消防泡沫等日常用品在使用过程中可能通过下水道进入污水处理厂，但由于现有污水处理技术难以有效去除 PFOS，因此可能随处理后的水排入环境。

PFOS 在水环境中具有极高的稳定性，难以降解，因此可以长期存在于水体中。它对水生生物具有毒性作用，可以影响水生生物的生存和繁殖，进而破坏水生生态系统的平衡。此外，PFOS 还具有生物累积性，可以通过食物链在生物体内累积，对处于食物链高端的物种造成更大的威胁。人类通过饮用受 PFOS 污染的水体或食用受污染的水产品等方式摄入 PFOS。PFOS 进入人体后，可以影响多个器官和系统的功能，如肝脏、肾脏、内分泌系统等。长期摄入 PFOS 可能导致多种健康问题，如癌症、生殖障碍、免疫系统抑制等。

2.3 水体污染对人体健康的危害

2.3.1 水中无机污染物对人体健康的危害

对环境造成污染的无机物称为无机污染物（inorganic pollutant）。水体中的无机污染物包括无机阴离子、金属及其化合物。当无机元素以不同价态或以不同化合物的形式存在时，其环境化学行为和生物效应大不相同。水体中无机污染物对人体的危害如表 2－4。

表 2－4 水体无机污染物的种类及危害

污染物	危害
铝	人体摄入铝后仅有 10% ~15% 能排泄到体外，大部分会在体内蓄积，与多种蛋白质、酶等人体重要成分结合，长期摄入会损伤大脑，导致痴呆，还可能出现贫血、骨质疏松等疾病，而且对智力的损害是不可逆的

续表

污染物	危害
铬	一种毒性很大的重金属，容易进入人体细胞，对肝、肾等内脏器官和DNA造成损伤，在人体内蓄积具有致癌性并可能诱发基因突变。铬分三价铬和六价铬，其中六价铬对人体危害极大。六价铬为吞入性毒物/吸入性毒物，皮肤接触可能导致过敏；更可能造成遗传性基因缺陷，吸入可能致癌，对环境有持久危险性。但这些是六价铬的特性，铬金属、三价或四价铬并不具有这些毒性
镉	吸入含镉气体可致呼吸道症状，经口摄入镉可致肝、肾症状
汞	汞中毒以慢性为多见，主要发生在生产活动中，长期吸入汞蒸气和汞化合物粉尘所致。以精神－神经异常、齿龈炎、震颤为主要症状。大剂量汞蒸气吸入或汞化合物摄入即发生急性汞中毒
砷	长期低剂量摄入砷化物达一定程度，会导致慢性砷中毒，引起神经衰弱综合征等。长期接触砷与皮肤癌、肺癌的发生有明确的因果关系，并与肝癌、膀胱癌等内脏癌的发生密切相关。以皮肤损害为主的全身性疾病，显示于皮肤干燥、粗糙、头发脆而易脱落，掌及趾部分皮肤增厚，角质化，最后出现皮肤癌，癌变潜伏期30～50年

2.3.1.1 痛痛病

痛痛病是发生在日本富山县神通川流域部分镉污染地区的一种公害病，以周身剧烈疼痛为主要症状而得名。发病地区局限于以神通川为中心，由东侧熊野川、西侧井田川两支流分别汇入神通川所形成的扇形地带。

（1）痛痛病的病因

据日本厚生省1968年公布的材料，痛痛病发病的主因是当地居民长期饮用受镉污染的河水，并食用用这样的河水灌溉长成的含镉稻米，致使镉在体内蓄积而造成肾损害，进而导致骨软化症。妊娠、哺乳、内分泌失调、营养缺乏（尤其是缺钙）和衰老被认为是此病的诱因。神通川水中的镉是从哪里来的呢？原来神通川上游有三井金属矿业公司开办的冶炼铅、锌的工厂，而镉和锌同属ⅡB族，在自然界往往共生。炼锌废水中含有镉，顺着神通川流到下游造成危害。

但是据日本公共卫生协会痛痛病综合调查组1978年公布的结果，除镉以外，可能还存在着地区性的发病原因，根据是：

① 自从1975年确诊三例病人以来，未再发现新病例，而镉污染依然存在。

② 在其他镉污染地区，肾小管损害发生率虽然高于非污染区，却没有痛痛病病例发生。

③ 职业性镉中毒仅仅出现肾小管损害，而没有骨软化症。

④ 把镉投给实验动物，不能复制出痛痛病的症状。

（2）痛痛病的特征和临床症状

痛痛病的发病年龄一般在30～70岁，患者均为多子女的妇女，在当地居住数十年，一直饮用神通川水，食用镉米，家庭收入较低。痛痛病的潜伏期可以长达10～30年，一般为2～8年。初期，腰、背、膝关节疼痛，随后遍及全身。疼痛的性质为刺痛，活动时加剧，休息时缓解。由于髋关节活动障碍，步态摇摆（当地人称为鸭子步）。数年后骨骼变形，身长缩短（比健康时缩短20～30 cm），骨骼严重畸形。骨脆易折，甚至轻微活动或咳嗽都能引起多发性病理骨折。患者疼痛难忍，卧床不起，呼吸受限制，最后往往死于其他并发症。截至 1968 年 5 月共确诊患者 258 例，其中死亡 128 例；截至 1977 年 12 月增加死亡 79 例。

2.3.1.2　地方性氟中毒

地方性氟中毒是同地理环境中氟的丰度有密切关系的一种世界性地方病，主要流行于印度、俄罗斯、波兰、捷克、德国、意大利、英国、美国、阿根廷、墨西哥、摩洛哥、日本、朝鲜、马来西亚等 40 多个国家。我国除个别省份以外，都有不同程度的流行，主要流行于贵州、山西、陕西、内蒙古、宁夏、甘肃、四川、山东、河北、天津、辽宁、吉林、黑龙江等省（自治区、直辖市），北京市的门头沟、顺义、昌平等区也有发生。它的主要症状是氟斑牙和氟骨症。

（1）氟斑牙

氟斑牙也叫氟斑釉或氟牙症。中国 1981 年《地方性氟中毒防治工作标准》规定，生活于高氟区（饮水中含氟量大于 1 mg/L 或食物中含氟量高的地区）的居民，牙齿出现斑釉即诊断为氟斑牙。出生于高氟区的 8 至 15 岁儿童，如氟斑牙患病率在 30% 以上，该高氟区即可定为地方性氟中毒地区。氟斑牙可分为白垩型（牙面无光泽，粗糙似粉笔）、着色型（牙面呈微黄、黄褐或黑褐色）和缺损型（牙釉质损坏脱落，呈斑点状或呈黑褐色斑块并有花斑样缺损）。轻度患者须在良好光线下仔细辨认才能查出。重度患者通过面对面谈话即可判明。恒牙在生长发育中易得氟斑牙，钙化完全后即不再受损害。

（2）氟骨症

患氟斑牙、有骨关节病和功能障碍等表现的人，经 X 射线检查有骨质硬化等症状，而且尿氟量高于正常人，即可诊断为地方性氟骨症。轻度氟骨症患者只有关节疼痛的症状，没有明显体征；中度患者除关节疼痛外，还会出现骨骼改变；重度患者出现关节畸形，造成残疾。

（3）地方性氟中毒的病因

氟是人体必需的微量元素之一。地方性氟中毒是由于当地岩石、土壤中含氟量过高，造成饮水和食物中含氟量过高而引起的。高氟区居民长期饮用高氟水引起饮水型氟中毒。据有关方面调查，全国约有 0.7 亿人在饮用高氟水。一般饮水中含氟量如果低于 0.5 mg/L，儿童中龋齿患病率增高；如果为 0.5 ~ 1.0 mg/L，龋齿和氟斑牙患病率都最低，但是这个范围相当窄；如果在 1.0 mg/L 以上，氟斑牙患病率随饮水含氟量增加而上升；如果在 4.0 mg/L 以上，则出现氟骨症。我国规定饮用水中含氟不超过 1.0 mg/L。另外我国贵州等十余个省份还流行煤烟型氟中毒，即农村无烟囱燃烧高氟煤，污染了空气和食物，导致氟中毒。

不少地区向自来水中加氟，含氟牙膏也在我国销售多年。近年来一些国外牙膏也在利用多种促销手段抢占中国市场，其中大多含氟。必须指出，这些做法并非到处适用。在由于地质地理条件或工业氟污染造成的高氟区，居民摄入的氟已经过多，再向自来水中加氟或使用含氟牙膏，就是雪上加霜了。所以，供销和使用含氟牙膏都要因地制宜，避免盲目性和一刀切。

2.3.2 水中有机污染物对人体健康危害

2.3.2.1 二噁英污染事件

在1976年意大利塞维索的ICMESA化工厂爆炸事故后导致的高浓度二噁英外泄事件，使当地出现约200名受氯痤疮所苦的患者。这个事件也是被研究得最详细的二噁英污染事件，也说明了二噁英可能提高某些癌症的发病率。

二噁英首次被用作下毒工具是用在2004年的乌克兰总统候选人尤先科，他于9月开始出现身体不适，至11月被证实中毒，体内被验出含有大量TCDD，浓度为108 000 pg/g，这也是首宗人体摄取大量二噁英急性中毒的个案。但除了初期的忧郁症状与氯痤疮，并无其他临床症状。

香港财利船厂位于竹篙湾东北岸，占地约19 hm^2。自1964年开始运作。2002年4月，香港特别行政区为兴建配合香港迪士尼乐园发展的必要基础设施，与财利船厂以15亿元巨款达成搬迁协议。然而接下来香港土木工程署进行环境评估的过程中，在厂内东南部土地发现一定浓度的二噁英，估计有多达3万 m^3 的泥土受到污染。

2.3.2.2 水体富营养化

富营养化是指生物所需的氮、磷等营养物质大量进入湖泊、河口、海湾等缓流水体，引起藻类及其他浮游生物迅速生长，水体溶解氧量下降，鱼类及其他生物大量死亡的现象。由于人类活动，湖泊、缓流河段或某些水域营养物大量增加，光合作用使藻的个体快速繁殖，种类逐渐减少，水体中原是以硅藻和绿藻为主的藻类，变成以蓝藻为主爆发性繁殖。在自然状况下，这一过程是很缓慢地发生，但在人类活动作用下，可加速这一过程的进行。

水体出现富营养化现象时，浮游生物大量繁殖，因为占优势的浮游生物颜色不同，水面往往呈蓝色、红色、棕色、乳白色等。这种现象在江河湖泊中称为“水华”，在海中则叫作“赤潮”。

(1) 富营养化的形成

天然水体中磷和氮（特别是磷）的含量在一定程度上是浮游生物数量的控制因素。生活污水和化肥、食品等工业的废水以及农田排水都含有大量的氮、磷等无机盐类。天然水体接纳这些废水以后，水中营养物质增多，促使自养型生物旺盛生长，某些藻类的个体数量迅速增加，而藻类的种类则逐渐减少。水体中的藻类本来以硅藻和绿藻为主，蓝藻的大量出现是富营养化的征兆，随着富营养化的发展，最后变成以蓝藻为主。藻类繁殖迅速，生长周期短。藻类及其他浮游生物死亡后被好氧微生物分解，不断消耗水中的溶解氧，或被厌氧微生物分解，不断产生硫化氢等气体。富营养化使水质恶化，造成鱼类等水生生物大量死亡。藻类及其他浮游生物残体在腐烂过程中，又把生物所需的氮、磷等营养物质释放到水中，供新一代藻类等生物利用。因此，富营养化的水体，即使切断外界营养物质的来源，水体也很难自净和恢复到正常状态。藻类源源不断地得到营养物质，一代一代繁殖下去，死亡的藻类残体沉入水底，一代一代堆积，湖泊就逐渐变浅，成为沼泽，最后变为陆地。

（2）富营养化的指标

关于水体富营养化问题的成因有不同的见解。多数研究者认为，氮、磷等营养物质浓度升高，是藻类大量繁殖的原因，其中又以磷为关键因素。影响藻类生长的物理、化学和生物因素（如光照、营养盐类、季节变化、水温、水的 pH，以及生物本身的相互关系）是极为复杂的。因此，很难预测藻类生长的趋势，也难以定出表示富营养化的指标。目前一般采用的指标是：水体中氮含量超过 0.2 mg/L，磷含量大于 0.01 mg/L，生化需氧量 BOD 大于 10 mg/L，pH（7 ~ 9）的淡水中细菌数超过 10 万个/mL，表征藻类数量的叶绿素 a 含量大于 10 μg/L。

（3）富营养化的危害

富营养化造成水的透明度降低，阳光就难以穿透水层，从而影响水中植物的光合作用和氧气的释放，而表层水面植物的光合作用，可能造成溶解氧的过饱和状态。溶解氧过饱和以及水中溶解氧过少，都对水生动物（主要是鱼类）有害，会造成鱼类大量死亡。富营养化水体中底层堆积的有机物质在厌氧条件下分解产生的有害气体，以及一些浮游生物产生的生物毒素（如石房蛤毒素）也会伤害鱼类。富营养化水中含有亚硝酸盐和硝酸盐，人畜长期饮用这些物质含量超过一定标准的水，会中毒致病。

（4）赤潮

海洋中一些浮游生物暴发性繁殖引起水色异常的现象叫作赤潮（又称红潮，国际上通称为“有害藻华”），是海洋中某一种或几种浮游生物在一定环境条件下爆发性繁殖或高度聚集，引起海水变色，影响和危害其他海洋生物正常生存的灾害性海洋生态异常现象。主要发生在近海海域。以浮游植物来说，世界各地已报道的 4 000 多种微藻中，能引起赤潮的种类约有 200 种，而其中大约有 1/3 的微藻能产生毒素。

海洋富营养化，为赤潮生物大量繁殖提供了丰富的营养盐类，这是形成赤潮的基本原因。此外，海水受污染后，铁、锰等重金属和维生素 B_{12}、四氮杂茚、间二氮杂苯等有机氮化合物的含量增加，促使赤潮生物在短时期内大量繁殖，这是赤潮发生的诱因。例如，海水中铁、锰的含量比通常情况下高 10 ~ 20 倍时，赤潮生物可以 10 倍的速度增长繁殖。赤潮的发生还同海区的气象、水文条件有关。一般认为，阳光强烈，水温升高，海水停滞，海面上空气流稳定等有利于赤潮生物的集结，是赤潮出现的自然条件。

赤潮由于发生地点的不同，有外海型和内湾型之分，有外来型和原发型之别，还因出现的生物种类不同而有单相型、双相型和多相型之异。

20 世纪 80 年代以前，赤潮主要频繁发生在一些工业发达国家的近海，日本是重灾区。以濑户内海为例，1955 年以前总共仅发生赤潮约 40 次，但随着海域污染日益加重，赤潮发生次数开始急剧增加，1976 年达到 326 次。20 世纪 80 年代以后，赤潮的发生波及世界几乎所有沿海国家海域，如中国、东南亚和南美洲等国家和地区的沿岸水域。我国沿海在20世纪70年代以前仅有两次赤潮记录。但之后赤潮发生的频率明显增加，20世纪80年代我国近海记录到赤潮75次，20世纪90年代则高达234次；一次赤潮的面积从几平方千米扩大到几千甚至上万平方千米；发生区域从近岸局部海域发展到整个近海海域；灾害损失从20世纪90年代初期的近亿元发展到20世纪90年代末的近10亿元。1998年在珠江口海域发生的大面积赤潮持续了30多天，一次造成约4亿元的渔业损失。2000年，中国海域共记录到赤潮28次，累计面积1万多平方千米。2020年后，中国沿海赤潮事件仍不时发生。赤潮发生次数较多的有浙江、辽宁、广东、河北、福建的近岸、近海海域。浙江中部近海、辽东湾、渤海湾、杭州湾、珠江口、厦门近岸、黄海北部近岸等是赤潮多发区。引发赤潮的生物以甲藻类为主。

（5）水华

水华又称水花、藻花，是淡水水体中某些蓝藻类过度生长的现象。形成水华的主要优势种有束丝藻、微胞藻、鱼腥藻、空球藻、隐球藻等。水华大量发生时，水面形成一层很厚的绿色藻层，使水体变得浑浊，影响水质。部分藻类如蓝藻会分泌有害的毒素，如微囊藻毒素，能损害肝脏，具有促癌效应。同时，藻类腐烂分解时会释放出硫化氢等有毒物质，使水体腥臭难闻。水华导致水体溶解氧减少，大量鱼类和其他水生生物因缺氧窒息而死。此外，含有毒素的水华生物被水生生物摄食后，会引起中毒死亡，进一步破坏水生生态系统。水华不仅影响饮用水水质安全，还可能通过食物链对人类健康造成威胁。人类食用含有毒素的水产品后，可能会发生中毒、死亡等严重后果。

我国主要淡水湖泊都曾出现富营养污染现象。其主要原因是它们接纳了各种污染源排放的污染物，使水体溶解氧降低、水质恶化。例如，云南的滇池地处高原盆地，与外界沟通甚少，湖水置换一次至少需要5年。滇池紧邻云南的省会昆明市，曾是昆明市的饮用水水源地，但同时也是昆明市污水的受纳体，从工农业生产的废水，到生活污水，都排入滇池。20世纪80年代，粗放的工农业增长方式和城市人口的过快增长使滇池污染负荷猛增，造成滇池富营养化十分严重，水质已经只能满足灌溉水质的要求。滇池内湖中水葫芦覆盖面积和生长厚度逐年增加，内湖外湖中都出现了蓝藻滋生的现象。我国湖泊除了滇池，其他如太湖、巢湖、白洋淀、达赉湖和南四湖等富营养化曾经也很严重。

2.4 水污染防治

2.4.1 水体自净

广义的水体自净是指受污染的水体由于物理、化学、生物等方面的作用，污染物浓度逐渐降低，经一段时间后恢复到受污染前的状态的过程；狭义的水体自净是指水体中微生物氧化分解有机污染物而使水质净化的过程。

水体的自净能力是有限的。研究水体自净，就是要探索水体自净的规律，正确计算和评价水体的自净能力，依据最优化设计方案确定所排入的污水必须处理的程度，达到有效防治水体污染的目的。

影响水体自净过程的因素很多，主要有：河流、湖泊、海洋等水体的地形等条件；水中微生物的种类和数量；水文和复氧（大气中的氧接触水面溶入水体）状况；污染物的性质和浓度等。

水体自净机理包括沉淀、稀释、混合等物理过程，氧化还原、分解化合、吸附凝聚等化学和物理化学过程以及生物化学过程。各种过程同时发生，相互影响，并交织进行。一般来说，物理和生物化学过程在水体自净中占主要地位。

（1）物理净化过程

污水或污染物排入水体后，可沉性固体逐渐沉到水底形成污泥。悬浮体、胶体和溶解性污染物因为混合稀释而逐渐降低。污水稀释的程度用稀释比表示，对河流来说，即参与混合的河水流量与污水流量之比。污水排入河流须经相当长的距离才能达到完全混合，因此这一比值是变化的。达到完全混合的时间受许多因素的影响。

（2）化学净化过程

化学净化过程中化学反应的产生和进行取决于污水和水体的具体状况。如在一定条件下，水体中难溶性硫化物可被氧化为易溶性的硫酸盐；可溶的 Fe^{2+}、锰的化合物可以转化为几乎不溶解的 Fe^{3+}、Mn^{4+} 的氢氧化物而沉淀下来。又比如水体中硅、铝的氧化物胶体或蒙脱石、高岭石一类胶体物质，能吸附各种阳离子或阴离子而与污染物凝聚并沉淀。

（3）生物净化过程

悬浮和溶解于水体中的有机污染物，在有溶解氧时会因好氧微生物作用，被氧化分解为简单的、稳定的无机物，如二氧化碳、水、硝酸盐和磷酸盐等，从而使水体得到净化。在这个过程中，要消耗一定量的溶解氧。溶解氧除水体中原有的以外，主要来自水面复氧和水体中水生植物的光合作用。在这个过程中，复氧和耗氧同时进行。

水体存在的生物群落可以反映河流自净的进程。河流被污染时，对污染敏感的蜉蝣稚虫、鲑鱼、硅藻就会消失，而真菌、泥蠕虫和某些蓝绿藻则占优势。经过自净作用水质恢复洁净，水生生物群落结构也随之变化，因此，可以用水生生物群落结构来判断和评价水体自净的状况。

对不同水体进行考察并掌握各种水体的自净规律，就能充分利用水体自净能力，减轻人工处理污染的负担，保证水体不受污染，并据此安排合理的生产布局和以最经济的方法控制和治理污染源。

一些城市在治理水系的时候，把河岸与河底都“硬化”，铺上一层水泥块。但事与愿违，这样做的河道反而更快地污染变质了。原因在于，天然水体包括天然水、底泥和水生生物，是一个完整的生态体系。如果把天然水与底泥隔开，就破坏了天然水体这个生态体系，大大降低了水体的自净能力，所以水质变坏得更快。因此，治理污染必须符合自然规律，否则将南辕北辙，越治理越坏。

2.4.2　饮用水卫生

饮用水卫生是为使饮用水的理化性状和细菌学指标达到规定的生活饮用水卫生标准而采取的措施，其目的和意义是保证饮用水安全卫生，避免发生水传染病和急慢性中毒。

（1）水源选择

水源选择目的是选用符合生活饮用水水质要求的水源进行防护。水源分地面水和地下水。江河、湖泊和水库等是地面水源；深、浅层地下水或引用泉水是地下水源。地面水水量丰富，易于汲取，但水量季节变化大，易受污染，难于防护；而地下水源水质良好，水质和水量较稳定，不易受污染，易于防护，但水的硬度高，水量不如地面水充足。进行水源选择时，应从卫生、经济、技术和水资源等多方面进行综合评价，要选择水质良好、水量充足、经济技术指标合理和便于防护的水源。

① 水质良好。水质要求如下：只需加氯消毒即可供生活饮用的水源水，其所含大肠菌群数平均每升不得超过1 000个；需经净化处理（混凝沉淀和砂滤等）又经加氯消毒后供饮用的水源水，所含大肠菌群数平均不得超过10 000个/L。因为混凝沉淀可以除去细菌的50%～80%，砂滤可除去细菌的80%～98%；氯化消毒可以除去细菌的99.7%。若水源水的总大肠菌群数为10 000个/L，以最差的情况来估计，经混凝沉淀、砂滤和氯化消毒之后，每升水平均只剩下3个细菌群，这便符合饮用水卫生标准的要求。净化和消毒处理方法一般不能除掉水中的溶解性物质、放射性物质和气味等，因此作为生活饮用水的水源水，其感官性状和一般化学指标应符合生活饮用水卫生标准的规定，控制在不妨碍生活饮用和对健康无害的范围内，如蒸发残渣不超过1 000 mg/L，总硬度以碳酸钙（$CaCO_3$）计不超过450 mg/L，无异臭异味，重金属含量、有毒物质含量和放射性指标应符合饮用水水质的规定。在高氟或有地方性甲状腺肿的地区，应分别选用含氟、含碘量适宜的水源水，否则应根据需要采取预防措施，使其含碘量大于10 μg/L，氟含量在0.5～1.0 mg/L。若水源水中含有生活饮用水卫生标准中未列入的有害物质时，其含量应符合地面水中有害物质最高容许浓度的有关规定。

② 水量充足。水源水量要能满足生产用水、公共事业用水和居民生活用水等的需要。在估计居民总用水量时，应按用水量定额和总人口数进行计算。日变化系数为最高日用水量与平均日用水量之比，一般为1.25～1.50。此外还应考虑时变化系数。它是最高时用水量与平均时用水量之比，一般为1.50～2.50。在考虑总用水量时，还要考虑城镇今后发展远景和人们生活水平提高之后，用水量将增加的情况。

③ 经济技术指标合理。选择水源时，经济技术指标要合理，在卫生要求可以达到经济许可的条件下，应结合两者考虑问题。当经济技术指标不能达到合理要求时，为确保居民健康不受危害，卫生部门应阐明水质不良可能对居民健康带来的影响和危害，供决策者在选择水源时考虑。

④ 便于防护。水源的位置应便于设置卫生防护带，使地面水源或地下水源免受污染。因为如果水源受到严重污染，即使经过完善的净化和消毒处理，也很难保证供水水

质良好。取水点应设在城镇、工矿企业的上游，并以选用地下水源为宜。

（2）水源卫生防护

为了保证水源不受污染，对水源要严格规定防护地带。规定以地面水为集中式给水水源的卫生防护地带在取水点周围半径 100 m 的水域内，严禁在其中从事可能污染水源的任何活动，并应设明显的防护范围标志。取水点上游 1 000 m 到下游 100 m 的水域内，禁止工业废水和生活污水排入。

饮用水卫生。在上游 1 000 m 以外排放污水时，应符合当地废水排放标准和地面水水质卫生要求，在沿河岸边的防护带内，禁止堆放废渣，设立有毒化学物品仓库、堆栈或装卸垃圾、粪便和有害物品的码头；禁止使用工业废水和生活污水灌溉农田和使用持久性或剧毒农药；禁止从事放牧业等。在供生活饮用水的水库和湖泊，应将取水点周围部分水域或整个水域及其沿岸列入卫生防护带。受潮汐影响的河流也要确定其取水点上、下游及其沿岸的防护范围，由有关部门视具体情况研究确定。

水厂生产区范围的、单独设立的泵站、沉淀池和清水池应明确划定界线，周围应保持良好的卫生状况，并设立明显的标志。生产区外围不小于 10 m 以内，不得设置生活居住区和修建禽畜饲养场、渗水厕所、渗水坑；不得堆放垃圾、粪便、废渣或铺设污水管道。在上述界线内，应充分绿化。

（3）水源地卫生防护带

以地下水为集中式给水水源的卫生防护带，应根据水文地质条件、取水构筑物的形式和附近地区的卫生状况来确定。其防护措施应按地面水为水源的水厂区要求执行。取水构筑物的防护范围，影响半径的范围以及岩溶地区地下水的水源卫生防护范围，由有关部门研究确定。为保护地下水源，使用人工回灌水的水质原则上应符合生活饮用水水质标准的规定；工业废水和生活污水禁止排入渗坑或渗井。在单井或井群的影响半径范围内，禁止使用工业废水或生活污水灌溉农田；禁止使用持久的或剧毒农药；禁止修建渗水厕所、渗水坑，不得堆放废渣和铺设污水渠道，也不得从事破坏深层土层的活动。若取水层在水井影响半径范围内不露出地面或取水层与地面水没有互相补充关系时，可根据具体情况设置较小的防护范围。在水厂生产区范围内，按地面水水厂生产区的要求执行。

对分散式给水水源，其卫生防护带的规定是：若以地面水为水源，则与以地面水为集中式给水水源的卫生防护带相类似；若以地下水为水源，则在水井周围 30 m 范围内，不得设置渗水厕所、渗水坑、粪坑、垃圾堆和废渣堆等污染源。

（4）水质净化和消毒

水质净化包括混凝沉淀和砂滤，其目的是利用机械及重力作用清除原水的悬浮性胶体物质，以提高水的透明度，改善其理化性状；消毒则是利用消毒药剂杀灭水中的肠道致病微生物，以防止介水肠道传染病的传播和流行。水质常规检查项目及限值见表 2－5。

① 混凝沉淀。凝结剂加入浑水中，与水中的碱相作用形成带正电荷的氢氧化物胶体，使水中带阴电荷的微小悬浮物中和，形成较大的絮状物而下沉。若原水中碱

度不够，可向水中加入生石灰或漂白粉，以促进絮状物不断形成，提高混凝沉淀效果。

常用的凝结剂有明矾、硫酸亚铁、三氯化铁、碱式氯化铝、氯化铝、硫酸铁、碳酸镁和阳离子型高分子聚合物等。

雨水冲刷和地表径流将泥土、腐殖质、微生物、水生生物和各种不溶解的杂质带入水中，形成水中的浑浊物。这些浑浊物在水中自然下降的速度很慢。因此，对天然水中的微小悬浮物必须采用混凝沉淀法，使其迅速下沉。

混凝沉淀不仅能除去水中悬浮物，还可借助其沉淀和吸附作用除去水中的溶解性物质和部分细菌。用铝盐凝结，可除去水中的氟化物；用明矾在高 pH 下凝结，可除去水中的暂时性硬度（俗称水垢）和铁、锰等；用碱式氯化铝凝结，可除去水中的溶解性有毒物质镉、铬、铅、汞等。

② 砂滤。经过混凝沉淀较清洁的水，再通过 30～60 cm 厚的砂层过滤。砂滤具有隔滤、吸附和沉淀作用，在沙粒表面的胶体物质和细菌沉淀形成胶质生物膜，提高了净水效率，此时绝大部分杂质和细菌能在表面被阻留。砂滤可进一步清除水中更细小的胶体物和更多的细菌和蠕虫卵等，因此砂滤不仅可改善饮用水的浑浊度，还可改善水的理化和生物学性状。

③ 消毒。水经过混凝沉淀和砂滤处理后，其细菌学指标一般仍不能达到饮用水水质卫生标准的要求，故必须进一步对水进行消毒处理，杀灭水中的病原体。当水源为地下水时，水质透明，不需混凝沉淀和砂滤，便可直接消毒。水厂饮用水消毒法有氯化消毒法，臭氧消毒法和紫外线消毒法等。常用的是氯化消毒法，所用消毒剂为液氯或氯的化合物（漂白粉、漂白粉精、次氯酸钠、氯胺 - T、次氯酸钙等）。

表 2-5　水质常规检验项目及限值

	项目	限值
一、微生物指标		
1	总大肠菌群/(MPN/100 mL 或 CFU/100 mL)[a]	不应检出
2	大肠埃希氏菌/(MPN/100 mL 或 CFU/100 mL)[a]	不应检出
3	菌落总数/(MPN/ mL 或 CFU/ mL)[b]	100
二、毒理指标		
4	砷/(mg/L)	0.01
5	镉/(mg/L)	0.005
6	铬（六价）/(mg/L)	0.05
7	铅/(mg/L)	0.01
8	汞/(mg/L)	0.001
9	氰化物/(mg/L)	0.05

续表

	项目	限值
10	氟化物/(mg/L)[b]	1.0
11	硝酸盐（以N计）/(mg/L)[b]	10
12	三氯甲烷/(mg/L)[c]	0.06
13	一氯二溴甲烷/(mg/L)[c]	0.1
14	二氯一溴甲烷/(mg/L)[c]	0.06
15	三溴甲烷/(mg/L)[c]	0.1
16	三卤甲烷（三氯甲烷、一氯二溴甲烷、二氯一溴甲烷三溴甲烷的总和）[c]	该类化合物中各种化合物的实测浓度与其各自限值的比值之和不超过1
17	二氯乙酸/(mg/L)[c]	0.05
18	三氯乙酸/(mg/L)[c]	0.1
19	溴酸盐/(mg/L)[c]	0.01
20	亚氯酸盐/(mg/L)[c]	0.7
21	氯酸盐/(mg/L)[c]	0.7
三、感官性状和一般化学指标[d]		
22	色度（铂钴色度单位）/度	15
23	浑浊度（散射浊度单位）/NTU[b]	1
24	臭和味	无异臭、异味
25	肉眼可见物	无
26	pH	不小于6.5且不大于8.5
27	铝/(mg/L)	0.2
28	铁/(mg/L)	0.3
29	锰/(mg/L)	0.1
30	铜/(mg/L)	1.0
31	锌/(mg/L)	1.0
32	氯化物/(mg/L)	250
33	硫酸盐/(mg/L)	250
34	溶解性总固体/(mg/L)	1 000
35	总硬度（以 $CaCO_3$ 计）/(mg/L)	450
36	高锰酸盐指数（以 O_2 计）/(mg/L)	3
37	氨（以N计）/(mg/L)	0.5

续表

	项目	限值
四、放射性物质[e]		
38	总α放射性/(Bq/L)	0.5（指导值）
39	总β放射性/（Bq/L）	1（指导值）

a MPN 表示最可能数；CFU 表示菌落形成单位。当水样检出总大肠菌群时，应进一步检验大肠埃希菌；当水样未检出总大肠菌群时，不必检验大肠埃希菌。

b 小型集中式供水和分散式供水因水源与净水技术受限时，菌落总数指标限值按 500 MPN/mL 或 500 CFU/mL 执行，氟化物指标限值按 1.2 mg/L 执行，硝酸盐（以 N 计）指标限值按 20 mg/L 执行，浑浊度指标限值按 3NTU 执行。

c 水处理工艺流程中预氧化或消毒方式：

——采用液氯、次氯酸钙及氯胺时，应测定三氯甲烷、一氯二溴甲烷、二氯一溴甲烷、三溴甲烷、二氯乙酸、三氯乙酸；

——采用次氯酸钠时，应测定三氯甲烷、一氯二溴甲烷、二氯一溴甲烷、三溴甲烷、二氯乙酸、三氯乙酸、氯酸盐；

——采用臭氧时，应测定氯酸盐

——采用二氧化氯时，应测定氯酸盐；

——采用二氧化氯与氯混合消毒剂发生器时，应测定亚氯酸盐、氯酸盐、三氯甲烷、一氯二溴甲烷、二氯一溴甲烷、三溴甲烷、二氯乙酸、三氯乙酸；

——当原水中含有上述污染物，可能导致出厂水和末梢水的超标风险时，无论采用何种预氧化或消毒方式，都应对其进行测定。

d 当发生影响水质的突发公共事件时，经风险评估，感官性状和一般化学指标可暂时适当放宽。

e 放射性指标超过指导值（总β放射性扣除 K 后仍然大于 1 Bq/L），应进行核素分析和评价，判定能否饮用。

摘自：《生活饮用水卫生标准》（GB 5749—2022）。

（5）氯化消毒的原理

氯化消毒的原理是利用氯可在水中迅速形成次氯酸（HClO）的原理：漂白粉加入水中后亦能水解成次氯酸：次氯酸分子体积微小，电荷为中性，易经细胞壁渗透入细菌体内，抑制和破坏菌体内的各种酶系统（主要是磷酸丙糖脱水酶对 HClO 更为敏感），使巯基被氧化而破坏，影响细菌体内的氧化还原作用，使其体内葡萄糖代谢产生障碍，导致细菌死亡，达到消毒目的。

要获得良好的氯化消毒效果，应具有下列保证条件：水的 pH 要低，一般在 7 左右为宜，以减少次氯酸的解离，因为次氯酸根（ClO^-）带负电荷，不易发挥消毒作用；水质要透明，以利次氯酸接触病原体；水温不宜太低，水温高则杀菌能力快，因此要根据水温高低增减加氯量，使加入的氯充分混合，有一定的接触反应时间（一般不应少于 30 min）；接触 30 min 后，要求在接近水厂或加压站附近管网中水的游离性余氯不应低于 0.3 mg/L，在末梢管网中水的游离性余氯不应低于 0.05 mg/L。可检测消毒后水中细菌学指标，来评定消毒效果，细菌总数（37 ℃、24 h 培养）不应大于 100 个/mL，大肠菌群数每升水不超过 3 个。在配水管网较长、死头较多的地区，为保证饮用水水质安全，应考虑中途加氯。

（6）氯化消毒法消毒效果

使用方便，长期使用后未发现对健康有不良影响。可是由于环境污染严重，水源受到各种有机物严重污染，人们发现，水经氯化消毒后，氯与水中有机碳氢化合物形成微量的致癌性卤代烃——三卤甲烷类化合物。这类化合物主要共有四种：氯仿（$CHCl_3$）、一溴二氯甲烷、二溴一氯甲烷和溴仿（$CHBr_3$）。有研究用477 mg/L 和180 mg/L 的氯仿剂量分别对小鼠和大鼠进行致癌试验，发现有致癌现象。但饮水中氯仿的实际含量甚微，不至于对人类形成威胁，而且对人群的流行病学调查亦未发现饮水氯化消毒与癌症有什么关系。尽管水中三卤甲烷类化合物含量甚微，对动物致癌剂量又很大，对饮用这种自来水的人群进行环境流行病学调查亦未得出致癌结论，然而这类化合物对人类仍是一种潜在的危险。故有些国家已规定出水中氯仿含量不得超过70 μg/L，美国规定饮水中三卤甲烷类化合物含量不得超过100 μg/L，中国生活饮用水水质标准中规定的氯仿含量为60 μg/L，四氯化碳含量为3 μg/L。

2.4.3 废水处理

废水中的污染物种类繁多，按污染物的形态可分为溶解性的、胶体状的和悬浮状的污染物；按化学性质可分为有机污染物和无机污染物；有机污染物按生物降解的难易程度又可以分为可生物降解的有机物和不可生物降解的有机物。废水处理就是利用各种技术措施把各种形态的污染物从废水中分离出来，或者把它们分解、转化为无害和稳定的物质，从而使废水得到净化的过程。

根据使用技术措施的作用原理和去除对象的不同，废水处理方法可以分为物理处理法、化学处理法和生物处理法三大类。废水主要处理技术及去除对象见表2-6。

表2-6　废水处理方法的分类及去除对象

分类	处理工艺	作用或处理对象	适用范围
物理处理法	调节池	均衡水质和水量	预处理
	格栅	粗大悬浮物和漂浮物	预处理
	筛网	较细小的悬浮物	预处理
	沉淀	可沉物质	预处理
	气浮	乳化油、密度接近1的悬浮物	预处理或中间处理
	离心机	乳化油、固体物	预处理或中间处理
	旋流分离器	较大的悬浮物	预处理
	砂滤池	细小悬浮物、乳化油	中间或深度处理
化学处理法	中和	酸、碱	预处理
	混凝	胶体、细小悬浮物	中间或深度处理
	化学沉淀	溶解性有害重金属	中间或深度处理
	氧化还原	溶解性有害气体	中间或深度处理
	吹脱	溶解性气体	预处理或中间处理
	萃取	溶解性有机物	预处理或中间处理
	吸附	溶解性物质	中间或深度处理
	离子交换	可离解物质	深度处理
	电渗析	可离解物质	深度处理
	反渗透膜	盐类	深度处理
生物处理法	好氧生物处理	胶体和溶解性有机物	中间处理
	厌氧生物处理		中间处理
	土地处理		深度处理
	稳定塘		深度处理

（1）废水的物理处理法

利用物理作用进行废水处理的方法属于物理处理法，分离去除废水中不溶性的悬浮颗粒物是其主要目的。主要工艺有筛滤截留、重力分离、离心分离等，使用的处理设备和构筑物有格栅和筛网、沉砂池和沉淀池、气浮装置、离心机、旋流分离器等。

① 格栅和筛网。格栅是一组平行金属栅条制成的有一定间隔的框架。把它倾斜放置在废水渠道上，用来去除废水里粗大的悬浮物和漂浮物，以免后面的装置堵塞。筛网是穿孔滤板或金属网制成的过滤设备，用以去除较细小的悬浮物。

② 沉淀法。利用重力的作用，使废水中比水重的固体物质下沉，与废水分离，这种方法叫作沉淀法。沉淀法简单易行，效果好，得到广泛应用。在废水处理中，沉淀法主要用于：

a. 在沉砂池去除无机砂粒。

b. 在初次沉淀池去除比水重的悬浮状有机物。

c. 在二次沉淀池去除生物处理出水中的生物污泥。

d. 在混凝工艺以后去除混凝形成的絮凝体。

e. 在污泥浓缩池中分离污泥中的水分，浓缩污泥。

f. 气浮法。在废水中通入空气，产生细小气泡，附着在细微颗粒污染物上，形成密度小于水的浮体，上浮到水面，主要用来分离密度与水接近或比水小，靠重力无法沉淀的细微颗粒污染物。

g. 离心分离。当含有悬浮物的废水在离心设备中高速旋转的时候，质量不同的悬浮物和废水受到的离心力不同，所以二者可以分离。按照产生离心力方式的不同，离心分离设备可以分为旋流分离器和离心机两种类型。

（2）废水的化学处理法

利用化学反应分离、回收废水中的污染物，或者把它们转化成无害的物质，叫作化学处理法。主要的工艺有中和、混凝、化学沉淀、氧化还原、吸附等。

① 中和法。利用化学反应使酸性废水或碱性废水中和，达到中性的方法叫中和法。“以废治废”是优先考虑的原则，尽量利用废酸和废碱进行中和，或者让酸性废水和碱性废水直接中和。不得以时再用药剂（中和剂）进行处理。

② 混凝法。向废水中加入混凝剂，使其中不能自然沉淀的胶体状污染物和一部分细小悬浮物经过脱稳、凝聚、架桥等反应过程，形成一定大小的絮凝体，在后续沉淀池中沉淀分离，使胶体状污染物与废水分离，叫作混凝法。利用混凝，可以降低废水的浊度、色度、去除高分子物质、悬浮状或胶体状的有机污染物和某些重金属污染物。

③ 化学沉淀法。向废水中加入化学药剂，与废水中某些溶解性污染物质发生反应，形成难溶性物质沉淀下来，以降低废水中溶解性污染物的浓度，叫作化学沉淀法。化学沉淀法一般用来处理含重金属的工业废水。按照沉淀剂的种类和生成难溶物质的不同，可以把化学沉淀法分为氢氧化物沉淀法、硫化物沉淀法和钡盐沉淀法。

④ 氧化还原法。向废水中加入氧化剂或者还原剂，使其中溶解的有毒有害物质被氧化或者被还原，转变成无毒无害物质的方法，叫作氧化还原法。废水处理常用的氧化剂

有臭氧、氯气、次氯酸钠等；常用的还原剂有铁、锌、亚硫酸氢钠等。

⑤ 吸附法。利用多孔固体吸附剂，让废水中的污染物通过固－液相界面上的物质传递，转移到固体吸附剂上，从废水中分离去除的方法，叫吸附法。按照吸附剂表面吸附机理的不同，分为物理吸附、化学吸附和离子交换吸附。废水处理中的吸附一般是多种吸附机理同时存在。常用在废水处理中的吸附剂有活性炭、磺化煤、沸石等。

⑥ 离子交换法。在固体颗粒和液体的界面上交换离子的过程，叫离子交换，利用离子交换剂对物质选择性交换的能力，去除水和废水里的杂质和有害物质的方法，叫作离子交换法。

⑦ 膜分离法。能让溶液中一种或几种成分无法透过，但其他成分能透过的膜，叫半透膜。利用特殊半透膜的选择性透过作用，把废水里的颗粒、分子或离子与水分离的方法，叫作膜分离法。主要包括电渗析、扩散渗析、微过滤、超滤、反渗透等。

(3) 废水的生物处理法

在自然界无所不在的微生物可以把有机物氧化分解，转化成稳定的无机物。利用微生物的这种功能，废水的生物处理法采用一定的人工措施，营造适合微生物生长、繁殖的环境，让微生物大量繁殖，加强它们氧化、分解有机物的能力，从废水中去除有机物。

按照所用微生物的呼吸特性，废水生物处理可以分为好氧生物处理、厌氧生物处理和自然生物处理法。按照微生物的生长状态，废水生物处理法又可以分为悬浮生长型（比如活性污泥法）和附着生长型（生物膜法）。下面介绍上述3种处理方法。

① 好氧生物处理法。应用好氧微生物，在有氧环境下，把废水中的有机物分解成二氧化碳和水的方法叫作好氧生物处理法。这种方法处理效率高，应用面广，是废水生物处理的主要方法。好氧生物处理的主要工艺有活性污泥法、生物滤池、生物转盘、生物接触氧化等。

② 厌氧生物处理法。应用兼性厌氧菌和专性厌氧菌在无氧条件下降解有机污染物，最后生成二氧化碳、甲烷等物质的方法，叫作厌氧生物处理法。主要用于有机污泥、高浓度有机工业废水的处理，比如啤酒废水、屠宰厂废水等，也可以用来处理低浓度城市污水。以前污泥厌氧处理的构筑物一般采用消化池，近20多年来，出现一系列新型高效的厌氧处理构筑物，如升流式厌氧污泥床、厌氧流化床、厌氧滤池等。

③ 自然生物处理法。应用在自然条件下生长、繁殖的微生物处理废水的方法叫作自然生物处理法。这种方法工艺简单，建设费用和运行成本都比较低，但其净化功能受自然条件的限制。主要处理技术有稳定塘和土地处理法。

(4) 废水处理工艺流程

废水中污染物的成分非常复杂，不可能用单一的处理单元就把全部污染物都去除掉。一般要把多个处理单元组合成合适的处理工艺流程。要确定废水的处理工艺，主要根据应该达到的处理程度。处理程度主要与原废水的性质、处理后废水的出路以及接纳处理后废水水体的环境标准和自净能力有关。

① 城市污水的一般处理工艺流程。城市污水的一般处理主要应该去除悬浮物和溶解

性有机物。工艺流程见图2－3。按照不同的处理程度，可以分为预处理、一级处理、二级处理和三级处理。

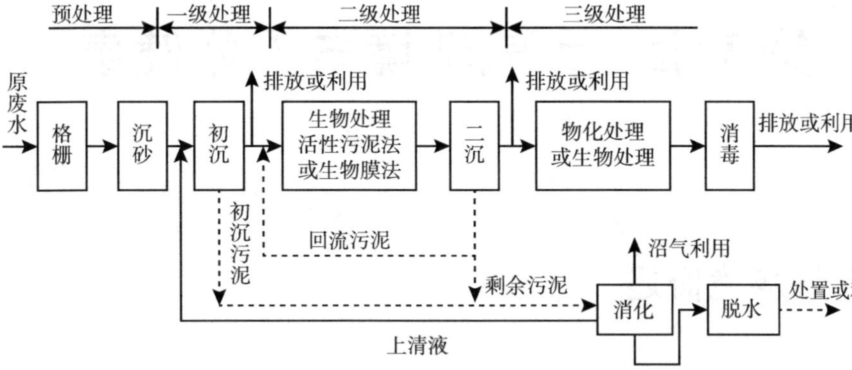

图2－3　城市污水的一般处理工艺流程

a. 预处理：包括格栅、沉砂池，去除城市污水中的粗大悬浮物和密度大的无机砂粒。

b. 一级处理：主要用沉淀池进行物理处理，部分去除污水中的悬浮状固体物质。

c. 二级处理：主要用活性污泥法、生物膜法进行生物处理，大幅度去除污水中胶体状或溶解性的有机物。处理后出水可以达到国家规定的污水排放标准。

d. 三级处理：主要用生物除氮脱磷法或混凝沉淀、过滤、吸附等物理化学方法进行处理，进一步去除废水中残存的有机物和氮、磷，以符合更严格的废水排放要求或回用要求。

② 工业废水的处理工艺流程。因为工业废水水质成分非常复杂，并且随行业、原料、生产工艺而有相当大的变化，所以不可能有通用的处理工艺流程。要根据具体工业废水的水量、水质、处理程度要求，选择合适的单元技术组合成工艺流程。

思考题

1. 什么是天然水循环？请简述其过程。
2. 什么是水的硬度？什么是永久硬度？什么是暂时硬度？各由什么离子造成的？
3. 饮用水消毒方法有哪些？请简述氯化消毒的原理及其优缺点。
4. 什么是水体污染？水中重金属污染物有哪些？在水环境中主要以何种化学形态存在？
5. 汞的人为污染源有哪些？请简述汞的生物效应。
6. 什么是持久性有机污染物？什么是环境内分泌干扰物质？
7. 什么是水体富营养化？怎么判定水体富营养化程度？
8. 简述城市污水处理的一般流程。

第 3 章　大气环境与人体健康

3.1　大气环境概述

包围地球的空气称为大气。像鱼类生活在水中一样，我们人类生活在地球大气的底部，并且一刻也离不开大气。大气为地球生命的繁衍、人类的发展，提供了理想的环境。它的状态和变化，时时处处影响到人类的活动与生存。空气不仅是人类维持生命所不能缺少的，而且也是人们生活和生产所必需的。

3.1.1　大气组成及大气圈层结构

按照国际标准化组织（ISO）对大气和空气的定义：大气是指环绕地球的全部空气的总和；环境空气是指人类、植物、动物和建筑物暴露于其中的室外空气。相比较而言，“大气”所指的范围更大些，而“空气”所指的范围相对小些。

地球上的大气，有氮、氧、氩等常见的气体成分，有二氧化碳、一氧化二氮等含量大体上比较固定的气体成分，也有水蒸气、一氧化碳、二氧化硫和臭氧等变化很大的气体成分。其中还常悬浮有尘埃、烟粒、盐粒、水滴、冰晶、花粉、孢子、细菌等微粒和液体的气溶胶粒子。大气是由多种气体混合而成的，其组成可以分为三部分：干洁空气、水蒸气和各种杂质。干洁空气的主要成分是氮、氧、氩和二氧化碳气体，其体积占全部干洁空气的 99.996%；氖、氦、氪、甲烷等次要成分只占 0.004% 左右。表 3－1 列出了乡村或远离大陆的海洋上空典型的干洁空气的化学组成。

由于大气的垂直运动、水平运动、湍流运动及分子扩散，使不同高度、不同地区的大气得以交换和混合。因而从地面到 90 km 的高度，干洁空气的组成基本保持不变。干洁空气的平均分子量为 28.966，在标准状态下（273.15 K，101 325 Pa）密度为 1.293 kg/m^3。

表 3－1　干洁空气的组成

成分	分子量	体积比/%	成分	分子量	体积比
氮气（N_2）	28.01	78.084 ±0.004	氪气（Kr）	83.80	0.5×10^{-6}
氧气（O_2）	32.00	20.946 ±0.002	氦气（He）	4.00	0.052×10^{-6}
氩气（Ar）	39.95	0.934 ±0.001	氙气（Xe）	131.20	0.08×10^{-6}

续表

成分	分子量	体积比/%	成分	分子量	体积比
二氧化碳（CO_2）	44.01	0.033 ±0.001	氢气（H_2）	2.02	0.5×10^{-6}
甲烷（CH_4）	16.04	1.2×10^{-6}	二氧化氮（NO_2）	46.01	0.02×10^{-6}
氖气（Ne）	20.18	0.18×10^{-6}	臭氧（O_3）	48.00	0.01×10^{-6} ~ 0.04×10^{-6}

大气中的水蒸气平均含量不到0.5%，而且随着时间、地点和气象条件等不同而有较大变化，其变化范围为0.01% ~4%。但大气中的水蒸气含量却导致了各种复杂的天气现象，如云、雾、雨、雪、霜、露等。这些现象不仅引起大气中湿度的变化，而且还导致大气中热能的输送和交换。水蒸气吸收太阳辐射的能力较弱，但吸收地面长波辐射的能力较强，所以对地面的保温起着重要的作用。

大气中的各种杂质是由于自然过程和人类活动排到大气中的各种悬浮微粒和气态物质形成的。大气中的悬浮微粒，除了由水蒸气凝结成的水滴和冰晶，主要是各种有机的或无机的固体微粒。大气中的各种杂质所占的体积是很小的，只有0.01%，被称作“微量气体”或“微量杂质”。使大气污染成为问题的，正是空气中除去主要成分之外余下的这0.01%，它们是人们解决大气污染问题的主要研究对象。它们的分布是随时间、地点和气象条件变化而变化的，通常是陆上多于海上，城市多于乡村，冬季多于夏季。它们的存在，对辐射的吸收和散射，对云、雾和降水的形成，对大气中的各种光化学现象，皆具有重要影响。

我们把受地心引力而随地球运动的大气层称为大气圈，其厚度为从地球表面到1 000 ~ 1 400 km 的高度。大气圈的垂直构造是指气象要素的垂直分布情况，如气温、气压、大气密度和大气成分的垂直分布等。根据气温垂直于地球表面方向上的分布，可将大气圈分为5层：对流层、平流层、中间层、暖层和散逸层（或外大气层）（图3－1）。

（1）*对流层（距地面18 km 左右）*

对流层是大气最接近地面的一层，其平均厚度约为12 km（赤道地区为16 ~18 km，两极地区为7 ~9 km）。大气总质量的90%集中在这一层。该层有如下特点：

① 温度随高度的增加而降低。这是因为该层不能直接吸收太阳的短波辐射，但能吸收地面反射的长波辐射而从下垫面加热大气。因而靠近地面的空气受热多，远离地面的空气受热少。从地面每升高100 m，气温大致下降0.65 ℃。

② 空气对流：因为岩石圈与水圈的表面被太阳晒热，而热辐射将下层空气烤热，冷热空气发生垂直对流，又由于地面有海陆之分、昼夜之别以及纬度高低之差，不同地区温度也有差别，这就形成了空气的水平运动。

③ 温度、湿度等各要素水平分布不均匀。大气与地表接触，水蒸气、尘埃、微生物以及人类活动产生的有毒物质进入空气层，故该层中除气流做垂直和水平运动外，化学过程十分活跃，并伴随气团变冷或变热，水蒸气形成雨、雪、雹、霜、露、云、雾等一系列天气现象。对流层对人类的影响较大，通常所说的大气污染就是指这一层。

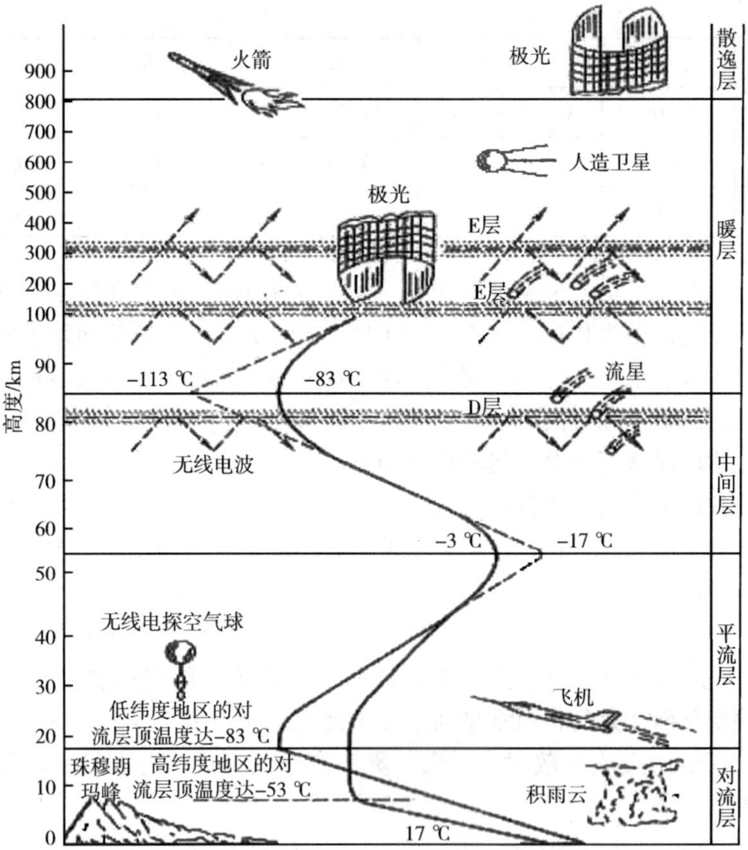

图3-1　大气垂直方向的分层

(2) 平流层（对流层顶以上约53 km）

对流层上面是平流层。虽然该层所占的空间比对流层大几倍，但由于大气密度低，其总质量只占大气总质量的5%。

在平流层的下层，即从对流层顶到35 km～45 km的高度，气温几乎不随高度而变化，称为同温层；35 km以上，气温随高度的增加而升高，到平流层顶温度可接近0 ℃。平流层中15 km～35 km的范围集中了大气中大部分的O_3（臭氧），形成臭氧层，并在20 km～25 km高度处达到最大值。

臭氧层能够强烈吸收波长为200～300 nm的太阳紫外线，对太阳辐射和宇宙辐射给地球生命带来的致命危害起着防护作用。但是，由于人类向大气排放大量氯氟烃类化合物，局部臭氧层被蚀成“洞”。太阳及宇宙辐射直接穿过“臭氧空洞”，给地球上的生物造成极大危害。因此，保护臭氧层是世界面临的紧迫任务之一。

(3) 中间层（平流层顶以上约85 km）

平流层上面为中间层，该层顶距地面80 km～85 km。由于这层没有臭氧吸收太阳紫外线，故气温随高度增加又迅速下降，顶层温度可降至-113～-83 ℃，下暖上凉，再次出现空气的垂直运动。中间层顶的空气在紫外线作用下电离。该层几乎没有水蒸气和尘埃，大气透明度好。

（4）暖层

中间层顶到800 km的高度为暖层或热成层。该层气体密度低，气体在宇宙线作用下呈电离状态，故又称为电离层，其温度随高度增加不断上升。电离层能使无线电波返回地面，这对远距离通信极为重要。

（5）散逸层

散逸层是大气的最高层，又称外层。该层气温很高，空气极为稀薄，空气粒子的运动速度很高，可以摆脱地球引力而散逸到太空中。

3.1.2 大气污染概述

按照ISO的定义，大气污染指由于人类活动或自然过程引起某些物质进入大气，呈现出足够的浓度，达到了足够的时间，并因此危害了人体的舒适、健康和福利或危害了生态环境的现象。

所谓人类活动不仅包括生产活动，也包括生活活动，如做饭、取暖、交通等。自然过程，包括火山活动、森林火灾、海啸、土壤和岩石的风化及大气圈中空气运动等。一般说来，由于自然环境所具有的物理、化学和生物机能（自然环境的自净作用），会使自然过程造成的大气污染，经过一定时间后自动消除。所以可以说，大气污染主要是人类活动造成的。

大气污染对人体舒适、健康的危害，包括对人体的正常生活环境和生理机能的影响，如引起急性病、慢性病以及死亡等；所谓福利，指与人类协调并共存的生物、自然资源以及财产、器物等。

大气污染按照范围来分，大致可分为四类：a. 局部地区污染，局限于小范围的大气污染，如受到某些烟囱排气的直接影响；b. 地区性污染，涉及一个地区的大气污染，如工业区及其附近地区或整个城市大气受到污染；c. 广域污染，涉及比一个地区或大城市更广泛地区的大气污染；d. 全球性污染，涉及全球范围的大气污染。

3.1.3 大气污染类型

3.1.3.1 煤烟型大气污染

这类空气污染事件最常见，在历史上曾多次发生。

（1）污染来源及其污染物

煤炭是工业生产和居民生活的常用燃料，煤炭的燃烧可以释放出各种各样的污染物。其中排放量较大的污染物有二氧化硫（煤炭中硫化物燃烧后产生的一种气态污染物）、一氧化碳（燃煤时氧气供应不足所形成的不完全燃烧产物）和悬浮颗粒物（又称烟尘，主要是由一些能悬浮于空气中的细小颗粒所组成）。劣质煤炭由于含硫量高，燃烧时产生的污染物更多。这些污染物一旦进入空气，还可与空气中的正常化学成分或其他污染物之间发生进一步的化学反应，生成二次污染物，如二氧化硫可在空气中进一步氧化，形成毒性更大的三氧化硫，后者又进一步与空气中的水蒸气结合，生成具有强烈刺激性的硫酸雾。又如某些气体污染物在空气中的浓度达到饱和时，可凝结成颗粒状污染物。

（2）气象因素和地形的作用

大量燃煤污染物排入空气后，并不意味着一定会发生空气污染事件。这是因为空气中的污染物可随空气的运动而扩散稀释，从而使污染物的浓度降低。相反，如果空气的流动性变小（空气处于稳定状态），则会使空气污染物在局部地区积聚，最终导致空气污染事件。

导致煤烟型空气污染事件的常见气象因素和地形条件有：① 气温低与逆温层的存在，在寒冷季节气温很低，并且地面的热量因辐射而损失，有可能出现地面气温低于上层气温的反常现象（逆温），结果造成空气的上升运动减弱或停滞，不利于污染物浓度的降低；② 风速小，风的运动有利于空气污染物的水平扩散稀释，无风时空气污染物容易在局部滞留，使污染物浓度增高；③ 大雾的存在，雾不仅妨碍逆温层的消失和风的运动，而且雾在空气污染物的转变中也起着重要的作用，如参与硫酸雾的形成；④ 低洼地势（如盆地），这种地形不利于空气污染物向四周扩散，并且可加重雾的形成，结果导致空气污染物在局部积聚。

3.1.3.2 汽车尾气型空气污染

汽车尾气型空气污染事件的发生与另一类矿物燃料——石油有关。石油的开发与利用为人类提供了丰富的化学品，尤其是汽油、柴油等在交通运输中的使用极大地方便了人们的生活。但与此同时，生活在大城市的人们又不得不承受由汽车尾气带来的健康损害。

（1）污染来源及其污染物

由于石油类燃料的成分和燃烧条件的特殊性，其燃烧产物与燃煤有很大的不同，排放的污染物主要有两类：一类是氮氧化物（NO_x），燃油时高温作用下空气中氮气与氧气结合，首先形成一氧化氮，后者进一步氧化形成二氧化氮，二者统称为氮氧化物；另一类是碳氢化合物，包括烃类、醇类等由碳和氢原子组成的各种各样的有机化合物，主要以汽油燃料的不完全燃烧产物或燃料蒸发的形式进入空气环境。机动车行驶时排出的尾气是其污染空气的重要来源，尾气中污染物的种类与机动车的行驶状况有很大的关系。低速行驶时，由于燃料燃烧不完全，可产生大量的一氧化碳和碳氢化合物；高速行驶时则排出较多的氮氧化物，这是在高温条件下空气中的氧气与氮气结合而形成的。

汽车废气中的这些一次污染物在阳光的作用下还可进一步发生一系列复杂的光化学反应，形成所谓的光化学氧化剂（二次污染物），如臭氧、过氧乙酰硝酸酯、各种醛类（甲醛、乙醛、丙烯醛等）以及硝酸雾和硫酸雾。这些气体污染物和悬浮颗粒物混杂在一起，使局部地区的空气呈现出一种浅蓝色的状态，即光化学烟雾。

（2）气象因素和地形的作用

汽车尾气型空气污染事件的形成，也受到气象因素和地形条件的影响。① 太阳紫外线的作用，参与光化学烟雾的起始反应——二氧化氮的光解，必须要在太阳光的作用下才能发生。因此，汽车尾气型空气污染事件多出现在夏秋季中午前后阳光最强烈的这段时间。② 高温与逆温层的存在，晴朗、高温的天气容易出现热气团下沉而形成逆温，阻止光化学烟雾的扩散。③ 风速小，进一步加重光化学烟雾在局部地区的积聚。④ 海滨地区，这些地区一般阳光强烈，而且这种地形也不利于光化学烟雾的扩散和稀释。

光化学烟雾事件在世界上许多大城市时有发生，其中美国洛杉矶光化学烟雾事件较为典型。20 世纪 40 年代初期，洛杉矶市拥有 250 多万辆汽车，每天消耗汽油约 1 600 万 L。由于当时未采取汽车尾气净化措施，结果使得大量的氮氧化物、碳氢化合物等燃油污染物排入空气。洛杉矶市地处海滨，夏秋季节阳光强烈，导致汽车排放的污染物通过光化学反应生成以臭氧为主的二次污染物。该地区常年有逆温层的存在，加之周围山脉环抱，造成光化学烟雾在当地周而复始地出现。

3.1.3.3　事故排放型空气污染

虽然空气污染事件常见于污染严重的大城市，而且大多由矿物燃料——煤和石油的燃烧产物所引起，但有时生产化学品工厂的事故排放也可在短时间内引起严重的空气污染，造成当地工人和周围居民发病和死亡增加的污染事件。

3.1.4　全球性大气污染问题

全球性大气污染问题主要包括温室效应、臭氧层破坏和酸雨等三大问题。

（1）温室效应

温室效应（greenhouse effect），是大气保温效应的俗称。大气能使太阳短波辐射到达地面，但地表向外放出的长波热辐射线却被大气吸收，这样就使地表与低层大气温度增高，因其作用类似栽培农作物的温室，故名温室效应。

大气中的二氧化碳和其他微量气体如甲烷、一氧化二氮、臭氧、氟氯碳（CFCs）、水蒸气等，可以使太阳短波辐射几乎无衰减地通过，但会吸收地表的长波辐射，由此引起全球气温升高的现象，称为“温室效应”。上述微量气体，称为“温室气体”。CO_2 是最重要的温室气体。据监测，大气中 CO_2 体积分数浓度已经从 20 世纪 60 年代的不到 320 ppm（$1\ ppm = 10^{-6}$）增加到 2023 年的 419.7 ppm。2014—2023 年，全球平均温度较工业化前水平（1850—1900 年平均值）高出约 1.2 ℃。地球上的冰川大部分后退，海平面上升了 10 ~ 20 cm。自工业革命以来，人类向大气中排入的二氧化碳等吸热性强的温室气体逐年增加，大气的温室效应也随之增强，已诱发全球气候变暖等一系列严重问题，引起了全世界各国的关注。

（2）臭氧层破坏

离地面 10 ~ 50 km 的平流层臭氧浓度较高，往往称为臭氧层。臭氧层具有强烈吸收太阳紫外线的功能，保护地球上各种生命的存在、繁衍和发展。1985 年，英国科学家观测到南极上空出现臭氧层空洞，并证实其同氟利昂分解产生的氯原子有直接关系。这一消息震惊了全世界。到1994年，南极上空的臭氧层破坏面积已达2 400万km^2，北半球上空的臭氧层比以往任何时候都薄，欧洲和北美上空的臭氧层平均减少了15%，西伯利亚上空甚至减少了35%。

臭氧层的破坏将导致皮肤癌和角膜炎患者增加，破坏地球上的生态系统等严重问题发生。

氟利昂（CFC）等消耗臭氧物质是臭氧层破坏的元凶，氟利昂是20世纪20年代合成的，其化学性质稳定，不具有可燃性和毒性，被当作制冷剂、发泡剂和清洗剂，广泛用于家用电器、泡沫塑料、日用化学品、汽车、消防器材等领域。由于它们在大气中的平均寿命有数百年，所以排放的大部分仍留在大气层中，其中大多停留在对流层，一小部分升入平流层。在对流层相当稳定的氟利昂，上升进入平流层后，在一定的气象条件下，会在强烈紫外线的作用下分解，释放出的氯原子同臭氧会发生连锁反应，不断破坏臭氧分子。科学家估计一个氯原子可以破坏数万个臭氧分子。反应机理如下。

臭氧在紫外线作用下解离：

$$O_3 \rightarrow O_2 + O\cdot$$

氟氯烃分解（以CF_2Cl_2为例）：

$$CF_2Cl_2 \rightarrow CF_2Cl\cdot + Cl\cdot$$

自由基链反应：

$$Cl\cdot + O_3 \rightarrow ClO\cdot + O_2$$
$$ClO\cdot + O\cdot \rightarrow Cl\cdot + O_2$$

总反应： $O_3 + O\cdot \rightarrow 2O_2$

面对臭氧层被破坏的严峻形势，在联合国环境署的组织协调下，国际社会于1985年制定了《保护臭氧层维也纳公约》（以下简称《维也纳公约》），确定了国际合作保护臭氧层的原则；1987年又制定了《关于消耗臭氧层物质的蒙特利尔议定书》（以下简称《蒙特利尔议定书》），确定了全球保护臭氧层国际合作的框架。根据《蒙特利尔议定书》，各签约国分阶段停止生产和使用CFC制冷剂，发达国家要在1996年1月1日前停止生产和使用CFC制冷剂，而其他所有国家都要在2010年1月1日前停止生产和使用CFC制冷剂，现有设备和新设备都要改用无CFC制冷剂。中国于1989年和1991年分别加入《维也纳公约》和《蒙特利尔议定书》，成为缔约方。2008年止，签署《维也纳公约》的国家和地区共有190个；签署《蒙特利尔议定书》的国家和地区共有189个。保护臭氧层，是迄今人类最为成功的全球性合作。

（3）酸雨

酸雨是工业高度发展而出现的副产物，由于人类大量使用煤、石油、天然气等化石燃料，燃烧后产生的硫氧化物或氮氧化物，在大气中经过复杂的化学反应，形成硫酸或硝酸气溶胶，或为云、雨、雪、雾捕捉吸收，降到地面成为酸雨。如果形成酸性物质时没有云雨，则酸性物质会以重力沉降等形式逐渐降落在地面上，这叫作干性沉降，以区别于酸雨、酸雪等湿性沉降。干性沉降物在地面遇水时复合成酸。酸云和酸雾中的酸性由于没有得到直径大得多的雨滴的稀释，因此它们的酸性要比酸雨强得多。高山区由于经常有云雾缭绕，因此酸雨区高山上森林受害最重，常成片死亡。

pH 小于 5.6 的雨、雪或其他形式的大气降水（如雾、露、霜）称为酸雨。酸雨的形成主要是因化石燃料燃烧和汽车尾气排放的 SO_2 和 NO_x，在大气中形成硫酸和硝酸，又以雨、雪、雾等形式返回地面，形成“酸沉降”。酸雨的危害是破坏森林生态系统和水生态系统，改变土壤性质和结构，腐蚀建筑物，损害人体呼吸道系统和皮肤等。欧洲、北美及东亚地区的酸雨危害较严重。2023 年，我国酸雨区面积约 44.3 万 km^2；其中较重酸雨区面积占 0.04%，无重酸雨区。酸雨主要分布在长江以南—云贵高原以东地区，主要包括浙江大部分地区、福建北部、江西中部、湖南中东部、广西东北部和南部，以及重庆、广东、上海、江苏部分区域。

3.2　大气污染物

3.2.1　大气污染物概述

根据 ISO 的定义，大气污染物是指由于人类活动或自然过程排入大气并对人和环境产生有害影响的那些物质。

大气污染物的种类很多，按其存在状态可概括为两大类：气溶胶状态污染物和气体状态污染物。

3.2.1.1　气溶胶状态污染物

可吸入颗粒物具有胶体性质，故又称为气溶胶，它易随呼吸进入人体肺脏，在肺泡内积累，并可进入血液输往全身，对人体健康危害大。气溶胶状态污染物是分散在空气中的微小液体和固体颗粒，粒径多在 0.01 ~ 100 μm，是一个复杂的非均匀体系。

（1）粉尘

粉尘是指悬浮于气体介质中的小固体颗粒，受重力作用能发生沉降，但在一段时间内能保持悬浮状态，如黏土粉尘、石英粉尘、煤粉、水泥粉尘、各种金属粉尘等。它通常是由于固体物质的破碎、研磨、分级、输送等机械过程，或土壤、岩石的风化等自然过程形成的。颗粒的形状往往是不规则的。根据颗粒物在重力作用下的沉降特性，通常将其分为降尘和可吸入颗粒物。空气动力学当量直径大于 10 μm 的颗粒物能较快地沉降到地面上，称为降尘；空气动力学当量直径≤10 μm 的颗粒物（PM_{10}）可长期飘浮在空气中，称为可吸入颗粒物或 IP（飘尘）。

（2）烟

烟一般系指由冶金过程形成的固体颗粒的气溶胶。它是由熔融物质挥发后生成的气态物质的冷凝物，如有色金属冶炼过程中产生的氧化铅烟、氧化锌烟，在生成过程中总是伴有诸如氧化之类的化学反应。粒径一般为0.01～1 μm。

（3）飞灰

飞灰系指随燃料燃烧产生的烟气排出的分散得较细的灰分。

（4）黑烟

黑烟一般系指由燃料燃烧产生的可见气溶胶。在某些情况下，粉尘、烟、飞灰、黑烟等小固体颗粒气溶胶的界线，很难明显区分开。根据我国的习惯，一般可将冶金过程和化学过程形成的固体颗粒气溶胶称为烟尘；将燃料燃烧过程产生的飞灰和黑烟，在不需仔细区分时，也称为烟尘。在其他情况下，或泛指小固体颗粒的气溶胶时，则通称粉尘。

（5）雾

雾是气体中液滴悬浮体的总称。在气象中指造成能见度小于1 km的小水滴悬浮体。它可能是由于液体蒸气的凝结、液体的雾化及化学反应等过程形成的，如水雾、酸雾、碱雾、油雾等。

（6）霾

霾是指大量细微的干尘粒等均匀地悬浮在空中，使水平能见度小于10 km、空气普遍浑浊的现象。我国部分地区也将受到人类活动显著影响的霾称为灰霾。

霾的形成主要有三个重要因素。

① 水平方向静风现象的增多。近年来城市建设迅速发展，高大建筑物增多，建筑物的阻挡和摩擦作用使风流经城区时明显减弱，造成静风现象增多，从而不利于大气污染物的扩散稀释，使大气污染物在城区内和近郊区周边大量积累。

② 垂直方向上出现逆温层。逆温层使得大气层低空的空气垂直运动受到限制，导致污染物难以向高空飘散而被阻滞在低空和近地面。

③ 空气中悬浮颗粒物的增加。这也是形成霾的重要因素之一。夏季时，空气中的颗粒物含量受煤烟尘影响较小，而冬季时则受到的影响较大。污染物又分为天然源排放物和人为污染物，其中以人为污染物为主。除一次污染物外，霾上还附着有经一系列化学反应所形成的二次污染物。

雾霾是雾和霾的统称。雾和霾两种不同的天气现象，通常混合在一起出现。在大气环境科学里，雾和霾是以相对湿度来定义和区别的。相对湿度达到95%以上的低能见度现象叫作雾，低于80%的低能见度现象叫作霾，雾的颜色是乳白色、青白色或纯白色，霾则是黄色、灰色。大多数时间这两种现象混合在一起，尽管在概念定义上有明确的界定，但在实际观测和研究中并不是太容易区分，所以经常统称为雾霾天气。

在我国的《环境空气质量标准》（GB 3095—2012）中，还根据粉尘颗粒的大小，将其分为总悬浮颗粒物、可吸入颗粒物和细颗粒物。

3.2.1.2 气体状态污染物

气体状态污染物是以分子状态存在的污染物。气态污染物的种类很多，总体上可以分为五大类：以二氧化硫为主的含硫化合物，以一氧化氮和二氧化氮为主的含氮化合物，碳氧化物、有机化合物及卤素化合物等。

对于气态污染物，可分为一次污染物与二次污染物。若大气污染物是从污染源直接排出的原始物质，进入大气后没有发生改变，则称为一次污染物。常见的主要有 SO_2、NO_x、CO、碳氢化合物、颗粒物等。颗粒物中包含苯并［*a*］芘等强致癌物质、有毒重金属、多种有机和无机化合物等。若由污染源排出的一次污染物与大气中原有成分，或几种一次污染物，发生一系列的化学变化或光化学反应，形成了与原污染物性质不同的新污染物，则成为二次污染物。常见的二次污染物有硫酸盐、硝酸盐、臭氧、醛类（乙醛和丙烯醛等）、过氧乙酰硝酸酯（PAN）等。

（1）硫氧化物

硫氧化物中主要是 SO_2，它是目前大气污染物中数量较大、影响范围广的一种气态污染物。大气中 SO_2 的来源很广，几乎所有工业企业都可能产生。它主要来自化石燃料的燃烧过程，以及硫化物矿石的熔烧、冶炼等热过程。火力发电厂、有色金属冶炼厂、硫酸厂、炼油厂以及所有烧煤或油的工业炉窑等都排放含 SO_2 的烟气。

（2）氮氧化物

氮氧化合物有 N_2O、NO_2、NO、N_2O_3、N_2O_4 和 N_2O_5，可用 NO_x 表示。其中污染大气的主要是 NO、NO_2。NO 毒性不太大，但进入大气后可被缓慢地氧化成 NO_2。当大气中有 O_3 等强氧化剂或在催化剂作用下，其氧化速度会加快。NO_2 的毒性约为 NO 的 5 倍。当 NO_2 参与大气中的光化学反应，形成光化学烟雾后，其毒性更强。人类活动产生的 NO_x 主要来自各种炉窑、机动车和柴油机的排气，其次是硝酸生产、硝化过程、炸药生产及金属表面处理等过程。其中由燃料燃烧产生的 NO_x 约占 83%。

（3）碳氧化物

CO 和 CO_2 是各种大气污染物中发生量最大的一类污染物，主要来自燃料燃烧和机动车排气。CO 是一种窒息性气体，进入大气后，由于大气的扩散稀释作用和氧化作用，一般不会造成危害。但在城市冬季采暖季节或在交通繁忙的十字路口，当气象条件不利排气扩散稀释时，CO 的浓度有可能达到危害人体健康的水平。

CO_2 是无毒气体，但当其在大气中的浓度过高时，使氧气含量相对减小，对人便会产生不良影响。地球上 CO_2 浓度的增加，能产生“温室效应”，迫使各国政府开始实施控制。

（4）有机化合物

有机化合物种类很多，从甲烷到长链聚合物的烃类。大气中的挥发性有机化合物（VOCs），一般是 $C_1 \sim C_{10}$ 化合物，它不完全相同于严格意义上的碳氢化合物，因为它除含有碳和氢原子外，还常含有氧、氮和硫原子。甲烷被认为是一种非活性烃，所以人们以非甲烷烃类（NMHC）的形式来报道环境中烃的浓度。特别是多环芳烃类（PAH）中的苯并［*a*］芘（B*a*P）是强致癌物质，因而作为大气受 PAH 污染的依据。VOCs 是光化学氧化剂臭氧和过氧乙酸硝酸酯（PAN）的主要贡献者，也是温室效应的贡献者之一。VOCs 主要来自机动车和燃料燃烧排放，以及石油炼制和有机化工生产等。

（5）硫酸烟雾

硫酸烟雾系大气中的 SO_2 等硫氧化物，在有水雾、含有重金属的悬浮颗粒物或氮氧化物存在时，发生一系列化学或光化学反应而生成的硫酸雾或硫酸盐气溶胶。硫酸烟雾引起的刺激作用和生理反应等危害，要比 SO_2 气体大得多。

（6）光化学烟雾

光化学烟雾是在阳光照射下，大气中的氮氧化物、碳氢化合物和氧化剂之间发生一系列光化学反应而生成的蓝色烟雾（有时带些紫色或黄褐色）。其主要成分有臭氧、过氧乙酰硝酸酯、酮类和醛类等。光化学烟雾的刺激性和危害要比一次污染物大得多。

光化学烟雾是由于燃烧汽油的汽车排放出来的废气引起的一种大气污染现象，最初出现在美国洛杉矶市，因此，也称为洛杉矶烟雾。光化学烟雾主要是汽车尾气中的氮氧化物和碳氢化合物在强烈的阳光作用下，发生一系列光化学反应而形成的。

光化学烟雾的成分比较复杂，现已查明，其中的有害物质不仅有直接从污染源排放出的一次污染物，而且更重要的有有二次污染物，如臭氧、醛类、过氧乙酰硝酸酯等。这些二次污染物是由一次污染物经阳光照射，在大气中发生化学反应产生的。由这些氮氧化物、碳氢化合物及光化学反应中间产物、最终产物所组成的特殊混合物，称为光化学烟雾。

光化学烟雾的形成过程很复杂，其中包括 242 个基元反应。图 3-2 表明了光化学烟雾生成的基本过程。

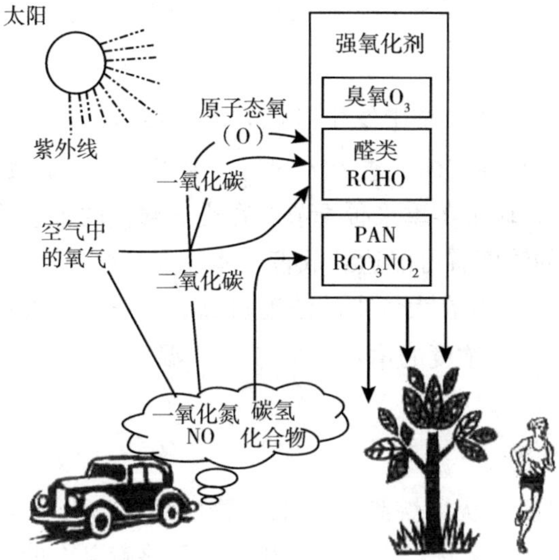

图 3-2　光化学烟雾生成示意图

表 3-2 比较了硫酸烟雾和光化学烟雾的主要区别。

表3－2 硫酸烟雾和光化学烟雾的比较

比较项目	伦敦型（还原型）硫酸烟雾	洛杉矶型（氧化型）光化学烟雾
概况	出现烟雾是煤烟与雾的混合体	是光化学反应生成的二次污染物
所使用的主要原料	煤	石油
主要污染物	烟尘、SO_2、硫酸雾等	NO_x、碳氢化合物、O_3、PAN等
发生时的温度	4 ℃以下	24 ℃以上
发生时的湿度	85%以上	70%以下
风速	无风	2～3 m/s以下
发生季节	冬季	夏、秋季
反应类型	热	光化学＋热
化学作用	还原	氧化
发生时间	白天、黑夜连续	只有白天
日光	暗	明亮
对人体的作用	刺激上呼吸道	刺激眼睛

3.2.2 大气污染物的分类及来源

3.2.2.1 大气污染源的分类

(1) 按污染源存在的形式

固定污染源：排放污染物的装置、处所位置固定，如火力发电厂、烟囱、锅炉等。

移动污染源：排放污染物的装置、处所位置是移动的，如汽车、内燃机车、轮船等。

(2) 按污染源的排放形式

点源：集中在一点或可当作一点的小范围内排放污染物，如烟囱。

线源：沿着一条线排放污染物。

面源：大范围内排放污染物。

(3) 按污染物排放空间

高架源：在距地面一定高度上排放污染物，如烟囱。

地面源：在地面上排放污染物。

(4) 按污染物排放的时间

连续源：连续排放污染物，如火力发电厂的排烟。

间断源：间歇排放源，如某些间歇生产过程的排气。

瞬时源：无规律地短时间排放污染物，如各种事故的排放。

(5) 按污染物发生类型

工业源：主要包括工业用燃料燃烧排放的废气及工业生产过程的排气等。

农业源：农用燃料燃烧、某些有机氯农药对大气的污染，施用的氮肥分解产生的 NO_x 等。

生活污染源：民用炉灶及取暖锅炉排放的污染物，焚烧城市垃圾的废气，城市垃圾在堆放过程中由于厌氧分解排出的二次污染物。

（6）按污染源污染的范围

局部地区污染：局限于某一小范围的大气污染，如某一范围受到烟囱的排放污染。

地区性污染：涉及一个地区的大气污染，如工业区。

广域污染：涉及比城市更广泛地区的污染。

全球性污染：必须从全球范围考虑的全球性污染。

3.2.2.2 大气污染物的来源

（1）燃料燃烧

火电厂、钢铁厂、焦化厂等工矿企业的燃料燃烧，各种工业窑炉的燃料燃烧，以及各种民用炉灶、采暖锅炉的燃料燃烧均向大气排放出大量的污染物。燃烧排气中污染物组分与能源消费结构有密切关系，发达国家能源以石油和天然气为主，大气污染物主要是一氧化碳、二氧化碳、氮氧化物和有机化合物。我国能源以化石燃料（煤）为主，大气污染物主要是颗粒物、硫氧化物、氮氧化物等。

（2）工业生产过程

化工厂、石油加工厂、钢铁厂、水泥厂等各种类型的工业企业，在原材料及产品运输、粉碎以及各种原材料制成成品的过程中，都会有大量的污染物排入大气中，由于工艺、流程、原材料及操作管理条件和水平不同，所排放污染物的种类、数量、组成、性质等差异很大，这类污染物主要有粉尘、含硫化合物、VOCs、含氮化合物以及卤素化合物等。

（3）交通运输

各种机动车辆、飞机、轮船等均会排放有害废物到大气中。由于交通运输工具燃料以燃油为主，因此，主要污染物为 VOCs、一氧化碳、氮氧化物、含铅污染物、苯并［*a*］芘等。排放到大气中的这些污染物，在阳光的照射下，产生光化学烟雾，是二次污染物的主要来源之一。

（4）农业生产过程

农业生产过程对大气的污染主要来自农药和化肥的施用。有些农药施用后能在水面漂浮，并随水分子一起蒸发进入大气；氮肥在施用后，可直接从土壤表面挥发成气体进入大气；有机氮或无机氮肥，在土壤微生物的作用下可转化为氮氧化物进入大气。此外，稻田和一些牧场释放的甲烷，也会对大气造成污染。

（5）地面扬尘

垃圾被风刮起，可能将化学性污染物（如铅、农药等）和生物性污染物（如结核杆菌、粪链球菌等）带入大气中。水体和土壤中的挥发性化学物（如挥发酚、氢氰酸、硫化氢等）也很容易进入大气，危害人体健康。沥青路面也可由于车辆频繁摩擦而扬起多环芳烃、石棉等物质。

（6）其他

某些意外事故，如工厂爆炸、火灾、油田失火、化学战争、核战争等都能严重污染大气。此外，火葬场、垃圾焚烧炉、各种污染物焚烧炉等燃烧废气也会对大气造成污染。

3.2.3 影响大气污染物浓度的因素及污染物转化

3.2.3.1 影响大气污染物浓度的因素

大气污染物的浓度受到多种因素的共同影响，主要因素包括以下几方面。

（1）污染源排放因素

① 排放量。一定时间内污染物的排放量是决定大气污染程度最基本的因素。在其他影响因素保持相对恒定的情况下，单位时间内排放的污染物量越大，大气污染程度越严重。

② 排放方式。污染源排放污染物的方式对大气中污染物的水平影响很大。污染物的基本排放方式有两种，一种为有组织排放，即通过烟囱或排气筒将污染物排放到一定高度和方位的大气中。这种集中排放方式易于控制和管理。另一种为无组织排放，即污染物不通过烟囱或排气筒排放，而是通过其他渠道散逸或泄漏至大气中，如矿山开采、矿石破碎等产生的尘埃。污染源的排放方式还可分为连续排放和间歇排放两种。

③ 排放高度。有组织排放中排放高度为烟囱本身的高度与烟气抬升高度之和，也称作有效排放高度，在其他条件一定时，排放高度越高，污染物的扩散和稀释越充分，则污染物在大气中的浓度就越低。无组织排放时污染物排放高度较低，不易扩散和稀释，通常造成污染源附近范围内的污染。

④ 与污染源的距离。有组织排放中，污染物自烟囱排出后，向下风侧扩散稀释直至接触地面。与地面的接触点称为着陆点。通常情况下，着陆点与烟囱的距离是污染物有效排放高度的10～20倍，且气体污染物的着陆点较颗粒物更远，颗粒物粒径越小着陆点越远。污染物在近地面大气中的浓度以着陆点为最高，向下风侧逐渐降低，在着陆点至污染源之间的地带，大气污染排放反而较少，污染情况较轻。

（2）气象因素

① 风和湍流。

a. 风：常指空气的水平运动分量，包括方向和大小，即风向和风速，风向是指风吹来的方向，如西北风就是指空气自西北向东南流动。风速是空气在单位时间内移动的水平距离，常以米每秒（m/s）为单位。风速可决定污染物的稀释程度与扩散范围。

风向一般用平面上的8个方位表示，分别为北、东北、东、东南、南、西南、西、西北，也可进一步细分为16个方位。风向可反映污染源周围受影响的方位。短期污染以污染物排放时的下风侧地区受影响为最大，而长期污染以全年主导风向的下风侧地区受影响为最大。

b. 湍流：指不规则的空气流动，短时间内风速波动较大。湍流产生原因主要有两个：一是当空气流动时，由于地面起伏状况不同（地形、建筑物、植被等）造成与地表的“摩擦”，地面起伏变化越大，湍流越易产生；二是由于空气密度差异和气温的垂直变化，空气密度差异越大或气温垂直变化越大，湍流强度越大。湍流强度越大，越有利于污染物的稀释与扩散。

② 气温。大气的温度简称气温，我国使用摄氏温度，单位为摄氏度（℃）。气温主要产生于太阳辐射及地表物体的热辐射。当空气获得热量时，内能增加，温度升高；当空气失去热量时，内能减小，温度降低。空气与外界可通过传导、辐射、对流、湍流、蒸发与凝结等方式交换热量。近地面大气温度较高，随海拔高度增加呈现逐步递减趋势。这种趋势有利于地面热空气的垂直流动，因此也有利于污染物的稀释与扩散。

③ 气压。大气的压强简称气压，常用百帕（hPa）作为气压的度量单位。气压的大小与海拔高度、大气温度、大气密度、地理纬度等因素有关，一般随海拔高度升高呈现指数规律递减。气压有日变化和年变化之分，与气温的变化有关。一年之中，冬季比夏季气压高，不利于污染物的扩散。

④ 气湿。大气的湿度简称气湿，表征大气含水程度。常用相对湿度（%）表示，相对湿度30%及以下称为低气湿，80%及以上称为高气湿。大气中的颗粒物可吸收水分，使自身粒径和质量增加，扩散速率下降，从而加重大气污染。大气中的气体污染物在湿度大的条件下更易反应形成酸雨等二次污染物。

（3）地形因素

① 山坡和谷地。白天，山坡表面由于日照而升温，气温高于谷地，形成低气压上升气流，即谷风，有利于污染物向上方扩散，减少对谷地的污染。夜晚山坡散热快，气温低于谷地，形成高气压下降气流，即山风，将污染物向谷地输送，造成对谷地的污染。历史上曾出现过很多发生在河谷地区的烟雾污染事件，给当地造成严重的大气污染。如1930年发生在比利时马斯河谷的烟雾事件，引起数千人患呼吸道疾病，并造成60人死亡。

② 海洋与陆地。陆地与海洋（或江、湖、水库等）相接处，白天由于太阳辐射，陆地升温较水面快，所以陆地气压较低，海洋气压较高，风从海洋（高压区）吹向陆地（低压区）形成海风；夜间陆地降温较海洋快，所以陆地气压较高，海洋气压较低，风从陆地（高压区）吹向海洋（低压区），形成陆风。在不同季节也有类似变化，如夏季陆地升温快，海洋升温慢，风从海洋吹向陆地；冬季陆地降温快，海洋降温慢，风从陆地吹向海洋。上述风向的变化可将大气污染物在海洋与陆地之间进行转移。

③ 城市热岛效应。近年来，由于城市人口集中、工业发展、交通拥塞，城市上空二氧化碳和人为产生热量聚集明显；且城市中的建筑大多使用石头和混凝土等材料，其热传导率和热容量较高，加上建筑物本身对风的阻挡或减弱作用，可使城市年平均气温比郊区高2 ℃以上，使城市在温度的空间分布上犹如一个温暖的岛屿，从而形成城市热岛效应。城市热岛上空的热空气上升，四周冷空气流向城市，形成热岛环流，可将市区的

大气污染物通过上升气流带到郊区，然后再通过从郊区流向城市的冷空气将这些污染物连同郊区排放的污染物一起带回城市，使城市大气污染加重。

3.2.3.2 大气污染物的转化

排入大气的污染物可在外界条件作用下发生各种复杂的运动和变化，其最终转化途径有以下几种。

(1) 自净

大气污染物可以通过物理作用（扩散、沉降等）、化学作用（氧化、中和等）、生物学作用（植物吸收、细菌转化等）及太阳辐射等，使其浓度逐步降低至无害程度。

① 扩散。排放至大气中的污染物首先经过扩散作用向外界转移。在有利于污染物扩散的气象状态下，扩散作用可使污染物在大气中被充分稀释，从而有效降低污染物的浓度。

② 沉降。悬浮的固体颗粒依靠自身的重力降落至地面或水面而与大气分离，称为重力沉降。粒径大的颗粒物在大气中不稳定，可自行沉降，粒径小的颗粒物在大气中稳定程度高，沉降速度较慢。气态污染物吸附于颗粒物上一同沉降。重力沉降可使大气中的污染物转移至其他环境介质中，使污染物在大气中的浓度降低。

③ 氧化。排放至大气中的还原性污染物可被某些氧化剂氧化成无毒或低毒的化合物。

④ 中和。大气中的某些酸性污染物可与碱性物质发生中和反应，生成无毒或低毒的化合物。

⑤ 植物吸收。某些大气污染物可被植物吸收，从而使空气得到净化。如常春藤可吸收苯、月季可吸收 SO_2 等。

⑥ 细菌转化。某些细菌可将气态污染物转化成无毒或低毒的化合物，如硫化氢气体可被各种硫细菌逐步氧化形成硫酸盐。

⑦ 太阳辐射。太阳辐射中的紫外线或红外线可灭活飘浮在空气中的某些有害微生物，如细菌、病毒等。光解作用生成的氢氧根可氧化大气中的碳氢化合物，使其毒性降低。

(2) 迁移

不能充分自净的大气污染物可随气流运动向其他地区转移，从而扩大污染范围。污染物的转移去向主要有以下几种。

① 向下风侧远处转移。因污染物浓度高或大气稀释作用不完全，污染源排放的污染物可随气流迁移至距离污染源较远的地区，对迁移地的大气造成污染。如我国西北地区产生的沙尘暴可通过大风将大量沙尘带至南部地区。

② 向平流层转移。某些相对分子质量较小的气体可以通过垂直性扩散上升至平流层，或由超音速飞机直接排放废气至平流层，引起高空大气污染。

③ 向地面土壤和水体转移。酸雨降落至土壤可使土壤酸化，就是此类迁移的实例之一。

（3）形成二次污染物

从各种排放源直接排放进入大气中的一次污染物，在外界条件的作用下，产生化学变化生成新的污染物质，即为二次污染物。在许多情况下，二次污染物的毒性要大于一次污染物，如 NO_x 和碳氧化合物经光化学作用生成具有强氧化性的光化学烟雾，SO_2、NO_x 等气体被氧化形成硫酸、硝酸，溶解于水中降落至地面，形成具有强腐蚀性的酸雨等。

3.2.4 中国城市大气污染现状及特点

根据生态环境部发布的《2023 年中国生态环境状况公报》，全国环境空气质量保持长期向好态势，但部分地区依然存在环境质量超标现象。

2023 年全国城市环境空气质量达标情况见图 3－3，全国 339 个地级及以上城市中，203 个城市环境空气质量达标，占 59.9%；136 个城市环境空气质量超标，占 40.1%。其中 105 个城市（$PM_{2.5}$）超标，占 31.0%；79 个城市（O_3）超标，占 23.3%；58 个城市（PM_{10}）超标，占 17.1%；1 个城市（NO_2）超标，占 0.3%；无（CO）和（SO_2）超标的城市。

从各指标来看 339 个城市环境空气 $PM_{2.5}$ 年平均浓度在 5～54 μg/m^3，平均为 30 μg/m^3，比 2022 年上升 3.4%；PM_{10} 年平均浓度在 10～141 μg/m^3，平均为 53 μg/m^3，比 2022 年上升 3.9%；O_3 日最大 8 小时平均值第 90 百分位数浓度在 89～198 μg/m^3，平均为 144 μg/m^3，比 2022 年下降 0.7%；SO_2 年平均浓度在 2～34 μg/m^3，平均为 9 μg/m^3，与 2022 年持平；NO_2 年平均浓度在 5～41 μg/m^3，平均为 22 μg/m^3，比 2022 年上升 4.8%；CO 日均值第 95 百分位数浓度在 0.4～3.2 mg/m^3，平均为 1.0 mg/m^3，比 2022 年下降 9.1%。

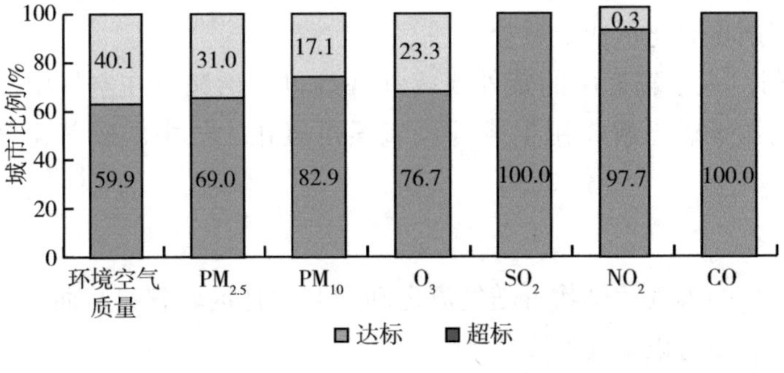

图 3－3　2023 年全国城市环境空气质量达标情况

中国城市大气污染的特点是北方比南方严重，产煤区重于非产煤区，冬季重于夏季，且差距正在缩小。按城市规模分，大城市的污染最严重，其次是特大城市，再次是中等城市和小城市。按城市功能分，从大气污染总体程度排序，工业城市居污染首位，交通稠密城市污染次之，综合性的混合城市稍低于交通城市，风景旅游城市和经济尚不发达城市处于最低水平，污染较轻。

据文献报道，1961—2013 年全国 745 个国家基准站的长期观测资料表明，霾天气主要集中在我国东部从华南到华北的大部分地区，尤其是经济发达、人口密集地区，并且在这些区域霾日数呈增加趋势，如华南，江淮，黄淮，华北等地。我国东北大部分地区及西北地区霾日数相对较少，东北大部分地区霾日数呈减小趋势。秋冬两季是霾天气发生最频繁，变化趋势最明显的两个季节。1 月、12 月是一年中霾日数最多的月份。

3.3 大气污染物对人体健康的影响

大气污染物种类很多，据不完全统计目前全世界每年排入大气的污染物有 6 亿多吨，已经造成危害或已受到人们关注的有 100 多种。对人体健康来说，轻则生病，重则死亡，甚至还会影响子孙后代的健康。

3.3.1 大气污染物进入人体的途径

大气污染物侵入人体的主要途径有三条：

① 黏膜、皮肤：脂溶性物质易通过黏膜、皮肤进入机体内，大气污染物也可对眼睛、皮肤等表面部分直接产生刺激作用。

② 消化道：沉降于食物、水体或土壤内的大气污染物，可通过饮食、饮水，经消化道进入机体。此外，由呼吸道转移到咽部的污染物也可以通过吞咽经消化道进入机体。

③ 呼吸道：污染物从鼻孔，经喉、气管和支气管，最后到达肺泡。肺泡表面积很大，与空气接触的肺泡膜总表面积在 50 m^2 以上，相当于网球场那么大，大约为人体表面积的 25 倍。而且肺泡壁很薄，只有 1 ~ 4 μm 厚，表面为含碳酸的液体所湿润，肺泡壁又有丰富的微血管，血液供应极为充足，所以肺泡对毒物的吸收极其迅速。特别应当指出，经肺泡吸收的毒物可不经肝脏的解毒作用而直接进入血液循环，分布全身，造成更大危害。

3.3.2 大气中主要污染物对人体健康的影响

3.3.2.1 颗粒物来源、性质及对人体健康的影响

（1）来源及性质

大气环境中的颗粒物来源包括自然源和人为源。自然源包括火山爆发、森林火灾、土壤风化、宇宙尘埃、海盐渍溅等；人为源主要指人类的生产生活活动，如化石燃料燃烧、机动车尾气排放、工农业生产等。颗粒物按其产生阶段又可分为一次颗粒物和二次颗粒物。一次颗粒物是由发生源直接排放到大气中的颗粒，如火山灰、土壤颗粒、化石燃料的直接燃烧产物等；二次颗粒物是指排入大气中的气体污染物，经过复杂的物理化

学变化而形成的盐类颗粒，如硝酸盐、硫酸盐等。

不同粒径的可吸入颗粒物滞留在呼吸道的部位不同。大于 5 μm 的多滞留在上部气管，小于 5 μm 的多滞留在细支气管和肺泡。颗粒物越小，进入的部位越深。1 μm 以下的在肺泡内沉积率最高。

颗粒物的理化特性因其来源不同而异。无机成分有氧化硅、石棉或金属细粒（汞、铅、铁、镉、锰、铬等）及其化合物，很多燃烧不完全的黑烟都是炭粒。炭粒上除了可吸附很多无机物，还吸附很多烃类化合物（尤其是多环芳烃类化合物）、有害气体（如 SO_2、NO_2、甲醛等）以及很多病原微生物。

根据颗粒物的空气动力学直径及与人体健康的关系，可将颗粒物分为以下几种类型：

① 总悬浮颗粒物（total suspended particle，TSP）：空气动力学直径为 0.1 ~ 100 μm 的颗粒物，是气溶胶中各种悬浮颗粒物的总称，也是评价大气环境质量的常用指标之一。

② 可吸入颗粒物（inhalable particle，IP）：又称 PM_{10}，空气动力学直径≤10 μm 的颗粒物，可以被人体直接吸入呼吸道，与人体健康存在密切关联。国内针对 PM_{10} 已有较为成熟的监测方法，许多城市已将其列为日常监测的大气污染物之一。PM_{10} 根据其粒径大小又可进一步细分为粗颗粒物和细颗粒物，其中空气动力学直径在 2.5 ~ 10 μm 之间的颗粒物称为粗颗粒物。

③ 细颗粒物（particulate matter 2.5，$PM_{2.5}$）：空气动力学直径≤2.5 μm 的颗粒物，可以直接被人体吸入呼吸道深部。甚至直达肺泡区。因 $PM_{2.5}$ 粒径小、比表面积大、吸附性强，易于携带并浓缩大气中的有毒有害物质，使其毒性增强，故而比上述两类颗粒物对人体健康的危害更大。

④ 超细颗粒物（ultra fine particle，UFP）：又称 $PM_{0.1}$，空气动力学直径≤0.1 μm 的颗粒物。国外流行病学及毒理学研究提示，UFP 对人体健康的危害可能比同等质量较大粒径的颗粒物更大，因其能更易被人体吸入呼吸道深部，并渗透至肺间质组织从而进入人体产生进一步的危害。

（2）对健康的影响

① 颗粒物对呼吸系统的影响。大量的颗粒物进入肺部，对局部组织有堵塞作用，使局部的支气管的通气功能下降，或使细支气管和肺泡的换气功能丧失。尤其是黏稠性较大的颗粒物，例如石油及其制品的燃烧颗粒，粒径小，黏稠度大，容易聚集在局部组织，不易扩散。加上 SO_2、NO_2 等因素的作用，加重了局部组织的损伤强度，导致慢性阻塞性肺部疾患。

② 颗粒物的致癌作用。颗粒物的有机提取物可引起细胞发生恶性转化。颗粒物中还含有多种致癌物和促癌物。颗粒物的致癌活性与其多环芳烃含量有关。

③ 颗粒物对健康的其他影响。大气颗粒物污染对人群死亡率有急性影响。目前认为，$PM_{2.5}$ 可能通过以下 3 种途径对健康产生影响；a. 干扰中枢神经系统功能；b. 直接进入循环系统诱发血栓的形成；c. 刺激呼吸道产生炎症并释放细胞因子，后者通过引起血管损伤，导致血栓形成等机制对心血管系统产生影响。

3.3.2.2 二氧化硫的来源、性质及对人体健康的影响

(1) 来源及性质

二氧化硫(SO_2)是大气中常见的污染物，主要来源于含硫燃料的燃烧。大气中70%~80%的SO_2来自固定污染源燃煤的排放，尤其在北方冬季取暖期间，SO_2污染水平尤为严重。小型取暖锅炉和民用煤炉因数量多、排放高度低，是地面低空SO_2的主要污染来源。

二氧化硫又称亚硫酸酐，为无色气体，有刺激性臭味，比重1.4337，易溶于水，亦可溶于乙醇和乙醚。SO_2在大气中可被自由基氧化成SO_3，再溶于水汽中形成硫酸雾，也可先溶于水汽生成亚硫酸雾再氧化成硫酸雾。硫酸雾是SO_2的二次污染物，对呼吸道的附着性更强，危害也更大。硫酸雾凝成大颗粒，可形成酸雨，所以SO_2是酸雨的主要形成物。

(2) 对人体健康的影响

① 对黏膜的刺激作用。SO_2具有很强的刺激作用，能刺激眼结膜和鼻咽部黏膜，当浓度为0.3~1 ppm时，很难明显感觉其气味，当浓度达3 ppm时，有明显的硫样臭。

② 引起呼吸道急性和慢性炎症。SO_2易溶于水，易被上呼吸道和支气管黏膜的富水性黏液所吸收，因而它主要作用于上呼吸道。吸收的SO_2通过血液循环迅速分布全身，也可随呼吸和进食而到达食管。体内SO_2的分布以气管、肺门淋巴结和食管等部位的含量最高。

个体对SO_2的耐受性差异较大，敏感个体吸入含1 ppm的SO_2空气即可出现呼吸道阻力增加；长期吸入5至10 ppm的SO_2时，呼吸道的纤毛运动和黏膜的分泌功能受到抑制，可引起慢性支气管炎、慢性鼻咽炎，并对其他刺激物的敏感性提高；浓度达20 ppm或更高时，刺激作用明显增强，引起咳嗽，并能刺激眼结膜引起炎症；吸入400~500 ppm的SO_2时可立即危及生命。

③ SO_2与烟尘共存时的联合作用。这种联合作用比SO_2的单独危害作用大得多。吸附在颗粒物上的SO_2进入肺深部，其毒性增加3~4倍。沉积在肺泡内或黏附在肺泡壁上的SO_2和颗粒物，长期作用会促使肺泡壁纤维增生形成肺纤维性病变以致发生肺气肿，这在老年人中多见。

④ 致敏作用。吸附SO_2的颗粒物被认为是一种变态反应原，能引起支气管哮喘。

⑤ 促癌作用。SO_2和苯并［*a*］芘(B*a*P)联合作用时，动物肺癌的发病率高于B*a*P单独作用时的发病率。SO_2可能有促癌作用。动物实验证明10 mg/m^3 SO_2可以加强B*a*P的致癌作用。

⑥ 影响新陈代谢。SO_2被肺泡吸收后，分布到全身器官，其危害也是多方面的。例如，SO_2能与血液中的维生素B_1结合，破坏正常情况下的体内维生素B_1与维生素C的结合，使体内维生素C的平衡失调，从而影响新陈代谢和生长发育。

3.3.2.3 氮氧化物的来源、性质及对人体健康的影响

(1) 来源及性质

大气中氮氧化物主要来源于自然界氮的循环、交通运输业排放和工业企业生产。大

气中的氮气在高温或雷电作用下可转化成氮氧化物，火山爆发、森林大火以及有机物的分解均可产生氮氧化物，进入自然界的氮循环过程。在人类的生产生活过程中，机动车、火车、轮船和飞机等交通工具排放的尾气中均含有大量的 NO_x。随着我国经济发展和城市化进程加快，能源消耗和机动车数量增加，我国一些大城市的大气污染类型正逐步从煤烟型向机动车尾气型转变，使得机动车尾气对大气污染的贡献逐步占据主导地位。各种工业生产过程和燃料的燃烧都会产生大量的 NO_x，它们对环境具有重要的危害作用，是形成酸雨的主要物质之一，同时也是形成大气中光化学烟雾、破坏臭氧层的重要物质。

NO_x 是 NO、N_2O、NO_2、NO_3、N_2O_3、N_2O_4、N_2O_5 等氮氧化物的总称，难溶于水。其中，造成大气严重污染的主要是 NO_2 和 NO。NO_2 是红褐色气体，有刺激性。低于 0 ℃时，NO_2 几乎都形成 N_2O_4 的形式，它是无色的晶体。NO 为无色气体，遇氧则变为 NO_2。

（2）对人体健康的影响

① 对呼吸道的影响。氮氧化物水溶性较差，对眼睛和上呼吸道的刺激作用较小，易于侵入呼吸道深部细支气管及肺泡。长期吸入低浓度 NO，可引起肺泡表面活性物质的过氧化，损害细支气管的纤毛上皮细胞和肺泡细胞，破坏肺泡组织的胶原纤维，并可发生肺气肿样症状。它能缓慢地溶于肺泡表面的水分中，形成亚硝酸、硝酸，对肺组织产生强烈的刺激及腐蚀作用，引起肺水肿。NO_2 的浓度为 0.20 ~ 0.41 mg/m^3 时即可嗅知；接触 1.30 ~ 3.80 mg/m^3 的 NO_2 达 10 min，会使气道阻力略增；接触 7.50 ~ 9.40 mg/m^3 的 NO_2 达 10 min，气道阻力明显增加，肺功能降低。

② 对血液及其他系统的影响。在肺中形成的亚硝酸盐进入血液后，能与血红蛋白结合生成高铁血红蛋白（即变性血红蛋白），降低血红蛋白带氧能力，引起组织缺氧。当污染物以 NO_2 为主时，肺的损害比较明显；当污染物以 NO 为主时，会发生高铁血红蛋白血症及中枢神经损害，对心、肝、肾以及造血组织等均有影响。慢性毒作用主要表现为神经衰弱。

③ NO_2 与其他污染物的联合作用。NO_2 和 SO_2 共存时，对人体肺功能的影响有相加作用，可导致呼吸道阻力增加；NO_2 和 O_3 共存时，可产生协同作用，显著降低动物对呼吸道感染的抵抗力；NO_2 和烃类共存时，在太阳光照射下可发生光化学反应，生成光化学烟雾。

3.3.2.4 光化学烟雾的来源、性质及对人体健康的影响

（1）来源及性质

光化学烟雾是一种混合物。它是排入大气中的 NO_x、碳氢化合物受太阳紫外线作用，发生光化学反应所产生的一种具有很强刺激性的浅蓝色的混合烟雾，其主要污染来源是机动车尾气。其中主要成分是臭氧、醛类、过氧乙酰硝酸酯（PAN）和过氧苯酰硝酸酯（PBN），这些物质统称为光化学氧化物。

大气中形成光化学烟雾必须具备以下条件：NO_x 和碳氢化合物等一次污染物在大气中同时存在，且达到一定浓度；有足够强度的太阳辐射，使 NO_x 和碳氢化合物能够发生反应；需要有不利于光化学烟雾扩散的地理条件和气象条件，如地处河谷或盆地，大气

稳定、无风、湿度小，使污染物能够在大气中蓄积。

（2）对人体健康的影响

① 对眼睛的刺激。光化学烟雾对眼睛具有强烈的刺激作用。主要作用物是PAN、甲醛、丙烯醛、各种自由基及过氧化物等。其中PAN是极强的催泪剂，其催泪作用相当于甲醛的200倍。而PBN的催泪作用更强，比PAN大约强100倍。所以，PBN的含量虽不如PAN高，但其强烈的催泪作用不可忽视。O_3 对眼睛也有轻度的刺激作用，并能使眼肌平衡失调，眼睛的视觉敏感度和暗适应能力下降。

② 对呼吸系统的影响。光化学烟雾对鼻、咽、喉、气管和肺等呼吸器官也有明显的刺激作用。当大气中的 O_3 为0.05 ppm时，即可引起鼻和喉头黏膜的刺激；O_3 在0.1～0.5 ppm时引起哮喘发作，导致上呼吸道疾病恶化，同时也刺激眼睛，使视觉敏感度和视力降低。1 ppm以上可引起头痛、肺气肿和肺水肿等，其作用与 NO_2 相类似。

③ 对全身的影响。O_3 还能阻碍血液输氧功能，造成组织缺氧，并使甲状腺功能受损，骨骼早期钙化。还可引起潜在的全身影响，如诱发淋巴细胞染色体畸变、损害某些酶的活性和产生溶血反应，长期吸入氧化剂会影响细胞新陈代谢，加速人体衰老。

④ 致敏作用。甲醛是致敏物质，能引起流泪、喷嚏、咳嗽、呼吸困难、哮喘等。

⑤ 突变作用。臭氧是强氧化剂，可与DNA、RNA等生物大分子发生反应，并使其结构受损。对微生物、植物、昆虫及哺乳动物细胞有致突变作用。人和动物体内的细胞遗传实验结果不一致，现有的实验室和流行病学研究尚不能确定对人体的遗传毒性和致癌作用。

⑥ 与其他污染物的联合作用。光化学气溶胶可吸附和凝集气体污染物，将其带入呼吸道深部，加强气体污染物的毒害作用。低浓度的 O_3 和 NO_2、SO_2、PAN联合作用时，可增强对肺部的损伤作用。

3.3.2.5　一氧化碳的来源、性质及对人体健康的影响

（1）来源及性质

一氧化碳是由于含碳物质不完全燃烧而产生的一种有毒气体，是大气中常见的污染物。多种工业生产过程均可产生CO，如冶金工业中炼焦、炼铁、锻冶、铸造和热处理的生产。炸药或火药爆炸后的气体含CO为30%～60%。

CO是无色、无臭、无味、无刺激性的气体，在空气中化学性质稳定。CO与血红蛋白的亲和力比 O_2 与血红蛋白的亲和力大210倍。因此，进入体内的CO能很快与血红蛋白结合，形成HbCO（碳氧血红蛋白），而HbCO的解离速度比氧合血红蛋白慢3 600倍。

（2）对人体健康的影响

① 组织缺氧。原因有二：a. CO与血红蛋白结合成HbCO，又不易解离，阻碍了血红蛋白携带 O_2 的功能，导致组织缺氧；b. CO与细胞内的含铁呼吸酶结合，抑制细胞内的呼吸。

② 对神经系统的影响。由于缺氧，当血中HbCO浓度轻微升高时，即可引起行为改变和工作能力下降。当吸入高浓度CO时，可引起脑缺氧和脑水肿，脑缺氧和脑水肿又可继发脑血循环障碍，导致脑软化和脱髓鞘病变。

③ 对心血管系统的影响。由于缺氧，心肌细胞可发生退行性变，CO 还能促使血管中的类脂质沉积。正常人在缺氧时冠状动脉代偿性扩张，血流量增加，但心血管病人冠状动脉的代偿能力降低，使心肌缺氧加重。

④ 对胎儿的影响。CO 可经胎盘进入胎儿体内，正常胎儿血液中 CO 浓度比母亲高。胎儿对 CO 的毒性比母亲敏感，患急性 CO 中毒的幸存孕妇，其胎儿可以致死或出生后遗留神经障碍。

⑤ 剂量－效应关系。空气 CO 的浓度与血液中 HbCO 饱和度和症状有明显的剂量－效应关系，CO 浓度越高，HbCO 的饱和度就越高，症状就越严重。HbCO 饱和度达 5% 时，视觉敏感性降低，行为和工作能力受到影响；HbCO 达到 7% 时发生轻度头痛；HbCO 达到 12% 时中度头痛、眩晕；HbCO 达到 25% 时，严重头痛、眩晕；HbCO 达到 45% ~60% 时，除了上述症状外，还发生恶心呕吐、意识模糊、昏迷；HbCO 达到 90% 时，会发生死亡。

⑥ 长期低浓度接触。长期低浓度接触 CO 对健康也有危害，特别是对神经系统和心血管系统有一定损害。

3.3.2.6 臭氧的来源、性质及对人体健康的影响

（1）来源及性质

O_3的来源主要有两种：天然源和人为源。其中天然源包括平流层输入和对流层光化学反应。而人为源主要是人类生产生活过程中向大气中排放的 VOCs 和 NO_x，再经过光化反应后生成的 O_3。

O_3是氧气的同素异形体，每个分子由 3 个氧原子组成。在常温下是一种具有特殊气味的淡蓝色气体，具有很强的氧化性和化学活性。O_3的氧化性介于原子氧和分子氧之间，是目前已知的最强的氧化剂之一。当 O_3存在于平流层时有助于保护地球生物免受紫外线的伤害，而当其在地球表面附近时，是城市光化学烟雾的一种组分，对植被和人类有伤害作用，其刺激性强并具有强氧化性，属于二次污染物。O_3占烟雾中光化学氧化剂的 90% 以上，是光化学烟雾的指示物。O_3在整个大气中所占比例极其微小，约为整个大气组分总量的 0.001 2%，但是它却在人类生存和发展中发挥着非常重要的作用，臭氧的稳定情况关系到地球生物的生存和发展，大气臭氧浓度的变化受到科学界乃至普通大众的关切与广泛重视。

（2）对人体健康的影响

O_3会影响人类健康，作为一种强氧化剂，其水溶性较小，易进入呼吸道的深处，但是由于它的高反应性，人体吸入的 O_3约有 40% 在鼻咽部被分解。人们通过呼吸吸入臭氧以后，会出现咽喉肿痛、头疼、胸闷气短，并会刺激、损害眼睛导致视力下降，还可能会导致一些人患上支气管炎等相关疾病；臭氧是一种肺部刺激物，会影响呼吸黏膜和其他肺组织，当长时间暴露在浓度较高的臭氧环境中，人体会出现干咳、胸闷、黏膜分泌增加等轻微症状，严重时会损伤人的心肺功能、破坏人体的呼吸系统，直至生命体征消失；对人体皮肤中的维生素 E 起到破坏作用，致使人的皮肤起皱、出现黑斑等。也会对人们的皮肤产生危害，加速人体的衰老，对人体自身的免疫系统造成破坏，损害人体

免疫机能、诱发淋巴细胞染色体病变，还会致使胎儿畸形。

3.3.2.7　挥发性有机物的来源、性质及对人体健康的影响

（1）来源及性质

VOCs的来源多种多样，通常包括各种自然和人为因素，如工业过程、交通尾气、农业活动、油漆和涂料制造、溶剂使用以及自然释放等。这些源头的复杂性使得VOCs的管理和控制变得尤为重要。

（2）对人体健康的影响

VOCs对人体健康的影响主要包括三个方面：

① 长期暴露，VOCs可能会导致身体的皮肤干燥、感觉异常、迟缓等。

② 长期暴露，VOCs可能会刺激眼睛和呼吸道，对呼吸系统和免疫系统产生不良影响，引发呼吸系统疾病、心血管疾病和儿童发育障碍等问题。

③ 某些VOCs具有较强的致癌性与基因毒性，长期暴露，VOCs可能会导致记忆力衰退，且对人体的肝脏、神经系统以及大脑都会造成不同程度的损伤。

目前，部分VOCs已经被列入致癌物质当中。由于VOCs具有多样性和复杂性，在某些情况下，混合VOCs的毒性会大大提高，从而增加对人体健康的危害。

3.3.2.8　二噁英的来源、性质及对人体健康的影响

（1）来源及性质

大气环境中的二噁英90%来源于城市和工业垃圾焚烧。含铅汽油、煤、防腐处理过的木材以及石油产品、各种废弃物特别是医疗废弃物在燃烧温度低于300 ℃时容易产生二噁英。聚氯乙烯塑料、纸张、氯气以及某些农药的生产环节、钢铁冶炼、催化剂高温氯气活化等过程都可向环境中释放二噁英。

（2）对人体健康的影响

① 进入人体内的途径、分布和代谢。二噁英主要是通过污染的食品经消化道进入人体，也可通过呼吸道吸入。因为二噁英类化合物是脂溶性的，所以容易在脂肪组织蓄积，不易排出体外。二噁英可以通过胎盘进入胎儿体内，通过哺乳进入婴儿体内。

② 致癌性。二噁英是人类已知的致癌物。可引起软组织肉瘤、淋巴网状细胞瘤，还可能引起呼吸系统癌、前列腺癌等。

③ 对生殖的影响。二噁英还可引起严重的生殖和发育问题，其剂量大约是致癌的剂量的1/100。TCDD（四氯二苯对二噁英）可减少精子数；可降低雌性猴子的生育力、发生子宫内膜异位。其机理是与多环芳烃受体结合而发挥生物活性，在围产期的系统中起内分泌破坏剂的作用，或称“环境激素”的作用。通过这种方式改变细胞生长、分化和功能。

④ 对内分泌的影响。孕鼠接触少量TCDD可引起子代雄性激素水平的改变，精子发生受抑制，影响性行为和黄体化激素分泌，变得更雌性化。

⑤ 对神经系统的影响。围产期的孕妇接触TCDD可影响胎儿中枢神经系统的性别分化。

⑥ 对免疫系统的影响。围产期的孕妇接触TCDD可能影响免疫细胞的分化谱，早期

影响原始干细胞，后期影响发育更成熟的系统中的细胞。TCDD 可引起胸腺萎缩。影响 T 细胞和抗体的免疫应答。

3.3.2.9 恶臭的来源、性质及对人体健康的影响

恶臭是大气、水和各种固态物质散发出的令人不快的气味，主要是由各种有机物质的腐烂、霉臭、农药和化学品气味、生产过程中各种原材料或中间产品和涂料的气味，以及各种生活废弃物和粪便的腐臭等引起的。能产生恶臭的物质有 36 万种之多，仅凭人的嗅觉就能感觉的有 4 000 多种。其中对健康危害较大的有硫醇类、氨、吲哚、硫化氢、甲基硫、三甲胺、甲醛、苯乙烯、酪酸、酚类等几十种。

（1）来源及性质

不同恶臭物质来源较为广泛。

① 硫醇类，来自医药、农药、橡胶加工、石油精炼等工厂。

② 硫化物，来自制革、纸浆、炼油、化肥等工厂。

③ 醛类、酚类、酰胺类，来自汽车废气、炼油、石油化工。

④ 吲哚，来自垃圾处理场、堆肥场。

⑤ 脂肪酸类、氨类恶臭物质，来自骨胶、油脂、鱼肠、兽骨等加工。

⑥ 酚类恶臭物质，来自金属冶炼、化工厂。

⑦ 恶臭物质以含硫(＝S)、巯基(—SH)、硫氰基(—SCN) 分子形式为主，一些含羟基(—OH)、醛基(—CHO)、羧基(—COOH)、羰基的有机物质也会产生恶臭。恶臭气味对人影响大的有硫醇类、氨、硫化氢、甲基硫、三甲胺、甲醛、苯乙烯、酪酸、酚类等。

（2）对人体健康的影响

① 呼吸系统的影响。突然闻到恶臭时，人就会产生反射性的吸气抑制，呼吸次数减少，深度变浅，甚至完全停止呼吸。

② 对循环系统的影响。恶臭会使人出现血压、脉搏变化，如氨等刺激性臭气会使人出现血压先下降后上升，脉搏先减慢后加快的现象。

③ 对消化系统的影响。经常接触恶臭，会使人厌食、恶心，甚至呕吐，进而发展成消化功能减退。

④ 对内分泌系统的影响。系统经常受恶臭刺激，会使人的内分泌功能紊乱，影响机体的代谢活动。

⑤ 对神经和精神的影响。恶臭会使人出现嗅觉脱失、嗅觉疲劳等障碍。表现出头痛、头晕、失眠，烦躁、抑郁等症状。

除上述对人的直接危害，恶臭还对人有间接影响，例如，有些恶臭物质进入土壤或水体，影响农作物和鱼类，导致这些农产品和鱼类无法食用。

3.4 大气环境管理

为消除日趋严重的大气污染，除抓紧对大气污染源进行治理，尽量减少以至消除某

些大气污染物的排放之外，还应通过其他一系列措施做好对大气质量的管理工作，包括制定和贯彻执行环境保护方针、政策，通过立法手段建立健全环境保护法规，加强环境保护管理等。制定大气环境标准是执行环境保护法规、实施大气环境管理的科学依据和手段。

3.4.1 环境空气质量控制标准

环境标准为各项环境保护法律法规的实施提供依据，其中环境质量标准是确认环境是否已被污染的根据；污染物排放标准是确认某排污行为是否合法的依据；环境基础标准和环境方法标准是环境纠纷中确认各方所出示的证据是否合法的根据；环境样品标准是标定环境监测仪器和检验环境保护设备性能的法律依据。环境空气质量控制标准是依据《中华人民共和国环境保护法》和《中华人民共和国大气污染防治法》实施环境空气质量管理及防止大气污染的依据和手段。

环境空气质量控制标准按其用途可分为环境空气质量标准、大气污染物排放标准、大气污染控制技术标准及大气污染警报标准等。按其适用范围可分为国家标准、地方标准和行业标准。

3.4.1.1 环境空气质量标准

环境空气质量标准是以保护生态环境和人群健康的基本要求为目标而对各种污染物在环境空气中的允许浓度所做的限制规定。它是进行环境空气质量管理、大气环境质量评价及制定大气污染防治规划和大气污染物排放标准的依据。

3.4.1.2 大气污染物排放标准

大气污染物排放标准是以实现环境空气质量标准为目标，对从污染源排入大气的污染物浓度（或数量）所做的限制规定。它是控制大气污染物的排放量和进行净化装置设计的依据。

3.4.1.3 大气污染控制技术标准

大气污染控制技术标准是根据污染物排放标准引申出来的辅助标准，如燃料、原料使用标准，净化装置选用标准，排气筒高度标准及卫生防护距离标准等。它们都是为保证达到污染物排放标准而从某一方面做出的具体技术规定，目的是使生产、设计和管理人员容易掌握和执行。

3.4.1.4 大气污染警报标准

大气污染警报标准是为保护环境空气质量不致恶化或根据大气污染发展趋势，预防发生污染事故而规定的污染物含量的极限值。达到这一极限值时就发出警报，以便采取必要的措施。警报标准的制定，主要建立在对人体健康的影响和生物承受限度的综合研究基础之上。

3.4.2 环境空气质量标准的制定

3.4.2.1 制定原则

制定环境空气质量标准以保障人体健康和保护生态环境为目标。为此，需要综合研究这一目标与空气中污染物浓度之间关系的资料，并进行定量的相关分析，以确定符合这一目标的污染物的允许浓度。其次，要合理地协调与平衡实现标准所需的代价与社会经济效益之间的关系，以求得为实施环境空气质量标准投入的费用最少、收益最大。此外，还应遵循区域差异性的原则，我国地域广阔，要充分注意各地区的人群构成、生态系统的结构功能、技术经济发展水平等差异性。

3.4.2.2 中国环境空气质量标准的制定

我国的《环境空气质量标准》首次发布于1982年，1996年、2000年（修改单）和2012年先后进行了三次修订。《环境空气质量标准》（GB 3095—2012）发布于2012年2月29日，2016年1月1日起在全国实施。2018年7月31日生态环境部批准《环境空气质量标准》（GB 3095—2012）修改单。该标准规定了环境空气功能区分类、标准分级、污染物项目、平均时间及浓度限值、监测方法、数据统计的有效性，以及实施与监管等内容。该标准将环境空气功能区分为两类：一类区为自然保护区、风景名胜区和其他需要特殊保护的区域；二类区为居住区、商业交通居民混合区、文化区、工业区和农村地区。一类区适用一级浓度限值，二类区适用二级浓度限值。

该标准规定了 SO_2、NO_2、CO、O_3、PM_{10}、$PM_{2.5}$，以及 TSP、NO_x、铅（Pb）和 B*a*P 的浓度限值。同时，还提出了环境空气中镉（Cd）、汞（Hg）、砷（As）、六价铬［Cr^{6+}］和氟化物（F）的参考浓度限值（参见表3-3a和表3-3b）。

表3-3a 环境空气污染物基本项目浓度限值

序号	污染物项目	平均时间	浓度限值		单位
			一级	二级	
1	二氧化硫（SO_2）	年平均	20	60	μg/m³
		24小时平均	50	150	
		1小时平均	150	500	
2	二氧化氮（NO_2）	年平均	40	40	
		24小时平均	80	80	
		1小时平均	200	200	
3	一氧化碳（CO）	24小时平均	4	4	mg/m³
		1小时平均	10	10	

续表

序号	污染物项目	平均时间	浓度限值		单位
			一级	二级	
4	臭氧（O_3）	日最大8小时平均	100	160	μg/m^3
		1小时平均	160	200	
5	颗粒物（粒径小于等于10 μm）	年平均	40	70	
		24小时平均	50	150	
6	颗粒物（粒径小于等于2.5 μm）	年平均	15	35	
		24小时平均	35	75	

表3－3b 环境空气污染物其他项目浓度限值

序号	污染物项目	平均时间	浓度限值		单位
			一级	二级	
1	总悬浮颗粒物（TSP）	年平均	80	200	μg/m^3
		24小时平均	120	300	
2	氮氧化物（NO_x）	年平均	50	50	
		24小时平均	100	100	
		1小时平均	250	250	
3	铅（Pb）	年平均	0.5	0.5	
		季平均	1	1	
4	苯［*a*］并芘（B*a*P）	年平均	0.001	0.001	
		24小时平均	0.0025	0.0025	

注：一级浓度限值适用于一类区，即自然保护区、风景名胜区和其他需要特殊保护的区域；二级浓度限值适用于二类区，即居住区、商业交通居民混合区、文化区、工业区和农村地区。

除了《环境空气质量标准》（GB 3095—2012），我国还颁布实施《室内空气质量标准》（GB/T 18883—2022）和《工业企业设计卫生标准》（GBZ 1—2010）等适用于人的生活和工作环境的标准，提出了包括空气污染物浓度限值在内的要求。

3.4.3 大气污染物排放标准的制定

3.4.3.1 制定原则

制定大气污染物排放标准遵循的原则是，以环境空气质量标准为依据，综合考虑控制技术的可能性和经济合理性，以及地区的差异性，并尽量做到简明易行。排放标准的制定方法有两种：按最佳适用技术确定的方法和按污染物在大气中扩散规律推算的方法。

最佳适用技术是指现阶段控制效果最好且经济合理的适用控制技术。按最佳适用技术确定污染物排放标准的方法，就是根据污染现状、最佳控制技术的效果和对现有控制得好的污染源进行损益分析来确定排放标准。

按污染物在大气中扩散规律推算排放标准的方法，是以环境空气质量标准为依据，应用污染物在大气中的扩散模式推算出不同烟囱高度时的污染物允许排放量或排放浓度，或者根据污染物排放量推算出最低烟囱高度。

3.4.3.3 行业和地方大气污染物排放标准

针对特定行业，我国出台了一系列行业性大气污染物排放标准。如针对火电、冶金、建材、石油化工、工业锅炉等高能耗、高排放行业或污染设备，相继修订颁布了一系列新的排放标准。其中，火电、钢铁等行业还实施了超低排放要求，其排放污染物浓度限值比大多数发达国家还要低。

针对移动源污染，我国修订颁布了《轻型汽车污染物排放限值及测量方法（中国第六阶段）》（GB 18352.6—2016）、《城市车辆用柴油发动机排气污染物排放限值及测量方法（WHTC 工况法）》（HJ 689—2014）、《非道路移动机械用柴油机排气污染物排放限值及测量方法（中国第三、四阶段）》（GB 20891—2014）、《摩托车和轻便摩托车排气污染物排放限值及测量方法（双怠速法）》（GB 14621—2011）。

北京、上海和广东等省市，还出台了一系列地方大气污染物排放标准。按照综合性排放标准与行业和地方排放标准不交叉执行的原则，对于这些行业或地区，应优先执行地方和行业排放标准。

3.5 大气污染综合防治

3.5.1 大气污染综合防治的含义

大气污染综合防治的基本点是防与治的综合，这种综合是立足于环境问题的区域性、系统性和整体性之上的。大气污染作为环境污染问题的一个重要方面，也只有将其纳入区域环境综合防治之中，才能真正获得解决。大气污染综合防治是指从区域环境整体出发，综合运用各种防治大气污染的技术措施和对策，充分考虑区域的环境特征，对影响大气质量的多种因素进行综合系统分析，得出最优的控制技术方案和工程措施，并加以实施，以期达到区域大气环境质量的控制目标。

国务院 2013 年 9 月发布的《大气污染防治行动计划》，是我国政府推进生态文明建设、坚决向污染宣战、系统开展污染治理的重大战略部署，体现了以改善大气环境质量为核心、全面规划标本兼治的战略，是针对环境突出问题开展综合整治的首个国家行动计划。该行动计划有力推动了产业、能源和交通运输等重点领域结构优化，大气污染防治的新机制基本形成。2018 年 6 月，国务院印发《打赢蓝天保卫战三年行动计划》，要求大幅减少主要大气污染物排放总量，协同减少温室气体排放，明显降低 $PM_{2.5}$ 浓度，明显减少重污染天数，明显改善大气环境质量，明显增强人民的蓝天幸福感。

3.5.2　大气污染综合防治措施

3.5.2.1　提高科学支撑能力，精准治理

（1）建设完善环境空气质量监测网络体系

建设“天地空”一体化大气环境质量监测体系，不仅满足大气环境常规监测需求，还发展了地面颗粒物组分、挥发性有机物地基遥感在线监测技术，同时利用国产环境一号卫星、高分系列卫星等数据，结合国外遥感数据，实时获得多种污染物的监测结果，实现卫星遥感与地面环境监测数据的相互印证。

中国的环境空气质量监测分为国家、省份、市、区（县）4个层级。国家级环境空气质量监测网以人口密度较高的337个城市的1 460余个国控点为主体，在线连续监测6种常规污染物，同时还涵盖背景、区域、酸雨、沙尘、颗粒物组分、光化学、温室气体等多种监测功能，采用手工监测和自动监测相结合的方式。除国控点外，各省级行政区负责地方环境空气质量监测点位建设。

中国建成完备的环境空气质量监测质控体系，由国家统一监测、统一评价、并交由第三方运维单位运营，保证了监测数据的真实性和可靠性，使治理决策更加科学合理。

（2）开展源清单编制与源解析

编制高时空分辨率大气污染源动态排放清单有助于摸清大气污染的来源，为科学、精准治理奠定基础。基于排污许可证、环境执法监管等数据，建立环境监管动态校核数据库，综合应用横向对比、趋势校验、行业专家评审等手段，形成排放清单一致性审核方法。精细化动态排放清单，有助于量化重污染时段的大气污染物排放特征。

结合受体源解析方法和空气质量模型方法，可构建大气颗粒物精细化源解析技术体系。首先利用受体模型，针对颗粒物组分数据解析出主要一次排放源和二次来源；其次利用空气质量模型，将二次来源追溯到一次排放源；最后利用源排放清单对一次排放源类进行精细化解析。该方法的解析结果满足了在源类、空间、时间等角度的精细化要求，实现颗粒物来源解析结果的精细化分类。

3.5.2.2　调整优化产业结构，推动产业转型升级

（1）推进工业企业升级改造

大力推进工业企业污染物排放控制。不断修订加严水泥、石化、冶金等重点行业排放标准，全面实施这些重点行业污染治理设施提标改造工程。启动燃煤电厂超低排放和节能改造工作，改造后燃煤电厂颗粒物、SO_2、NO_x排放浓度分别不高于10 mg/m^3、35 mg/m^3、50 mg/m^3，建设清洁燃煤发电体系。石化行业推进LDAR（泄漏检测与修复）技术和加油站油气回收，实施“禁油推水”，把过去使用的溶剂型涂料更换成VOCs含量较低的水性涂料；推进绿色生产技术创新、实现生产工艺的升级改造，全面启动VOCs治理。对涉气重点污染源企业安装在线监控装置，积极推进污染源在线监控体系

建设，提高实时监控能力。

（2）加快调整产业结构

通过大气污染治理，倒逼企业转型升级，加快淘汰落后产能，化解过剩产能，推动产业结构不断优化。逐年提高第三产业比重，科学调控火电、钢铁、水泥等重点行业的产品产量，推动传统产业转型升级，实现环境效益、经济效益和社会效益多赢。全面开展“散乱污”企业综合治理，其中“散乱污”企业是指不符合产业政策、不符合当地产业布局规划、无相关审批手续、不能稳定达标排放的企业。据新华社 2017 年 6 月报道，“2 +26”城市重新梳理排查后的“散乱污”企业增至 10 余万家，全面开展“散乱污”企业及集群排查整治，既美化人民群众的生活环境，又促进区域经济转型发展。

（3）逐步优化能源结构

《大气污染防治行动计划》中首次提出“煤炭消费总量控制”，对重点区域设置了煤炭消费总量控制目标，扭转了全国煤炭消费总量快速上涨的势头。我国深入推进煤质量管理，严格控制高硫分、高灰分的劣质煤进入流通和使用环节。2014 年国家发布《商品煤质量管理暂行办法》，将超高灰和超高硫劣质煤纳入控制范围。2017 年发布民用散煤和民用型煤标准，对生产、加工、储运、销售、使用等环节的民用煤炭品质提出强制性要求。淘汰燃煤小锅炉成为国家持续的能源环境政策。启动北方地区冬季清洁取暖工作，用天然气、电能、太阳能、地热能、生物质能等代替煤炭，从资金支持、价格政策、能源供应等方面予以保障。清洁、高效、集中和可持续利用煤炭资源已成为我国能源安全战略中不可缺少的一环。同时，国家发展清洁能源，水电、风电、光伏发电装机容量快速增长，我国已步入核电积极快速发展期。

（4）统筹“车油路”污染治理

交通运输行业已成为节能减排的重点和难点，需要从车、油和道路系统推进。与发达国家相比，我国长期存在公路运输占比偏高、货运结构不合理的问题。2018 年印发《推进运输结构调整三年行动计划》，明确调整交通运输结构目标举措并大力发展铁路运输。经过近 20 年的努力，我国实现了机动车排放标准从国Ⅰ到国Ⅵ的升级。2016 年发布《轻型汽车污染物排放限值及测量方法（中国第六阶段）》。与国Ⅰ排放标准相比，国Ⅴ排放标准单车污染物排放量下降 97% 以上，其中柴油车每百千米颗粒物排放量由 293g 降至 1.5g。持续推进车用油品低硫化进程，2017 年车用汽柴油实施了国Ⅵ标准，标志着我国车用油品完成了低硫化进程。2018 年，中国实现车用柴油、普通柴油、部分船舶用油“三油并轨”。2019 年起，中国全面实施车用汽柴油国Ⅴ标准，进一步分别降低了烯烃、芳烃和多环芳烃的含量。新能源汽车作为国家战略性新兴产业之一，近年来取得快速发展，2018 年中国新能源汽车的产销量均占世界 50% 以上。2013 年以来，中国累计淘汰黄标车和老旧车 2 000 多万辆。2015 年，中国在珠三角、长三角、环渤海水域设立船舶排放控制区，首次对船舶污染排放提出要求。

（5）持续推动面源污染治理

中国持续加强北方防沙带生态安全屏障建设，大力推进“三北”防护林建设、草原保护和防风固沙工程，有效遏制荒漠化、石漠化，沙尘暴明显减少。各地采用饲料化、肥料化、能源化等方式，大幅提高秸秆综合利用率，有效控制秸秆露天焚烧。扬尘综合治理迈上新台阶，建筑施工工地周边围挡、物料堆放覆盖扬尘、路面硬化和道路机械化清扫等措施都是行之有效的。

3.5.2.3 深化改革管理体制机制，依法加严环境管理

（1）深化管理体制机制改革

实施生态环境保护“党政同责、一岗双责”，明确地方党委、政府落实生态环境保护的主体责任。对全国各省级行政区开展生态环境保护督察，对生态环境损害追究所在政府的责任。

针对秋冬季频发的重污染天气，在重点区域开展大气污染综合治理攻坚行动，明确$PM_{2.5}$浓度和重污染天数改善任务目标，深化区域联防联控，着力削减污染物排放量，降低重污染天气的不利影响。

（2）创新执法手段

开展重点区域大气污染强化监督帮扶工作，建立“排查、交办、核查、约谈、专项督察”闭环工作机制。实施“热点”网格精准执法，根据卫星遥感监测结果，综合选取$PM_{2.5}$，年均浓度较高的网格作为热点网格，在网格内布设地面监测微站，发现数据异常及时报警，为现场执法提供线索和技术支持。

（3）强化责任落实

明确大气污染防治目标管理的责任与考核，并细化为任务分解、考核评估、责任追究三部分。省份、地（市）、县层层签订《大气污染防治目标责任书》，形成逐级分解的大气环境质量目标管理体制。大气环境管理责任考核制度首次将地方政府作为考核对象，国家考核省级政府，省级政府考核市级政府，考核结果向社会公开，作为政府和相关部门领导评价和任免的重要依据。建立包括空气质量改善目标和重点任务措施完成情况的双重指标评分体系，对各地目标完成情况及时开展科学评估，对未完成任务者严肃问责。

（4）完善经济政策

中国各地各部门密切配合，统一行动，制定了一系列环境经济政策，有力推动大气污染防治措施落地。

① 税费政策：2018 年正式实施《中华人民共和国环境保护税法》，根据污染物排放浓度实行差别化征税。2015 年 2 月起对施工状态下 VOCs 含量高于 420 g/L 的涂料按 4% 的税率加征消费税，推动涂料涂装行业 VOCs 减排。同时对符合条件的从事污染防治的第三方企业按减 15% 的税率征收企业所得税，有利于减轻环保企业税负，进一步激发环保市场活力。

② 价格政策：对燃煤电厂超低排放实施环保电价政策，推进燃煤电厂超低排放改造；实施清洁取暖价格，在适宜“煤改电”的地区完善峰谷分时制度和阶梯价格政策，降低居民清洁取暖成本；按照合理补偿成本、优质优价和污染者付费原则，确定车用汽柴油质量升级的加价标准，推动油品升级。

③ 市场化政策：2014 年《关于进一步推进排污权有偿使用与交易试点工作的指导

意见》出台，取得积极效果。国家关于推进和实施环境污染第三方治理的意见先后出台，开始探索排污者通过缴纳或按合同约定支付费用、委托环境服务公司进行污染治理的新模式。

④ 拓宽投融资渠道：深化节能环保投融资体制改革，鼓励社会资本进入大气污染防治领域。引导银行业金融机构加大对大气污染防治项目的信贷支持。探索排污权抵押融资模式，拓展节能环保设施融资、租赁业务。

（5）推动环境信息公开

中国政府围绕改善生态环境质量和公众关切，全面主动公开环境信息，更好地满足人民群众的环境知情权、参与权、监督权。公开的信息包括关于生态环境保护的法律法规、环境质量状况、行政审批、执法监管、投诉举报处理和突发环境事件等。随着《大气污染防治行动计划》的发布，中国的环境信息公开有了跨越式发展，信息种类日趋多样化，公开途径日趋多媒体化。

以城市为主体的环境空气质量信息已经实现了实时发布，时间尺度从小时到全年、空间尺度从区县到全市。发布方式包括网站、手机 APP、广播电视等。

污染源信息发布的一大突破是政府推动国家重点监控企业实时公开废气排放信息。2014 年起，国家重点监控企业自行开展环境监测，并向社会公开监测结果。中国全面启动排污许可制度改革，公众可以通过生态环境部网站全国排污许可证管理信息平台查询企业排污许可方面的相关信息。

3.5.2.4 明确政府、企业和社会的责任，动员全民参与环境保护

大气污染防治是一个系统工程，离不开全社会资金、技术、智慧的投入和共同行动。中国正逐步构建以政府为主导、企业为主体、社会组织和公众共同参与的环境治理体系，以推动环境空气质量的持续改善。

（1）明确地方政府统领责任

地方各级人民政府对本行政区域内的大气环境质量负总责，要根据国家的总体部署及控制目标，制定本地区的实施细则，确定工作重点任务和年度控制指标，完善政策措施，并向社会公开；要不断加大监管力度，确保任务明确、项目清晰、资金有保障。

（2）企业主动履行环境保护的社会责任

企业是大气污染治理的责任主体，要按照环保规范要求，加强内部管理，增加资金投入，采用先进的生产工艺和治理技术，确保达标排放，甚至达到“零排放”；要自觉履行环境保护的社会责任，接受社会监督。

（3）环保社会组织积极参与

在政府的鼓励和支持下，环保社会组织在促进公众参与环保、提升公众环境意识、监督企业环境行为等方面做出了积极贡献。《中华人民共和国环境保护法》实施后，环保社会组织被赋予提起公益诉讼的权利，环保社会组织参与的层次逐步提升。

（4）不断提高公众的环境意识

公众环境意识不断提高，主动向绿色低碳生活方式转变。倡导绿色出行效果显著，

如杭州市申报创建国家“公交都市”示范城市，构建由轨道交通、公共电汽车、公共自行车、水上巴士构成的大公交系统，主城区公交分担率逐年上升。随着公众对大气污染治理关注的不断深入，政府提供多样和便捷的举报方式，大部分城市出台举报奖励办法，微信举报方便公众举报监督，智能手机发送地理定位和证据图片，颇受公众欢迎。建立环保监督员制度，宣传环境保护相关法律法规和政策，举报大气污染违法行为，督促政府和企业切实落实环境保护责任。环保意识增强，激发了公众参与政府决策主动性。政府通过征求意见，问卷调查，组织召开座谈会、专家论证会、听证会等方式，征求公众对环境保护相关事项或活动的意见和建议，公众充分利用参与政府决策的机会。

3.6　碳排放、环境与人体健康

碳排放是关于温室气体排放的一个简称，主要指的是二氧化碳的排放。工业革命以来，由于人类活动，特别是燃烧化石燃料（如煤、石油和天然气）以及森林砍伐等行为，大气中的二氧化碳浓度显著增加，进而引发全球气候变暖等一系列环境问题。

碳排放的来源广泛，包括但不限于以下几个方面。① 能源生产和消费：这是碳排放的主要来源，包括煤炭、石油和天然气的燃烧用于发电、供暖、工业生产和交通运输等；② 工业生产：钢铁、水泥、化工等工业部门的生产过程中，需要消耗大量能源，并排放大量二氧化碳；③ 农业活动：农业活动中的土地耕作、畜牧业（特别是反刍动物的饲养）、水稻种植等都会释放二氧化碳和其他温室气体，如甲烷；④ 土地利用变化：森林砍伐和土地退化导致植被减少，降低了其吸收二氧化碳的能力，反而可能变成二氧化碳的净排放源；⑤ 废弃物处理：垃圾填埋和焚烧过程中也会产生温室气体，特别是甲烷。

为了减少碳排放，全球各国和地区正在积极采取措施，包括但不限于以下几个方面。① 发展可再生能源：如太阳能、风能、水能等，以减少对化石燃料的依赖；② 提高能源效率：在建筑、工业、交通等领域推广节能技术和产品；③ 推广低碳生活方式：如鼓励公共交通、骑行和步行，减少私家车使用。减少食物浪费，选择低碳饮食等；④ 植树造林和森林保护：增加森林覆盖，提高森林碳汇能力；⑤ 碳捕获与封存：研究和发展技术，将排放的二氧化碳捕获并安全地储存在地下或其他地方。这些措施的实施对于减缓全球气候变暖、保护地球生态环境具有重要意义。

3.6.1　消费行为与碳排放

随着社会经济的发展，个人消费行为产生的碳排放不容忽视，其特点是：发展快、变化大，居民衣、食、住、行的碳排放变化趋势成为探究减排潜力的重要部分。调查显示，在2017年，我国GDP的53.6%属于最终消费。研究表明，中国居民生活碳排放可能将在2040—2045年达到峰值。居民消费二氧化碳排放的百分比如表3－4所示。随着我国人民生活水平的提高，消费行为的碳排放也将成为减排的重要部分。

表 3-4　家庭消费二氧化碳排放的百分比

项目	百分比/%
食物	15
燃油、电能和水等	44
交通和通讯	15
废物处置	2
其他	24

居民的消费行为和生活方式的碳排放主要为购物消费、食物消费、交通消费和居住消费四个方面。

(1) 购物消费

购物的可选择性可决定碳排放的多少，因此各项购物消费活动所占比例是影响其碳排放的重要因素。研究显示，生活必需品所排放的温室气体仅占总量的 14%，在购物消费中，频繁购买非耐用型商品、过度包装、购买非季节性商品等额外的不必要消费，是高排放项目。如表 3-5 所示，更改购物中食物一项的消费模式，可以极大地减少碳排放。

表 3-5　消费模式对减排的影响

场景	商品	假设	减排量
当地生产/消费	蔬菜	从农场到消费区的总运输距离最小化	3.4% ~4.4%
季节性生产/消费	蔬菜	非季节性消费减少 20%，保持蔬菜总消费不变	
减少化肥施用	米饭/蔬菜	蔬菜和大米化肥用量分别减少 50% 和 90% 以上	
减少食品包装	肉类	从出售托盘上的食品（材料：PSP）转移到不带托盘的销售（材料：高密度聚乙烯）	

购物消费有着明显的区域性特征，不同产品的温室气体排放由于消费结构和销售环境的不同随国家或地区而异。中国正在陆续建立有关低碳产品、绿色产品的标准体系，其中产品的温室气体排放核算方法都要求基于生命周期的思想，如《中国发电企业温室气体排放核算方法与报告指南（试行）》和《建筑碳排放计算标准》等。但是目前实施中基于地区特征的估算方法和数据还不够充分，这方面的研究和工具还需要进一步开发，才能为政府的政策制定和消费者的选择提供更好的支撑。

(2) 食物消费

居民生活消费中来自食物消费的碳排放所占的比例总是位列前端，消费领域 42% 的碳排放都与食物消费行为有直接或间接的关系。无论是食物本身的生产，还是食物原材料的加工、运输、销售，以及食物烹调方式的选择等各个环节都直接或间接产生碳排放，其中生产过程和运输行为为二氧化碳的主要来源，运输环节的碳排放有时可占到食物碳排放的 30% 左右。

同时，可以看到，由于食物的浪费，造成的额外碳排放也不容忽视。根据联合国粮农组织报告显示，每年约有13亿t食物被浪费，中国的食物浪费量约占总食物消费量的19%。中国消费者的食物浪费所带来的碳足迹估计在30~96 kgCO_2/（人·a）。

食物消费结构的不同也是影响来自食物消费的重要因素。有不少研究认为肉类消费比例的增加会大大增加来自食物消费的额外碳排放，因为有70%的森林因畜牧业而被砍伐。1995—2011年，全球肉类人年均消费量增长了15%，达到42.3 kg/人。肉类的消费可能会产生更多的碳排放或对可持续发展产生重要影响。影响食物碳排放的因素很多，如政治和经济因素、基础设施、交通环境、社会文化因素（文化与宗教、社会认同与生活方式）等。中国的饮食结构具有与其他地区不同的显著特征，因此需要对中国的饮食环境进行分析，制定出适合中国的减排模型，同时制定科学的符合中国文化和习惯的减排措施。

（3）交通消费

2010年全球运输部门产生的温室气体排放中72.06%来自交通运输部门，中国城市客运公路运输产生了3.96亿t二氧化碳排放量，随着城市化进程的加快和发展以及经济共同体的建立，城市客运公路运输产生的碳排放不断增加，到2030年，城市客运部门的能源使用包括2 320万t汽油、17.2万t柴油、33.6亿m^3天然气和6.2亿kW·h电力。

除客运公路运输外，随着居民生活水平的提高，机动车保有量也在不断增加。研究预测表明，到2030年中国民用机动车保有量可能为183 725万辆。居民出行方式的选择对消费端的碳排放有着重要影响。

（4）居住消费

狭义的住房消费在消费行为引起的碳排放中所占比例不大，特别是直接碳排放。主要表现为广义的家庭能源消耗，如空调、冰箱和燃气等家用电器的能源消耗产生的碳排放。由于我国人民生活水平提高，对生活舒适度要求提高，特别是城市化进程的加快，来自居住的碳排放，特别是其中的间接碳排放不容忽视。但是随着科学技术的提升和绿色建筑、绿色生活方式的推广，这方面也有着巨大的减排潜力。其中冰箱利用选用超高效压缩机、制冷方式的改进、运行状态控制和新型保温材料等手段，可以实现节能30%以上。空调采用热力回收再利用工艺、水蓄冷技术、太阳能能源和人工智能技术以减少能耗，提高环境友好程度。

从建筑整体而言，2000—2017年，中国建筑制冷的能源消耗处于迅速增长中，平均年增长率达到13%。2017年，中国建筑总能耗接近4 000亿kW·h，占全社会用电量的约6%。而其主要存在问题为住宅集中空调系统的耗能高，但由于不能随居民的位置和状态调整其温度，而造成制冷系统的低效运行，从而导致制冷耗能高。经研究表明，针对环境条件不同，而进行不同的模式，在经过适宜的发展路径的前提下，空调等家用电器的能效可以得到进一步的提升。如假设空调在2030年高效制冷情境下，通过提升制冷设备能效与2010年的情景相比，可以减少用电量2 000亿kW·h。

3.6.2　碳排放与温室气体

碳排放与温室气体之间有着密切的关系。碳排放主要是指二氧化碳的排放，而温室气体则是一个更广泛的概念，它包括了大气中能吸收地面反射的长波辐射，并重新发射辐射的一些气体，如水蒸气、二氧化碳、甲烷、氧化亚氮、氟利昂等。这些气体共同作用，使地球表面变得更暖，产生温室效应。

（1）温室气体的种类与影响

温室气体种类繁多，每种气体对温室效应的贡献度各不相同。二氧化碳是最重要的温室气体之一，其排放量占全球温室气体排放总量的很大比例。此外，甲烷、氧化亚氮等其他温室气体也对温室效应有显著贡献。这些气体在大气中的存在，使得地球表面能够保持相对稳定的温度，但过量的排放则会导致全球气候变暖，进而引发一系列环境问题。

（2）碳排放当量

由于二氧化碳是温室气体中含量最多的气体，其排放量的增加对全球气候变暖产生了显著影响。因此，在进行碳排放描述时，往往用二氧化碳的排放量作为其中一种量化的指标。

（3）碳排放与温室效应的关系

碳排放的增加是导致温室效应加剧的主要原因之一。随着人类活动的不断增加，特别是化石燃料的燃烧和森林砍伐等行为，大气中的二氧化碳浓度持续上升。这些二氧化碳分子能够吸收和再辐射红外辐射，导致地球表面温度上升。这种由温室气体引起的地球表面温度上升的现象被称为温室效应。碳排放的增加不仅会导致全球气候变暖，还会引发一系列严重的环境问题。例如，极端恶劣天气（如台风、高温、暴雨、泥石流等）的频率和强度可能会增加；南、北两极冰雪融化加速，导致海平面上升。同时，碳排放还会危害人们的身体健康和降低生活质量，对全球粮食生产造成潜在威胁。

3.6.3 温室气体与健康

温室气体与健康之间存在着密切的联系。温室气体对健康影响的几个主要方面。

（1）全球气候变暖与健康问题

热浪与健康：温室气体排放增加导致全球气候变暖，热浪和极端高温天气变得更加频繁和严重。这增加了与热浪相关的心脏病、呼吸道疾病、中暑等疾病的发病率和死亡率，尤其对老年人、儿童、慢性疾病患者以及发展中国家的贫穷群体影响更为显著。

疾病传播：气候变暖还可能助长某些病原体的存活和传播，增加虫媒疾病（如疟疾、登革热、黄热病等）和水媒疾病（如霍乱、腹泻等）的传播风险。此外，气候变化还可能促使新病原体的出现和传播，给人类健康带来新的威胁。

（2）空气质量与呼吸健康问题

大气污染：温室气体排放往往伴随着其他空气污染物（如颗粒物、二氧化硫、氮氧化物等）的排放。这些污染物在大气中经过复杂的光化学反应，形成光化学烟雾等有害氧化剂，增加眼睛炎症、急性上呼吸道感染、慢性支气管炎、肺气肿、支气管哮喘等疾病的发病率。

臭氧层破坏：温室气体中的氟氯烃等化合物会破坏臭氧层，导致地面紫外线辐射增加。过量的紫外线辐射会损害人体的DNA，增加过量的紫外线辐射会损害人体的DNA，增加白内障、皮肤癌等疾病的发病率。

（3）生态平衡与健康

温室气体排放导致的气候变化会影响自然生态系统的平衡，包括物种分布、迁徙模式、繁殖周期等。这可能导致生态系统中某些重要物种的减少或灭绝，进而影响到人类的食物来源、药物资源等。气候变化还可能对农业生产造成不利影响，如作物减产、病虫害增加等。

思考题

1. 大气的主要成分是什么？
2. 大气圈的垂直构造是什么？主要特点有哪些？
3. 主要的气象要素是什么？
4. 什么是大气污染？如何理解全球性大气污染问题？
5. 大气污染的来源及分类是什么？
6. 什么是光化学烟雾？它是如何形成的？
7. 大气污染物如何进入人体？如何减少它的侵入？
8. 分别论述颗粒物、二氧化硫、氮氧化物、臭氧、一氧化碳、VOCs、二噁英对人体健康的危害。
9. 简述大气环境标准的种类和作用。
10. 简述大气污染综合防治的定义和主要措施。
11. 从生态文明建设的角度分析大气污染综合防治的重要意义。

第4章　物理性污染与人体健康

人一出生就要接触热、声、光、电磁，每个人都要在这种物理环境中生活。随着人类改造自然的能力与手段的日益进步和人类生活环境的日益改善，人们对衣、食、住、行、通信等各个方面的要求也越来越高，各类物理性污染也随之悄悄进入我们生活的各个方面，我们所暴露的环境也发生了很大变化，对我们的工作、生活、学习甚至身体健康都已经产生了比较严重的影响。这些物理性污染的一个最大共性就是隐蔽性比较大，不容易引起人们的高度重视（甚至很多人至今也不了解物理性污染，更未认识到其危害性），而且污染产生后的治理难度比较大，必须以防为主、防治结合才能收到较好效果。物理性污染包括噪声、电磁辐射、放射性、振动、热、光等要素的污染。因此，深入了解物理性污染的产生源及其危害，是做好各种物理性污染防治工作、降低其危害的重要前提。

4.1　物理性污染概述

人类的环境中存在着许多物理的因素，像声、光、电、热、振动和各种辐射等。这些物理因素构成了我们生活的物理环境。人类生活的物理环境中，物理环境可分为自然物理环境和人工物理环境。

自然物理环境是由自然的声、振动、电磁、放射性、光和热构成的。火山爆发、地震、台风、雷电等自然现象会产生振动和噪声，在局部区域内形成自然声环境和振动环境。此外，火山爆发、太阳黑子活动引起的磁暴以及雷电等现象还会产生电磁干扰。阳光和大气对阳光的散射形成了自然光，太阳辐射、大气和地表间的热交换等构成了热环境。

人工物理环境是由人在生产生活中创造的各种物理因素组成的。随着科学技术的发展，人工物理环境也越来越复杂，造成的物理性污染也日趋加重，物理性污染正悄悄地侵蚀着人类。各种人工物理环境具有不同的特点和影响，是研究物理性污染与健康的主要研究对象。

声、电磁、放射性、光、热是人们生活所必需的，当它们的量过高或者过低时，就会造成物理性污染或异常，进而影响人们的生活、工作和学习，危害人们的身体健康。物理性污染是多方面的，主要表现为噪声、放射性、电磁辐射、热辐射、光辐射等的污染。

（1）噪声污染

环境噪声污染已成为现代社会的一大公害，是直接关系到公众健康和经济建设的一个社会问题。物理上噪声是声源做无规则振动时发出的声音，通常所说的噪声污染是指人为造成的。从环境保护的角度来说，凡是干扰人们休息、学习和工作的声音，即不需要的声音统称为噪声。当噪声超过人们的生活和生产活动所能容许的限度，由噪声引起的生活质量下降甚至影响居民身心健康的现象就叫噪声污染。

（2）放射性污染

某些元素的原子核具有天然的放射性，能自发地放出各种不同的射线。在科学上，把不稳定的原子核自发地放射出一定动能的粒子（包括电磁波），从而转化为较稳定结构状态的现象称为放射性。我们通常所说的放射性是指原子核在衰变过程中放出 α、β、γ 射线的现象。衰变过程中所放出的粒子和光子，对周围介质会产生电离作用，这种电离作用就是放射性污染的本质。

（3）电磁污染

在当前的信息社会中，各种电气和通信设备急剧增加，无线电技术应用越来越普遍，微波通信、卫星通信、电台、电视台、移动电话等所产生的各种频段的电磁波充斥着整个生活空间。电磁辐射污染问题正是在电磁技术的广泛应用下产生的，急剧增加的电磁能量在给人类带来方便的同时，也使电磁环境日趋恶化，成为一种新的污染源，这就是电磁辐射污染，高强度的电磁辐射甚至有可能直接危害人体健康。生活环境中的电磁波看不见、摸不着、穿透能力强，且充斥整个空间，令人防不胜防，且越是在经济发达的地区，电磁辐射污染越严重。

（4）热污染

热污染是指现代工业生产和生活中排放的废热所造成的环境污染。随着现代工业的发展和人口的不断增长，环境热污染日趋严重。热污染通过使受体水和空气温度升高的作用而污染大气和水体，导致了全球变暖、干旱地区增多、荒漠化严重、气候变异等危害。

（5）光污染

根据环境科学的解释，光污染是指过量的光辐射、紫外线辐射、红外线辐射对人体健康造成的伤害，以及对城市交通、生物、环境等很多方面造成不良影响的现象。自然光、反射太阳光、人造光等都可能造成光污染。光污染已成为现代社会的公害之一。

（6）振动污染

物体的运动状态随时间在极大值和极小值之间交替变化的过程称为振动。过量的振动会使人不舒适、疲劳，甚至导致人体损伤，还会造成建筑物、机械设备损坏。另外，振动将形成噪声源，以噪声的形式影响或污染环境。

4.2 噪声污染与人体健康

4.2.1 噪声的特征及噪声源分类

4.2.1.1 噪声及噪声源分类

噪声污染与水污染、大气污染被看作全球三个主要环境问题。近年来，噪声诉讼案件不断增加，尤其是随着工业化的发展，城市噪声大幅度增加，噪声已经成为现代城市的主要公害之一。2021 年，全国生态环境信访投诉举报管理平台接到的投诉举报中，噪声扰民问题占 45.0%，仅次于大气污染。据不完全统计，2021 年，全国地级及以上城市 12345 市民服务热线以及涉噪声监管部门合计受理的噪声投诉举报约有 401 万件。其中，社会生活类噪声占 57.9%，建筑施工类噪声占 33.4%，工业类噪声占 4.5%，交通运输类噪声占 4.2%。2022 年度共受理噪声案件 450.3 万余件，相比 2021 年，增加约 49.3 万件。生态环境部发布的《中国噪声污染防治报告（2023）》显示，我国声环境质量总体向好。噪声污染看似“事小”，但关乎每个人的生活质量，关乎社会和谐稳定。

世界上很多国家和地区高度重视噪声污染的防控。瑞士规定晚上 10 点以后禁止大声喧哗，星期日不准使用割草机。新加坡对噪声污染环境、影响公众生活有严格规定，违规者将面临巨额罚款甚至法律制裁。

判断一个声音是否属于噪声，仅从物理学角度判断是不够的，主观上的因素往往起着决定性的作用。例如，美妙的音乐对正在欣赏音乐的人来说是乐音，但对于正在学习、休息或集中精力思考问题的人可能是一种噪声。即使同一种声音，当人处于不同状态、不同心情时，对声音也会产生不同的主观判断。因此，凡是干扰人们休息、学习和工作的声音，即不需要的声音，统称为噪声。自 2022 年 6 月 5 日起施行的《中华人民共和国噪声污染防治法》规定，在工业生产、建筑施工、交通运输和社会生活中产生的干扰周围生活环境的声音，超过噪声排放标准或者未依法采取防控措施产生噪声，并干扰他人正常生活、工作和学习的现象即为噪声污染。

现代城市中环境噪声有以下 4 种主要来源：

（1）交通噪声

交通噪声主要指的是机动车辆、飞机、火车和轮船等交通工具在运行时发出的噪声，如喇叭声、发动机声、进气和排气声、启动和制动声、轮胎与地面的摩擦声。这些噪声的声源是流动的，干扰范围大。由于机动车辆数目的迅速增加，使得交通噪声成为城市的主要噪声源。

资料显示我国交通噪声约占城市噪声的 70%，城市交通干道两侧的噪声级在 65 ~ 70 dB，汽车鸣笛较多的地方可超过 80 dB。载重汽车、公共汽车、拖拉机等大型车辆的启动、制动和运行过程都会发出噪声。航空噪声主要表现在飞机起降时对机场周围环境造成污染。当一架大型喷气式飞机起飞时，距离跑道两侧 1 km 内的语言通信受到干扰，4 km 内的人无法休息。

（2）工业噪声

工业噪声主要指工业生产劳动中产生的噪声，主要来自机器和高速运转的设备，是涉及面最广泛、对工作人员影响最严重的噪声，目前已成为主要污染因素之一。

工厂中机器运转时，振动、摩擦、撞击、排气及气流干扰会产生噪声。一般情况下，电子工业和轻工业的噪声级在 90 dB 以下，纺织厂噪声为 90 ~ 106 dB，机械工业噪声为 80 ~ 120 dB，大型鼓风机产生的噪声在 130 dB 以上。当工厂厂界噪声值超过 65 dB 时，就会引起居民的不满，可采用吸声、隔声、声屏障、隔振等措施。如果不采取隔声、消声技术措施将岗位噪声强度降到 90 dB 以下，员工应佩戴听力保护器保护听力，预防职业性耳聋的发生。

（3）建筑施工噪声

建筑施工噪声主要指建筑施工现场产生的噪声。在施工中要大量使用各种动力机械进行挖掘、打洞、搅拌，要频繁地运输材料和构件，从而产生大量噪声。建筑噪声的特点是声级高，难控制，且多发生在人口密集地区，因此严重影响居民的休息与生活。如冲击式气锤打桩机运行时发出的噪声级达 99 dB（距离 10 m 以外测量的数据）。此外，铲土机、混凝土搅拌机、吊锤、发电车和空气压缩机、压路机、各种锯床、平土机、运输车辆也会发出强烈噪声。另外，装卸建筑模板和施工材料时，若操作不当也会导致噪声污染。建筑施工噪声污染持续时间较短。

（4）社会生活噪声

社会生活噪声主要指人们在商业交易、体育比赛、娱乐场所等各种社会活动中产生的喧闹声以及收录机、电视机、洗衣机等各种家电的嘈杂声，这类噪声一般在 80 dB 以下，如洗衣机的噪声在 50 ~ 80 dB，电风扇的噪声在 30 ~ 65 dB，空调机、电视机为 70 dB。这些设备的噪声级虽然不高，但由于和人们的日常生活联系密切，使人们在休息时得不到安静，尤为让人烦恼，极易引起邻里纠纷。日常生活中也存在许多噪声，如集贸市场的喧闹声、流动商贩的叫卖声、街头宣传和商家兜售商品的喇叭声、街头健身活动的音乐或锣鼓声、住宅楼内此起彼伏的装修施工机具发出的刺耳声、室内电器运行发出的噪声，都会对环境造成污染。

4.2.1.2　噪声的特征

（1）感觉公害

环境噪声是一种感觉公害。它是通过感觉对生理和心理因素的影响而对人产生危害。

（2）局限性和分散性

噪声传播的范围是有局限性的。声源发出的噪声能量向周围传播，其强度随着距离的增加及受建筑物的阻挡而衰减。噪声只影响声音附近的人，如工厂噪声影响工厂周围的居民，交通噪声影响道路两旁的人，不像大气污染和水质污染影响到一个大的区域。

噪声声源分布上的分散性，导致不能集中治理。

（3）暂时性

噪声污染是暂时性的。与其他污染源排污后污染物浓度长期残留积累起来不同，噪声源一旦停止发声，噪声立即消除，没有积累性，不会给周围的环境留下有毒害的物质。

4.2.2 声波的物理特性

4.2.2.1 声波的产生

声音是一种波动现象。随着波动，弹性媒质中的压力、应力、质点位移和速度都将随之发生周期性变化，这种变化称为机械振动，或称为声振动。声振动的传播过程称为声波。频率在 20 ~ 20 000 Hz 的声波能引起人的听觉感受，这个频率范围的声波常被称为声音。当声波传入人耳，带动鼓膜振动从而刺激听觉神经，人就产生了声音的感觉。

4.2.2.2 声波的主要物理量

声源在 1 s 内完成振动的次数称为频率 f，单位为 Hz（赫兹）；声源振动一周，声波传递的距离称为波长 λ，单位是 m（米）。声波在 1 s 内传播的距离称为声速 v，单位是 m/s（米/秒）。波长、频率、速度满足下式关系：

$$v = \lambda f$$

声波在大气中传播的速度是随环境温度的不同而变化的。声速与温度的关系可以用下式来衡量，一般如果没有特别指明，声速取 345 m/s。

$$v = 331.4 + 0.6t$$

式中：t 为环境温度，以摄氏温度（℃）来表示。

大气中的声速还与空气湿度和大气压强有关，一般情况下这些因素的影响很小，常忽略不计。

声波的频率 f 决定了声音的音调，频率高的是高音，频率低的是低音。低于 20 Hz 的声波称为次声波，高于 20 000 Hz 的声波称为超声波。人耳对频率在 3 000 ~ 4 000 Hz 的声音最为敏感。

对于噪声的度量，一般使用声压、声压级和等效连续 A 声级等物理量。

（1）声压

声波引起空气振动而导致大气压强的波动，称为声压 P，单位是帕（Pa），1 Pa = 1 N/m^2。

声波在空气中传播时，声压是随着时间而迅速变化的，人耳所感受到的实际效果是迅速变化的声压在某段时间内的平均结果。把瞬时声压 $p(t)$ 对时间 t 取均方根得到的值称为有效声压，其表达式如下：

$$p=\sqrt{\frac{1}{T}\int_0^T p^2(t)\,\mathrm{d}t}$$

式中：p 为有效声压，Pa；p（t）为瞬时声压，Pa；t 为时间；T 为声波完成一个周期的时间。

在实际操作中，如果不做特殊说明，声压一般均指有效声压。人类的听觉对于1 000 Hz 的纯音，能够感受到的声音的声压范围在 2×10^{-5}（听阈声压）~20 Pa（痛阈声压）之间。

（2）声压级

声压的变化范围很大，在实际工作中用线性标度来描述十分不便。同时，由于人类的听觉对声音强弱的感觉与声压的大小呈对数关系，因此在噪声控制中常采用对数标度来表示其大小。使用对数标度必须先确定基准量，然后取被测量的声压与其相应基准量比值的对数，得到的值就称为该声压的“级”，单位是 dB（分贝）。因此，声压级 L_p 为：

$$L_p=20\lg\left(\frac{P}{P_0}\right)$$

式中：L_P 为对应于声压 P 的声压级，dB；P 为有效声压，Pa；P_0为基准声压，$P_0=2\times10^{-5}$ Pa。

表 4－1 给出了一些典型的噪声源所产生的声压级。

表 4－1　典型噪声源所产生的声压级

噪声源	声压级/dB
农村旷野，白天	30~40
一般说话，距离 5 m 内	40~60
吸尘器，距离 5 m 内	60~85
繁华街道	70
公共汽车车厢内	80
打桩机，距离 10 m 内	110
汽车喇叭，距离 1 m	120
喷气式飞机附近	140

（3）A 计权声级

① 等响曲线与 A 声级。在图 4－1 中，虚线为人耳的听阈。图中每一条曲线上各点的响度级是相同的，响度级的单位为 phon（方）。各条曲线响度级的大小，由该曲线在1 000 Hz 时声压级的分贝值确定。如某条曲线在 1 000 Hz 时对应的声压级为 60 dB，则该曲线就是 60 方等响曲线。

人耳对声音的感觉不仅与声压有关，而且和频率有关。声压相同而频率不同的两种声音听起来响度可能不一样。人耳对频率较高的声音比较敏感，而对于频率较低的声音则不太敏感，这里就有一个客观存在的物理量和人耳感觉的主观量统一的问题。

为了能用声学测量仪器直接测量人耳对声音响度感觉的主观量，人们专门设计了一

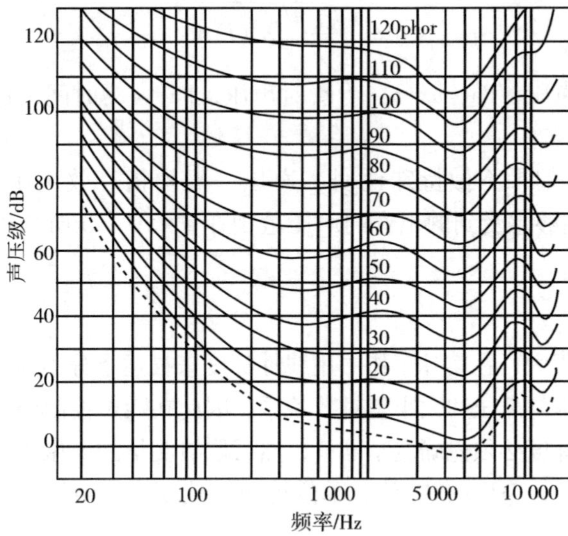

图 4－1　等响曲线

套频率计权的电子网络装入仪器。电子网络模拟人耳的听觉特征，对于不同频率的声信号给予不同的衰减或放大，使仪器显示的声压值与人耳的听觉感受一致。这种处理后的声压级值就叫计权声压级。图 4－2 是几种计权网络的特性曲线。A 计权特性曲线近似为 40 方等响曲线。

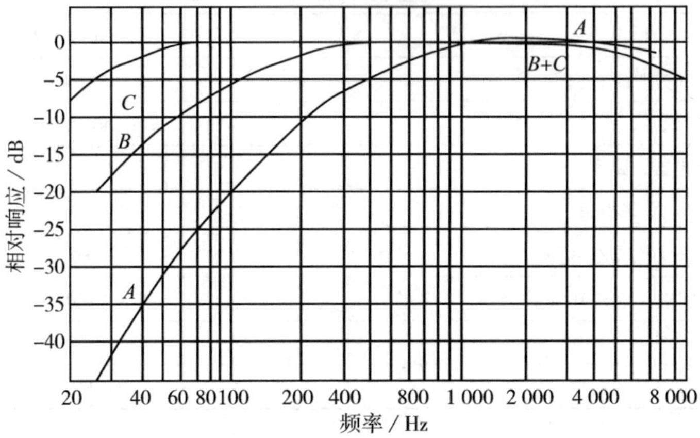

图 4－2　几种计权网络的特性曲线

大量调查和研究表明，通过 A 计权网络测得的 A 声级与宽频率范围噪声引起人的烦恼和造成的听觉损害程度有较好的相关性，更接近人耳对噪声总的评价。

② 等效连续 A 声级。A 声级可以表示一个稳态噪声的大小，对于非稳态噪声，就要用一段时间内能量平均的方法来表示这段时间内噪声的大小，叫作等效连续 A 声级或等效声级，用 L_{eq} 表示。

$$L_{eq}=10\lg\left[\frac{1}{T}\int_0^T\frac{I(t)}{T_0}\mathrm{d}t\right]$$

$$= 10\lg\left[\frac{1}{T}\int_{0}^{T} 10^{0.1L_A} dt\right]$$

式中：L_{eq}为等效连续 A 声级，dB（A）；T 为规定的测量时间段，s；L_A为瞬时 A 声级，dB（A）。

在实际测量和计算中，可针对不同的测量或评价对象，依据上式原理转化出不同的等效声级计算式。

4.2.3　噪声污染对人体健康的危害

4.2.3.1　噪声对人体健康及生活的影响

噪声污染对人体会构成危害，其危害程度主要取决于噪声的频率、强度及暴露时间。噪声危害主要包括：

（1）噪声对听力的损伤

噪声对听力的影响与噪声的强度、频率、与作用时间等因素有关。噪声对人体最直接的危害是听力损伤。人们进入强噪声环境后，暴露一段时间，会感到双耳难受，甚至会出现头痛等症状。离开噪声环境到安静的场所休息一段时间，听力就会逐渐恢复正常。这种现象叫作暂时性阈移，又称听觉疲劳。人们对噪声的敏感性与频率有关，听觉灵敏度的最大改变，往往在 3 000 ~ 6 000 Hz。强噪声工厂工人听阈最明显的迁移是在 4 000 Hz 左右。

但是，如果人们长期在强噪声环境下工作，听觉疲劳不能得到及时恢复，且内耳器官会发生器质性病变，即形成永久性阈移，又称噪声性耳聋。国际标准组织规定在 500、1 000、2 000 Hz 3 个频率的平均听力损失超过 25 dB 时，就认为是噪声性耳聋。此时就影响人的工作能力和活动能力。听力损失 25 ~ 40 dB 时是轻度耳聋，在 1.5 m 以外正常交谈就困难；听力损失 40 ~ 65 dB 的是中等耳聋，在 1.5 m 以外大声讲话都听不清；听力损失 65 dB 以上是重耳聋，在 1.5 m 以外大声尖叫都听不清，人对不同声音的感觉以及听觉损失级别及耳聋程度见表 4 – 2 和表 4 – 3。

表 4 – 2　人对不同声音的感觉

人耳的感觉	A 声级/dB	声源或声环境
—	0	无任何感觉
很安静	10	有听觉
	20	播音室、郊区静夜、安静住宅
安静	30	轻声耳语
	40	图书馆
	50	宿舍、一般建筑

续表

人耳的感觉	A 声级/dB	声源或声环境
中度大声	60	一般办公室、一米远距离讲话、空调机
	70	电视机、演讲说话声、电机
	80	洗衣机、主干道路边、公共汽车内、泵房内
很大声	90	火车、摩托车、印刷机
	100	拖拉机、纺织车间
烦人的响声	110	飞机、电锯
	120	空气压缩机、钢铁厂
	130	凿岩机、柴油机、大型鼓风机
震耳欲聋的响声使人难以忍受	140	大炮
	150	喷气式飞机
	160	导弹发射

表 4－3　听觉损失级别及耳聋程度表

级别	听觉损伤程度	听力损失平均值/dB	听觉能力
A	正常	<25	可听清低声谈话
B	轻度	25～40	听不清低声谈话
C	中度	40～55	听不清普通谈话
D	高度	55～70	听不清大声谈话
E	重度	70～90	听不到大声谈话
F	最重度	>90	很难听到声音

根据国外权威组织的统计，在不同噪声下长期工作的后果见表 4－4。

表 4－4　在噪声下工作 30 年后噪声性耳聋发病统计率

A 声级/dB	ISO 统计耳聋发病率/%	美国统计耳聋发病率/%
80	0	0
85	10	8
90	21	18
95	29	28
100	41	40

若人突然暴露于极其强烈的噪声环境中，听觉器官会发生急剧外伤（耳朵的结构示意见图 4－3），引起鼓膜破裂出血，迷路出血，螺旋器从基底膜急性剥离，都可能使人耳完全失去听力，即出现爆震性耳聋。有检测表明：当人连续听摩托车声，8 h 以后听力就会受损；若是在摇滚音乐厅，半小时后，人的听力就会受损。我国对城市噪声与居民健康的调查表明：地区的噪声每上升 1 dB，高血压发病率就增加 3%。

噪声污染是造成职业性耳聋的一个重要原因。所谓“十个铆工九个聋”，就是长时间强噪声刺激所造成的噪声性耳聋。长期在噪声环境下工作如果没有采取任何有效的防护措施，将导致无可挽回的听力损失，严重的会导致职业性耳聋。在中国，职业性噪声耳聋已经上升为仅次于尘肺病的第二大职业病。噪声生理效应和噪声标准研究发现，随着职业性噪声暴露声级的增高，噪声聋的发病率越来越高，呈指数规律上升。ISO 发布了连续性噪声声级与听力损伤危险率的关系，指出在 90 dB，工龄 20 年，听力损伤 23%，危险率 16%；在 100 dB，工龄 20 年，听力损伤 49%，危险率 42%。可见，听力损伤与从事的职业有密切关系，纺织厂工人、锻工及铁匠与同龄人相比听力损伤更大。

噪声对儿童听力的影响也很大。因儿童发育尚未成熟，各组织器官十分娇嫩和脆弱，不论是体内的胎儿还是刚出世的孩子，噪声均可损伤听觉器官，使听力减退或丧失。尤其是对婴儿，婴儿的耳蜗正处于生长阶段，很容易受到噪声的损害，会使脑的部分区域受损。

据统计，当今世界上耳聋者超过 7 000 万人，其中相当部分是由噪声所致。近年来对城市环境噪声的调查研究，越来越说明老年聋与城市噪声密切相关，城市环境噪声是老年聋的重要因素，如农村老年性耳聋发病率较城市低。

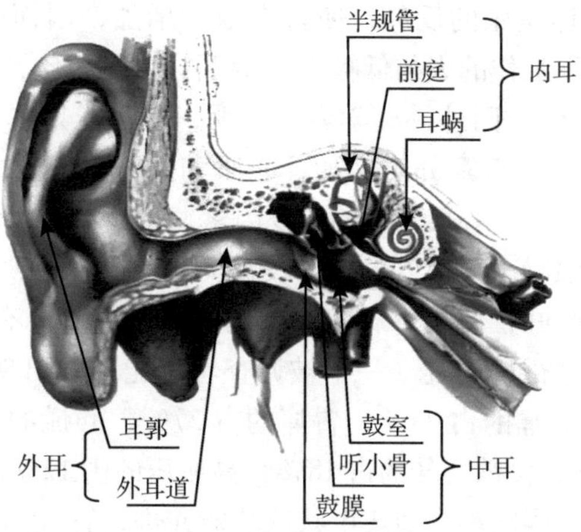

图 4－3 耳朵的结构示意图

(2) 噪声对视力的损害

通常人们只知道噪声影响听力，其实噪声还会影响视力。实验表明，噪声能使人的视杆细胞区别光亮度的敏感性降低，识别弱光反应的时间延长，瞳孔直径会随噪声强度的升高而增大。当噪声强度达到 90 dB 时，识别弱光反应时间延长；噪声达到 95 dB 时，有 40% 的人瞳孔放大，视线模糊；而噪声达到 115 dB 时，多数人的眼球对光亮度的适应都有不同程度的减弱。所以长时间处于噪声环境中的人很容易发生眼疲劳、眼痛、眼花和视物流泪等眼损伤现象。研究显示，在 90 dB 噪声环境中工作 4 h，体内的维生素 B_1 和维生素 C，分别减少 30% 和 35%，维生素 B_2 和 B_6 也有所减少。这些物质对维持眼睛正常功能至关重要。

同时，噪声还会使色觉、视野发生异常，调查发现噪声对红、蓝、白三色视野收缩 80%。所以驾驶员应避免立体场音响的噪声干扰，不然易造成行车事故。司机在驾车过程中，当车厢里的音响达到 95 dB 时，音响发出的声音会与机车的振动声联合作用，使司机眼睛对光亮的灵敏度明显下降，识别弱光的反应时间延长。这样，司机辨别车外情况的能力就会降低，发生车祸的危险性也相应提高。

高噪声可降低视力清晰度的稳定性，噪声为 70 dB 时，视力清晰度仅需 20 min 就可基本恢复；噪声达到 85 dB 时，视力清晰度则需 70 min 以上才可以恢复。

（3）诱发多种疾病

噪声通过听觉器官作用于大脑中枢神经系统，影响全身各个器官，故噪声除对人的听力、视力造成损伤外，还会对神经系统、心血管系统、内分泌系统、消化系统以及智力等造成不同程度的影响。

由于噪声的作用，会产生头痛、脑胀、失眠、全身疲乏无力以及记忆力减退等神经衰弱症状，更强的噪声会刺激耳腔的前庭，使人眩晕、恶心、呕吐。超过 140 dB 的噪声甚至会引起眼球震颤、视觉模糊、呼吸脉搏发生波动，说话能力受到影响。长期受强噪声污染会使人身体疲乏、精神紧张、健康水平下降。175 dB 以上的噪声甚至可以致人死亡。

大量调查和实验结果证明，大部分高血压和心脏病的发展、恶化与噪声也有密切关系，因为噪声会引起人体紧张的反应，使肾上腺素增加，因而引起心率改变和血压升高。长期在高噪声环境下工作的人与低噪声环境下的情况相比，高血压、动脉硬化和冠心病的发病率要高 2 ~ 3 倍。国外一些学者则指明，噪声长期作用于机体使大脑和丘脑下部交感神经兴奋，使肾上腺素分泌增加，心肌和左心室负担加重，从而危害心脏功能。可见，噪声是引发和加重心血管病的重要因素，尤其对年老体弱者更是如此。

在消化系统方面，强噪声会使人出现胃酸减少，食欲不振，消化机能减退，胃功能紊乱、消化不良、恶心呕吐，使肠胃病和溃疡病发病率升高。有人曾对在噪声为 95 dB 的环境中工作的 202 人进行过调查（一个被调查者可能同时出现多种症状），头晕的占 39%，失眠的占 32%，头痛的占 27%，胃痛的占 27%，心慌的占 27%，记忆力衰退的占 27%，心烦的占 22%，食欲不佳的占 18%，高血压的占 12%。

在内分泌系统方面，强噪声会造成甲状腺功能亢进，肾上腺皮质功能增强，基础代谢率升高，性机能紊乱等。

女性受噪声的威胁，还会有月经不调、流产及早产、性机能紊乱等。专家们曾在 7 个地区进行了为期 3 年的系统调查，结果发现噪声不仅能使女工患噪声聋，且对女工的月经和生育均有不良影响。国外曾对某个地区的孕妇普遍发生流产和早产的现象做了调查，结果发现她们居住在一个飞机场的周围，祸首正是那起飞降落的飞机所产生的巨大噪声。

此外，噪声对胎儿的正常发育等方面也会产生一定影响。噪声可能使胎儿产生畸形发育。噪声能损害儿童的大脑，长期处在噪声环境中的儿童，其智力发育要比在安静环境中的儿童低大约 20%。有研究曾对长年生活在铁路两侧居民区的人群做过调查，发现这个区域的青少年多年来没有一个人考上重点大学。这里的青少年长期在高噪声环境下生活，智力有可能受到了影响。

在高噪声中工作和生活的人们，一般健康水平逐年下降，对疾病的抵抗力减弱，诱发一些疾病，但也和个人的体质因素有关，不可一概而论。

(4) 噪声对心理健康的损害

噪声对于人们心理方面的影响主要是烦恼，精力不集中，影响工作效率和休息，容易激动、发怒，甚至失去理智。有研究分析评价了我国职业噪声暴露与心理健康的关系，统计结果显示，噪声暴露可能对心理健康产生显著影响，对身体不适感、强迫症状、人际关系敏感、抑郁症状、敌对情绪、焦虑症状、恐怖感、偏执和精神病性症状这9项心理健康指标均可产生影响，主要表现为抑郁症状、焦虑症状以及身体不适感等。一项研究调查了日本两个空军基地周围的6 000名居民，发现暴露于70 dB（L_{dn}）以上的人精神不稳定和抑郁的发生率更高。此外，一项针对儿童的研究在伦敦希思罗机场附近开展，结果发现接触噪声的儿童有更高水平的心理压力，同时也有更高的多动症患病率。因此，无论是成人还是儿童，长期接触噪声会对心理健康产生一定程度的负面影响。

(5) 噪声对正常生活和工作的干扰

噪声影响人们的正常生活和休息。噪声对人的睡眠影响极大，人即使在睡眠中，听觉也要承受噪声的刺激。噪声会促使人从熟睡转向浅睡，从而导致睡眠不足。噪声会导致多梦、易惊醒、睡眠质量下降等，突然的噪声对睡眠的影响更为突出。总的来说35 dB是理想的入睡声级，最大不超过50 dB。当然还有其他一些因素，如对环境习惯与否、诱导因素、年龄（老年人比青年人更敏感）等。此外，有一定节奏的掩蔽声反而会促进睡眠。

噪声会干扰人的谈话、工作和学习。实验表明，当人受到突然而至的噪声一次干扰，就要丧失4 s的思想集中。噪声会使劳动生产率降低10% ~50%，随着噪声的增加，差错率上升。由此可见，噪声会分散人的注意力，导致反应迟钝，容易疲劳，工作效率下降。居住在交通干道两侧的居民随时受到交通噪声的困扰，调查资料表明：长期生活在振动和噪声环境中可使人烦躁、恶心、头痛和失眠，其中70 dB的噪声可使50%的人睡眠受到影响，突发性的60 dB噪声也可使人从睡梦中惊醒。一个法国研究小组将在家中经历铁路噪声和安静环境下生活超过10年的两组人群作为研究样本，对比分析两组人群清醒状态下的脑电图和认知能力，发现与安静环境组相比，铁路噪声附近生活的居民反应时间明显迟缓。

4.2.3.2 噪声的其他影响

(1) 对仪器设备和建筑物的影响

强噪声会造成地面房屋外墙被震裂，玻璃被震碎甚至使钢结构产生“声疲劳”而损害，屋内物品受震动而坠落损坏，一些仪器仪表特别是精密仪器出现严重的偏差，甚至失灵，从而危害生产、科研和国防建设等。例如，168 dB的强噪声作用在5 mm厚的钢板焊缝上，15 min后即在焊缝热应力区裂开。轰声是超声速飞行中的飞机产生的一种噪声。飞机头部产生的船首波和机尾产生的船尾波前后相继合成的冲击波，在地面上反射成为N形波。在轰声声压超过1 200 Pa时，可使窗玻璃的破损率达到1/10、轰声衰减较慢，所以影响范围较广。1970年德国韦斯特堡城及其附近曾因强烈的轰声而发生378起建筑物受损事件。大部分受损事件是玻璃损坏，石板瓦掀起，合页及门心板损坏等。另据美国对轰声受损的统计，在 3 000 起建筑受损事件中，抹灰开裂占 43%，窗损坏占 32%，墙开裂占 15%，还有屋瓦和镜子损害等，轰声对大面积的轻质结构也可能造成损害。

在喷气式飞机和火箭的发射、回收、通过大气时，喷气噪声和附面层噪声等高强度的噪声导致材料的“声疲劳”可危及宇航员与航空飞行器的飞行安全和飞行器的寿命。国内外都已建成了高强度噪声场的声疲劳试验室。黄铜的声疲劳极限为 150 ±5 N/mm^2，而其抗拉强度极限在 400 ~450 N/mm^2。声疲劳极限仅为其强度限的 1/3。

此外，噪声还会掩蔽安全信号，如报警信号和车辆行驶信号等，以致造成事故。

（2）*危害动植物*

噪声被称为“无形的暴力”，噪声同样能够对动物的听觉器官、内脏器官和中枢神经系统造成病理性变化和损伤。实验证明，动物在噪声环境中会出现听觉和视觉损伤，还会导致动物内脏发生诸如心力衰竭、内出血等病变。强烈的噪声还造成动物死亡。有人曾把一只豚鼠放在 173 dB 的强声环境中，几分钟后它就死了。解剖后的豚鼠肺和内脏都有出血现象。长时间的强噪声，使鸽子的羽毛凌乱、蓬松、失去光泽。

长时间的强噪声影响，使鲜花凋谢；还会使植物生长不良，产量下降。

4.2.3.3 低频噪声的危害不容忽视

在自然界和人类生产活动中，到处都有低频噪声的存在。随着城市化进程的快速发展，生活水平的不断提高，在民居区域配套越来越多的辅助设备，在使用过程中都不免产生一定程度的噪声影响，常见的低频噪声污染主要有邻近住宅的变压器噪声、水泵组噪声、电梯机房噪声、凉水塔噪声、中央空调机组噪声、室内配套的各种风机空调等运行噪声。在一些存在低频噪声的场合，即使等效 A 声级达标，也使受干扰者感觉烦恼，引起环保投诉，甚至诉讼。

2009 年 6 月，因自家卧室的正下方负一层居然是配电房，且有关设备产生低频噪声，安徽省合肥市市民钱某将开发商告上法庭，这是我国首例低频噪声污染案。2009 年 10 月，法院对该案宣判。法院认为，开发商在出售房屋时，未如实履行告知义务，侵害了钱某的知情权。尽管开发商在钱某起诉后对配电房进行了整改，使变压器单独运行时噪声达标，但与水泵同时运行时噪声仍然超标，故判决开发商在一个月内进行整改，消除噪声污染，并要求开发商赔偿精神损害抚慰金 5 000 元。

低频噪声是指频率在 500 Hz（倍频程）以下的声音，其中对人体影响较为明显的频率，主要为 3 ~50 Hz 的频率范围。人能听到的范围是 20 ~500 Hz，即在 1 s 内震动 20 ~500 次所发出无规律的声音称之为低频噪声。

低频噪声与高频噪声不同，高频噪声随着距离越远或遭遇障碍物、能迅速衰减，如高频噪声的点声源，每 10 m 距离就能下降 6 dB。而低频噪声具有不易衰减，传播距离远，通透力强的特点，所以难以阻隔其传播。低频噪声按传播途径主要分为结构传声、空气传声及驻波，其中驻波危害最重。结构传声是指安装在大楼内的变压器、水泵、中央空调主机通过居住大楼的基础结构大梁、承重梁将低频振动的声波传到各家各户。空气传声是指低频噪声通过空气直接传播到小区住户家。驻波是指低频噪声在传播过程中经过多次反射形成驻波，低频噪声在波幅中的振幅最强，对人的健康危害最重。通常在夜深人静或较为安静的时候，较容易感受到低频噪声的干扰。

人体内器官的固有频率基本上在低频和超低频范围内，很容易与低频声音产生共振。医学专家通过研究发现，长期受到低频噪声的干扰，容易造成人体神经衰弱、失眠、头痛、综合判断能力下降等各种神经官能症，低频噪声还可以穿透人体腹壁和子宫壁，影响胎儿器官发育。

此外，除了电梯、变压器、中央空调、低音喇叭等低频噪声声源，城市道路交通中汽车尤其是大型客货车、公交车在启动、加速过程中发动机制造的低频噪声，正在越来越严重地威胁人们的健康。尽管现代科技已经开发出了不少效果很好的隔音材料，可以有效缓解高频交通噪声，但由于低频噪声穿透力强，“关门、关窗”往往不起作用。比如，公交车停站后再启动时，其产生的噪声频谱中，低频 63 Hz 左右的声波半波长 2 ~4 m，与临街住宅建筑室内的尺寸非常接近，当强劲的低频噪声穿透玻璃进入临街住宅房间后，往往产生共振现象，对人体健康造成伤害。

低频噪声已成为居住区中影响最大的噪声源。但是，低频噪声尚处于我国法律的“灰色地带”，由此产生的纠纷可适用的法律法规极少。北京就发生过某小区业主和其丈夫因低频噪声导致婴儿流产，而状告小区开发商、物业和地热公司的低频噪声污染案，开庭 10 次仍未了结的案例。当然，低频噪声因为分贝不高而导致市民投诉无门的状况已经引起有关部门的重视，涉及制止低频噪声污染的其他相关标准正在积极制定。低频噪声污染问题无法可依的局面将逐步得到扭转。

综上所述，噪声污染对人的健康、生活质量以及周围环境的影响极大。当然，各个体之间对噪声的敏感度有很大差异，有的人对噪声比较敏感，有的人对噪声有较强的适应性，也与人的主观情绪等心理因素有关。

4.2.4 噪声的控制管理方法

4.2.4.1 加强法制化管理

加强噪声控制立法，加强环保执法是解决噪声污染的重要措施。为了防治和减轻噪声对环境的污染，保护人民的身体健康和创造和谐的社会环境，国家和地方权力机关以及相关授权行政机关，根据噪声污染和各种不同噪声源的特点，制定出一系列具有强制性的噪声控制法规和噪声标准体系。生态环境部联合有关部门出台了《“十四五”噪声污染防治行动计划》，不断完善噪声污染防治管理体系。

法律是规范个人与整体强力有效的手段，它对噪声污染预防及控制起到了重要作用。2022 年 6 月 5 日，正式实施的《中华人民共和国噪声污染防治法》主要从工业噪声、建筑施工噪声、交通运输噪声和社会生活噪声污染防治等几个方面强化了对环境噪声的法制化管理。《中华人民共和国噪声污染防治法》的颁布，是满足人民群众日益增长的和谐安宁生活环境需要的务实举措，是推进生态环境治理体系和治理能力现代化的客观需要。《中华人民共和国噪声污染防治法》着眼解决损害群众健康的突出环境问题，健全完善噪声污染防治法律制度体系，是近年来生态环境保护立法的又一项重大成果，是一部聚焦解决噪声扰民、噪声污染问题的好法律。《中华人民共和国噪声污染防治法》的实施，是用最严格制度、最严密法治保护生态环境的生动实践，将为防治噪声污染，保障公众健康，保护和改善生活环境，维护社会和谐，推进生态文明建设，促进经济社会可持续发展提供重要法治遵循。国家制定颁布了《声环境质量标准》（GB 3096—2008，见表 4－5）、《工业企业厂界环境噪声排放标准》（GB 12348—2008）、《社会生活环境噪声排放标准》（GB 22337—2008），《建筑施工场界环境噪声排放标准》（GB 12523—2011）、《机场周围飞机噪声环境标准》（GB 9660—1988）、《民用建筑隔声设计规范》（GB 50118－2010）等相关噪声标准。这些法规和标准的制定、实施，不仅有效防止和减轻了噪声污染，对于噪声控制技术的研究、应用和推广也起了很大的促进作用。要针对不同类别的噪声，制定不同的污染防治技术路线，对消声、隔声、减振等噪声污染防治设施的设计和建设制定技术规范，指导和规范噪声污染防治设施设计和工程建设活动，保证噪声污染防治工程和设施建设质量，发挥防噪降噪的作用。

表 4－5　环境噪声限值　　单位：dB（A）

<table>
<tr><th colspan="2">声环境功能区类别</th><th>昼间</th><th>夜间</th></tr>
<tr><td colspan="2">0 类</td><td>50</td><td>40</td></tr>
<tr><td colspan="2">1 类</td><td>55</td><td>45</td></tr>
<tr><td colspan="2">2 类</td><td>60</td><td>50</td></tr>
<tr><td colspan="2">3 类</td><td>65</td><td>55</td></tr>
<tr><td rowspan="2">4 类</td><td>4a 类</td><td>70</td><td>55</td></tr>
<tr><td>4b 类</td><td>70</td><td>60</td></tr>
</table>

注：0 类：指康复疗养区等特别需要安静的区域。

1 类：指以居民住宅、医疗卫生、文化教育、科研设计、行政办公为主要功能，需要保持安静的区域。

2 类：指以商业金融、集市贸易为主要功能，或者居住、商业、工业混杂，需要维护住宅安静的区域。

3 类：指以工业生产、仓储物流为主要功能，需要防止工业噪声对周围环境产生严重影响的区域。

4 类：指交通干线两侧一定距离之内，需要防止交通噪声对周围环境产生严重影响的区域，包括 4a 类和 4b 类两种类型。4a 类为高速公路、一级公路、二级公路、城市快速路、城市主干路、城市次干路、城市轨道交通（地面段）、内河航道两侧区域；4b 类为铁路干线两侧区域。

夜间突发的噪声，最大值不准超过标准值的 15 dB。

新建项目要根据有关噪声标准选择建设场地和位置。在规划设计和可行性研究时，要对项目建成后可能产生的噪声污染进行评估，提出可行性论证报告。对有可能产生噪声污染的项目，建设单位必须提交环境影响评价报告书，列出噪声污染的防治措施，并按国家规定的程序，上报环境保护行政主管部门审批。建设项目的噪声污染防治措施必须与主体工程同时设计、同时施工、同时投产使用。

4.2.4.2 科学规划防治噪声污染

规划是噪声污染防治的最重要手段之一。城市规划部门应依据国家声环境质量标准、噪声控制设计规范和建筑隔声设计规范要求，合理划定各类建筑的分布区域和建筑物与交通干线的噪声防护距离，并提出相应的规划设计要求。

（1）合理使用土地和划分区域

目前，许多噪声污染问题都是由于过去不合理的规划造成的，或者是在规划过程中没有充分考虑噪声污染因素。通过科学合理的区域规划、注意区域功能布局，从空间地域上避免噪声对可能受影响对象的污染，应作为今后噪声污染防治的首选措施，这样可以消除很多因规划布局不合理带来的噪声污染后遗症及难点问题。区域环境影响评价中也应把噪声功能区的合理规划纳入其中，作为重要的环境影响评价内容之一。

（2）合理布置建筑布局

城市的建设要按照各类建筑物在使用上对环境安静程度的要求，进行区域划分和布置道路网。合理安排住宅区、混合区、商业区和工业区。增大噪声源与需要安静区域的距离，可起到降低噪声的作用。通过设置防护带使工业区与居民区、文教区分开，布置时还应考虑主导风向。工业区在总体布局时应将高噪声污染的企业与噪声水平较低的企业分开布置。同一企业内，高噪声车间、机房与噪声较低的车间和生活区分开布置，以避免相互影响。对于特别强烈的噪声源，应将其布置在厂区比较偏远的位置。噪声污染突出的企业应布置在整个工业区的边缘，处于远离居住区方向，使噪声得到最大限度的自然衰减。同一车间内的不同工位布置，也应注意尽量使静、闹分开，把噪声大的设备如空压机、风机等相对集中地布置在一起，防止声源过于分散，污染面大，以便采取控制技术措施。

（3）合理布置交通干线

交通噪声是城市里最大的噪声污染源。控制交通噪声，首先要控制车辆自身的噪声。其措施有在城市设立禁鸣区、禁止夜间鸣笛、降低喇叭声级、限制车速、车辆加装消音器等。其次，可以优化交通线路以控制交通噪声。具体措施包括：修建环城公路以减少穿越城区的车流量；修建立交桥对车辆进行分流；设立快车道、慢车道、单行道，配合交通信号灯指示车辆正确行驶等。另外，在公路边植树或修建隔音壁、在建筑物表面做吸声处理、使用隔音效果较好的双层玻璃也可有效降低噪声影响。不断改善城市道路状况，修建低噪声柏油路，设快慢车和行人专线，修建过街天桥和隧道等措施均可有效地降低城市噪声污染。

（4）绿化城市

种植花草树木，不仅可以美化我们生活和学习的环境，也能防治噪声污染。在马路两旁种树，对两侧住宅就可以起到隔声作用。建筑物周围的草坪、树木等也是很好的吸声材料。实验证明，1.5 kg 炸药的爆炸声，在空气中能传播 4 km，而在森林中只能传播 40

m。据调查，绿化的街道比不绿化的街道可降低噪声 8 ~ 10 dB，在公路两侧各选 10 m 宽的乔、灌木搭配的林带，可使噪声降低一半。绿化减弱噪声与不同的树种、树叶密度、树冠高度和配置方式以及林带宽度都有一定的关系。为了充分发挥城市绿化的减噪作用，在进行城市建设规划时，必须同时考虑绿地的规划。为了缓解道路交通噪声，在郊区公路应设有防噪声绿化林带；在城区应根据街道的宽度、结构和原有的绿化状况，综合考虑城区街道两侧和道路中间隔离带的绿化以及建筑物周围的林木草坪等绿化覆盖面积。在居住小区加强绿化，大力提倡“见缝插绿”，多种树、广植草、栽攀援植物、搞立体绿化，最大限度地发挥绿化的减噪效果。

（5）建立卫星城

城市噪声污染随着人口的增多而日趋恶化。人口数量的增加、人口密度的增大造成人类活动频率和范围的扩大，自然导致了噪声源的增多、噪声的增强。因此，控制人口数量和密度是降低城市噪声污染的有效途径之一。新城市的建设，比较容易实现防噪声的城市规划。旧城市的改造，要进行严格的噪声分区是很困难的。在旧城市的郊区建立“卫星城”，可以减少旧城市的人口和交通量，避免商业网点过于集中，可以减少噪声的干扰。

（6）提高公众环保意识

噪声危害每个人的生活质量和身心健康，广大群众也应积极行动起来，平时避免大声喧哗，同时主动维权，积极参与整治噪声的行动，共同创造安静的生活环境。提高公民的环保意识，不仅是提高公民的道德素质、文明修养的需要，也是推进落实环保法规、监督环保执法的需要。

（7）提升噪声监测能力

根据《“十四五”噪声污染防治行动计划》相关要求，加强全国噪声监测和信息发布，更好满足群众对噪声污染的知情权和监督权。一方面，全面建成声环境质量监测网；另一方面，将全面实现功能区声环境质量自动监测。同时，全面开展区域噪声、社会生活噪声和噪声源监测。比如，各地以投诉较多的噪声敏感建筑物集中区域为重点，开展声环境质量和噪声排放情况调查、监测；鼓励街道、广场、公园等公共场所管理者根据需要在相关场所开展噪声监测。此外，全面加强噪声监测信息发布。将依法统一发布全国声环境质量状况信息，地方生态环境行政管理部门负责发布本行政区域声环境质量状况信息。鼓励地方生态环境行政管理部门充分利用各类声环境质量和噪声源排放监测数据，试点发布城市噪声地图，共同营造和谐安宁的居住环境。

4.2.5 噪声污染的控制技术

充分的噪声控制，必须考虑噪声源、传声途径、接收者所组成的整个系统。噪声控制的内容如下。

（1）控制噪声源

降低声源本身的噪声是治本的方法，要了解各种噪声源的性质和发生机理。从辐射能量随时间的变化来看，可分为稳态噪声源和非稳态噪声源；从声源的发生机理看，又可分为机械噪声、空气动力性噪声、电磁性噪声。要有针对性地制定预先控制和消除声源传播的办法。一是对产生噪声的机械设备进行结构优化设计与制造，应提高动态结构刚度、减小有效声辐射面积、提高声辐射表面的结构阻力。同时，应尽量减小动态不平衡力的干扰，最终使噪声源本身的辐射声能量降至最低。二是改变噪声源的运动方式，利用声的吸收、反射、干涉等特性，采用吸声、隔声、减振、隔振等技术，以控制声源的噪声辐射。

(2) 阻断噪声传播

多数噪声源以低频辐射时，指向性很差，随着频率的增加，指向性增强。因此，控制噪声的发射和传播方向是降低噪声的有效措施，如采取阻尼、隔声、吸声、消声器等措施，或设置障碍使声音全部或部分反射出去，使其传播的声能量和振动能量大幅度衰减，减弱噪声对耳膜的作用，以达到控制噪声的目的。减小噪声采取的措施主要是隔声和吸声。吸声主要利用吸声材料或吸收结构来吸收声能；隔声就是将声源隔离，防止声源产生的噪声向室内传播。常用的吸声材料主要是多孔吸声材料，如玻璃棉、矿棉、膨胀珍珠岩、穿孔吸声板等。材料的吸声性能决定于它的粗糙性、柔性、多孔性等因素。在建筑物中将多层密实材料用多孔材料分隔而做成的夹层结构，也会起到很好的吸声隔声效果。

随着科技的进步，有关噪声与振动控制的新技术、新工艺、新材料开始不断涌现，既增强了噪声与振动控制行业的竞争，也有利于促进我国噪声控制行业的进一步发展。

(3) 接收者防护

一般来说，在经济条件和技术上可行的情况下，应优先考虑采取工程措施，从声源或传播路径上来降低生产场所的噪声。但是，在声源和传播途径上无法采取措施，或采取的声学措施仍不能达到预期效果时，就需要对接收者采取防护措施，如长期于职业性噪声中暴露的工人可以佩戴护耳器，这些用具一般可隔声 10～50 dB。护耳器主要包括耳塞与耳罩。目前较为流行使用的是一种慢回弹泡沫塑料耳塞，这种耳塞具有隔声值高、佩戴舒适简便等优点。护耳器的使用在我国远未受到应有的重视，许多场景至今仍没有采用。因此，应当提高对使用护耳器意义的认识。国外有关噪声的法规标准一般都明文规定在噪声达到或超过 90 dB 的场合，工作人员必须使用护耳器。任何人包括工厂的上司、来厂参观的贵宾只要进入该场所，也都必须佩戴上护耳器。

噪声控制在技术上虽然已经成熟，但由于现代工业、交通运输业规模很大，要采取噪声控制的企业和场所为数甚多，因此在防治噪声问题上，必须从技术、经济和效果等方面进行综合权衡。具体问题应当具体分析，对待不同时间、不同地点、不同性质与不同持续时间的噪声，应有一定的区别。如有些车间的机械设备或管道很多、很复杂，而受噪声影响的操作工人却较少，这种情况下，暂考虑使用个人防护的办法来解决噪声问题要经济得多。如在控制室、设计室、车间或职工长期工作的地方，噪声的强度要低，库房或少有人去的车间或空旷地方，噪声稍高一些也是可以的。此外，采取工人轮流作业，缩短工人进入高噪声环境的工作时间也是一种辅助方法。

4.3 放射性污染与人体健康

4.3.1 放射性污染概述

放射性核污染主要指由于各种原因产生放射性核物质泄露后的遗留物对环境的破坏，包括核辐射、原子尘埃等本身引起的污染，还有这些物质污染环境后带来的次生污染，比如被核物质污染的水源对人畜的伤害，其危害范围大，对周围生物破坏极为严重，持续时间长，事后处理危险复杂。

4.3.1.1 放射性

科学上，把不稳定的原子核自发地放射出一定功能的粒子，从而转化为较为稳定结构状态的现象称为放射性。通常所说的放射性是指原子核在衰变过程中放出 α、β、γ 射线的现象、具有自发地放射出射线的物质是放射性物质。

α 射线就是 α 粒子流，是高速运动的氦原子核，其射程短，在空气中的射程仅为几厘米，穿透能力弱，穿不透皮肤的角质层，所以其外照射对人体的伤害不大。但是由于它的电离能力强，进入人体后会因为内照射对人体造成较大伤害。

β 射线就是高速电子流。其射程比 α 射线长，在空气中射程可达几米，可构成外照危害，但使用 10 mm 厚的铝或有机玻璃进行屏蔽就可将辐射完全吸收。

γ 射线是一种从原子核发出的电磁波，亦称 γ 光子。它的波长很短，仅为 10^{-11} ~ 10^{-8} cm，在介质中的传播速度随介质的密度大小而变化，在空气中近似光速。它的穿透能力很强，能够穿透几十厘米的固体物质。射程亦很长，它轻而易举地射入人体内部，作用于人体组织中的原子，产生电离辐射，因此应特别注意其外照射的危害。

这些射线各具特定能量，对物质具有不同的穿透能力和电离能力，从而使物质或机体发生一些物理、化学、生化变化。放射性来自人类的生产活动，随着放射性物质的大量生产和应用，就不可避免地会给我们的环境造成放射性污染。

4.3.1.2 放射性强度单位和辐射剂量单位

辐射量是表述特定辐射的特征并能够进行测量的量，它用于描述辐射场、辐射作用于物质时的能量传递，以及受照物内部变化的程度和规律，广泛应用于辐射剂量学和辐射防护、放射医学、放射生物学、辐射物理学和辐射化学等领域。表 4－6 是辐射量单位对照表，辐射量包括放射性物质的放射活度、照射量、吸收剂量以及当量剂量四方面内容。

表4-6 辐射量单位对照表

量		单位与符号			换算关系
名称	符号	SI单位	SI专名	专用单位	
照射量	X	库仑/千克 C/kg	—	伦琴 R	IR = 2.58 × 10^{-4} C/kg
吸收剂量	D	焦耳/千克 J/kg	戈瑞 Gy	拉德 rad	1 Cy = 1 J·kg^{-1} = 10^{2} rad 1 rad = 10^{-2} Gy
剂量当量	H	焦耳/千克 J/kg	希沃特 Sv	雷姆 rem	1 Sv = 1 J·kg^{-1} = 10^{2} rem 1rem = 10^{-2} Sv
放射性活度	A	秒$^{-1}$ s^{-1}	贝克勒尔 Bq	居里 Ci	1 Ci = 3.7 × 10^{10} Bq

(1) 放射性活度

放射性活度简称活度，它的SI单位是“s^{-1}”，SI单位专名是贝克勒尔，符号为Bq。1 Bq = 1次衰变/秒。暂时与SI并用的专用单位名称是居里，符号为Ci。1 Ci = 3.7 × 10^{10} Bq。

单位质量或单位体积的放射性物质的放射性活度称为放射性比活度。

(2) 照射量

早期人们用“伦琴”这个单位来衡量放射性物质的照射量大小，这个单位通常简记作R。不过，伦琴这个单位只能表示辐射量的大小，并不能反映生物组织吸收辐射的情况。为了更准确地量化人体遭受有害辐射的严重程度，提出了“吸收剂量”的概念，即每千克人体组织吸收辐射的能量大小。

照射量$X = dQ/dm$，其中dQ是光子在质量为dm的某一体积元内的空气中释放出来的全部电子。被阻止于空气中时，形成的一种符号的离子总电荷的绝对值。它的SI单位是C/kg（库仑/千克）。暂时与SI并用的照射量的专用单位名称是伦琴，符号为R，与SI单位的关系为1 R = 2.58 × 10^{-4} C/kg。

(3) 吸收剂量

吸收剂量是一定体积中单位质量物质所吸收电离辐射的平均能量。若电离辐射授予某一体积内物质的平均能量为$d\varepsilon$，而该体积内物质的质量为dm，则吸收剂量D为：

$$D = d\varepsilon/dm$$

吸收剂量的SI单位是J/kg（焦耳/千克），SI单位专名是gray（戈瑞），符号Gy。暂时与SI并用的专用单位名称是拉德，符号为rad。1 Gy = 1 J/kg = 100 rad，或1 rad = 10^{-2} J/kg = 10^{-2} Gy。

照射量X与吸收剂量D是两个意义完全不同的辐射量。照射量只能作为X或γ射线辐射场的量度，描述电离辐射在空气中的电离本领。吸收剂量则可以用于任何类型的电离辐射，反映被照介质吸收辐射能量的程度。

(4) 当量剂量

相同的吸收剂量未必产生同样程度的生物效应，因为生物效应受到辐射类型、剂量与剂量率大小、照射条件、生物种类和个体生理差异等因素的影响。为了比较不同类型辐射引起的有害效应，在辐射防护中引进了一些系数，当吸收剂量乘上这些修正系数后，就可以用同一尺度来比较不同类型辐射照射所造成的生物效应的严重程度或产生概率。

当量剂量是用适当的修正系数对吸收剂量进行加权，使修正后的吸收剂量能更好地与辐射所引起的有害效应联系起来。当量剂量 H 定义为在组织内被研究的某一点上吸收剂量 D、品质因数 Q 和修正因数 N 的乘积，即：

$$H = D \cdot Q \cdot N \qquad (4-6)$$

式中：D 和 Q 的取值见表 4－7；N 为所有其他修正因数的乘积。Q 和 N 都是没有量纲的数，因此 H 和 D 的单位在量纲是一致的，但专用名不同。H 的单位是 J/kg（焦耳/千克），专用名为 Sv（希沃特），1 Sv = 1 J/kg。并用的单位为 rem（雷姆，非法定单位），1 rem = 10^{-2} Sv 目前指定 N 值为 1。

表 4－7　不同射线的品质因数

辐射种类	品质因子
X、γ、β、电子	1
α（内照射）	10
热中子	3
快中子	10
重反冲核	20

4.3.2　地球环境中放射性的来源

4.3.2.1　天然放射性源

自从人类在地球上出现以来，就一直受到天然辐射源的照射。这种天然存在的辐射源称为天然辐射源。天然辐射源主要来自宇宙射线、宇生放射性核素和原生放射性核素。

(1) 宇宙射线

宇宙射线是一种从宇宙空间射向地球的高能粒子流，主要由中子、质子、电子和各种介子等高速粒子组成，犹如雨点一般，连续不断地落到地球上。其中尚未与地球大气圈、岩石圈和水圈中的物质发生相互作用的叫初级宇宙射线，主要成分包括约 85% 的质子，约 14% 的 α 粒子以及少于 1% 的重核。由初级宇宙射线与物质相互作用形成的次级宇宙射线，主要由 π 介子，u 介子和电子等亚原子粒子组成。初级宇宙射线具有极大的动能，穿透能力强，通过碰撞作用把地球大气圈中的原子摧毁得四分五裂，即所谓的“散裂反应”。宇宙射线的迁移分布受纬度和海拔高度的影响。由于大气层对宇宙射线有强烈的吸收作用，宇宙射线的强度随着高度的升高而急剧升高，大约在海拔 19 km 处达到极大值。在不同的纬度地区，宇宙射线的强度也不相同。此外，宇宙射线的强度随时间也有变化，往往具备一定的周期性。研究表明，它与太阳活动和星际间的磁场有一定的关系。宇宙射线的强度随海拔高度的增加呈指数增加，所以，在太空、高原旅行或乘坐飞机时，宇宙射线对人类的辐射是不可忽视的。

（2）宇生放射性核素

宇生放射性核素是宇宙射线与大气层中和地球表面的氧、氮等多种元素的原子核相互作用所产生的放射性核素。宇生放射性核素有 20 多种，其中^{3}H、^{14}C、^{7}Be 和^{22}Na 对人体的辐射剂量贡献较大，已受到人们的关注。表 4－8 列出了部分宇生放射性核素。

表 4－8 宇生放射性核素

放射性核素	半衰期	存在样品
^{10}Be	1.39×10^{6} 年	深海沉积
^{36}Cl	3.1×10^{5} 年	岩石、雨水
^{14}C	5568 年	有机物、CO_2
^{32}Si	276 年	海水
^{22}Na	2.6 年	水、空气
^{35}S	88 天	雨水、空气、有机物
^{7}Be	53 天	雨水、空气
^{33}P	25 天	雨水、空气、有机物
^{24}Na	15 小时	雨水

（3）原生放射性核素

自有地球以来就存在于地壳内的放射性核素，称为原生放射性核素。原生放射性核素又可分为两类：一类是有衰变系列的核素，主要是铀系（^{238}U 放射系）和钍系（^{232}Th 放射系）两个系的一些核素；另一类是无衰变系列的放射性核素，如^{40}K、^{87}Rb 等。原生放射性核素广泛存在于地球的岩石、土壤、江河、湖海中。这些核素的活度浓度和分布随着岩石构造的类型不同而变化。通常花岗岩中的活度浓度最高，土壤和岩石中所含的铀、钍、镭、钾等元素，以^{40}K 的活度浓度最高。

4.3.2.2 人工放射性源

人类通过自身的活动，在创造、利用、开发放射性物质的过程中，对自然环境产生的放射性物质叠加影响，便是人为放射性污染的实质所在。

（1）核试验的沉降物

核爆炸在瞬间能产生穿透性很强的中子和 γ 辐射，同时产生大量放射性核素。这些核素除了对人体产生外照射外，还会通过空气和食物产生内照射。核爆炸产生的放射性核素在爆炸高温下呈气态，随爆炸火球上升。待爆炸火球温度逐渐下降，气态物质便凝成颗粒随蘑菇状烟云扩散，逐渐沉降到地面。这种放射性沉降使细小放射性颗粒随烟云到达对流层顶部，进入平流层，并随大气环流流动，经过若干天甚至几年才重新回到对流层，造成全球性污染。核试验造成的全球性污染比核工业造成的污染严重得多。1970年以前，全世界大气层核试验进入平流层的锶 90 达到 5.76×10^{17} Gy，其中 97% 已沉降到地面，这相当于核工业后处理厂排放锶 90 的 1 万倍以上。因此，全球严禁一切核试验和核战争的呼声也越来越高。

核武器对环境产生的放射性污染主要有以下几种方式：核试验时强烈的瞬时辐射对生物体的生理特性的影响；核试验时放射性物质在试验区的直接散布；退役核武和核废料的泄漏等。假如原子弹和氢弹在低空爆炸，大的放射性尘粒会逐渐沉降地面，对人和生物造成放射性损伤，严重破坏生态环境；比较小的放射性核素体积微小（微米级）、数量庞大，可以通过空气运动形成大面积的放射性尘埃，还会长时间滞留在空中，直接影响局部地区的地理水文条件和生物分布状况等。核试验产生的放射性碘对生物个体危害较大，而大量的放射性尘埃会使局部地区的生态系统发生不可逆的改变。

（2）核工业和核动力

① 核工业。核工业的“三废”——废水、废气、废渣的排放是造成环境放射性污染的重要原因。如核燃料生产循环的每一个环节都排放放射性物质。

铀矿开采主要分为地下开采和大规模露天开采。其对环境的影响主要包括粉尘的产生以及放射性核素的扩散。铀矿开采过程中会产生氡和氡的子体以及放射性粉尘对大气的污染，放射性矿井水对水体的污染，废矿渣和尾矿等固体废物污染。铀矿石在选、冶过程中，排出的放射性废水、废渣量都很大，排入河流后，常常造成河水中铀和镭的含量明显增高。

在铀矿和伴生放射性矿开发利用过程中，由于对放射性污染防治重视不够，缺乏对放射性污染防治的专项管理制度，乱堆、乱放放射性废矿渣的情况时有发生，由此造成的放射性污染事故威胁着环境安全和公众健康。

此外，非铀矿山的开采，也同样可能产生放射性污染，如中国云南个旧锡铜多金属矿山的氡污染，已构成严重的危害。

② 核燃料的后处理。核燃料后处理厂是将反应堆废料进行化学处理，提取钚和铀再度使用，但后处理厂排出的废料依然含有大量的放射性核素，如锶－90、钚－239，仍会对环境造成污染。

对核工业和核燃料后处理产生的放射性废物处理通常有两种方法：第一种是利用环境的自净能力把待处理的物质稀释到无害的水平。在实际中，这种方法只能应用于核工业中产生放射性水平低的核废物的常规处理。第二种方法是保留和隔离法，即把放射性材料迁移到远离人类和生物圈的地方，在上述处理过程中，常常会因为种种原因而造成人为放射性污染。

③ 核电站。核设施放射性污染主要来自：a. 冷却剂中的杂质和回路中腐蚀产物在流经堆芯时经中子辐射活化，然后沉积在冷却剂接触表面上；b. 堆芯内活化部分腐蚀脱

落，被冷却剂带出，而沉积在冷却剂接触面上；c. 核燃料元件表面粘带的微量核材料经中子辐射形成裂变产物、超铀元素等，被冷却剂带出；d. 核燃料元件发生破漏事故，使大量裂变产物和铀元素泄出而被带入冷却剂；e. 反应堆产生的其他同位素因正常泄漏和事故泄漏引起的污染；f. 放射性工艺系统正常排放或事故排放引起的污染。

核电站排入环境的放射性污染物的数量与反应堆类型、功率大小、净化能力和反应堆运行状况等有关。如早期一座核电站每年排出的废水放射性强度（除氚外），一般为几居里到几十居里。到20世纪70年代后期，年排放量大大减少，只有个别核电站超过5Ci，在正常情况下，核电站对环境的放射性污染很轻微，如生活在核电站周围的绝大多数居民，从核电站排放放射性核素中接受的剂量，一般不超过背景辐射剂量的百分之一。只有在核电站反应堆发生堆芯熔化事故时，才可能造成环境的严重污染。

目前全球正在运行的核电站有400多座，还有几百座正在建设之中。核电站排入环境中的废水、废气、废渣等均具有较强的放射性，会造成对环境的严重污染。例如：1986年4月26日凌晨1时23分，苏联设在乌克兰的切尔诺贝利核电站发生爆炸，造成人类历史上最严重的核电站泄漏事故。核辐射让27万人罹患癌症，9.3万人死亡。由于核泄漏物进入了大气层，对空气造成极大的破坏，污染最严重的乌克兰、白俄罗斯以及俄罗斯境内有大约20万人伤亡。在日后长达半个世纪里，10 km范围以内不能耕作、放牧；10年内100 km范围内被禁止生产牛奶。不仅如此，由于放射性烟尘的扩散，整个欧洲都被笼罩在核污染的阴霾中。邻近国家检测到超常的放射性尘埃，致使粮食、蔬菜、奶制品的生产都遭受了巨大的损失。核污染给人们带来的精神上、心理上的不安和恐惧更是无法估计。几十年过去了，切尔诺贝利仍然未能从灾难中恢复过来，切尔诺贝利灾难让人类付出了沉重的代价，也拉响了安全利用核能的警钟。

（3）其他人工放射性源

工业、医疗、军队、核舰艇，或研究用的放射源，因运输事故、遗失、偷窃、误用，以及废物不当处理等失去控制而对居民造成大剂量照射或污染环境。

① 放射性利用。放射性核素在医学、工业、农业、科学研究和教育方面的实际和潜在的用途有几千种。除了在特殊领域中的实际应用外，每年都有几百万居里的放射性物质从生产者输送到消费者。在放射性核素的生产、运输、应用和处理的各个环节都有可能将放射性物质排入环境。

② 人工放射性核素的应用。人工放射性同位素的应用非常广泛。在医疗上，常用"放射治疗"以杀死癌细胞；有时也采用各种方式有控制地注入人体，作为临床上诊断或治疗的手段；工业上可用于金属探伤；农业上用于育种、保鲜等。但如果使用不当或保管不善，也会造成对人体的危害和对环境的污染。

③ 核污水的排放。2011年3月11日，日本东部太平洋海域发生里氏9.0级地震并引发海啸，导致福岛核电站受损，放射性物质泄漏。根据国际核事件分级表（INES），该事故最终被国际原子能机构评定为核事故最高级，即特大事故（7级），与切尔诺贝利核事故同级。事故发生后，为了冷却熔融的核燃料，大量灌入海水，也因此每天产生约100 t的核污染水。正常运行核电站产生的废水主要来源于工艺排水、地面排水等，内含微量的裂变元素，严格遵循国际广泛认可的标准，通过运用最为适宜的技术进行处

理，在严密监管下，满足规定标准后有计划地排放，其排放量显著低于所规定的限制数值。然而日本核污水直接接触了反应堆堆芯燃料，核污水中包含熔融堆芯中存在的多种放射性核素，放射性物质种类多而且放射性强，主要包括氚、碳－14、铯－134、铯－137、碘－129、锶－90、钴－60等多种危险物质，是在正常运行核电站核废水不会产生的物质。因此，应当认为日本核污水具有高放射性。然而，日本内阁在2021年4月13日正式做出决议，将福岛第一核电站事故产生的核污水排放入海。2023年8月24日，日本政府单方面启动福岛核事故污染水排海。日本核污水无论是在质上还是在量上都存在巨大的危险，排放规模之大和排放时间之长在国际上尚属首次，此前没有如此大规模的先例。因此，对于核污水的排放不仅要考虑当前的影响还要考虑未来的风险，日本排放核污水严重威胁海洋环境和人类生存应是没有疑义的。

4.3.3 放射性污染及其特点

4.3.3.1 放射性污染

放射性污染，是指在生产、生活活动中排放放射性物质，造成改变环境放射性水平，使环境质量恶化，危害人体健康或者破坏生态环境的现象。所谓放射性水平是指放射性的天然本底，即在环境中存在的各种放射性物质的自然辐射水平。放射性污染与通常所说的核污染在含义上是一致的，它是辐射污染的一部分。辐射污染包括电离辐射污染和电磁辐射污染。“放射性污染”是指电离辐射污染，不涉及电磁辐射污染问题。

4.3.3.2 放射性污染的特点

放射性污染一旦发生，对人体的危害严重，是一种潜在性的内照射危害的来源，社会反映也强烈。和人类生存环境中的其他污染相比，放射性污染有以下特点：

① 一旦产生和扩散到环境中，就不断对周围发出放射线，永不停止。只是遵循各种放射性核同位素内在固定速率不断减少其活性，其半衰期即活度减少到一半所需的时间从几分钟到几千年不等。

② 自然条件的阳光、温度无法改变放射性核同位素的放射性活度，人们也无法用任何化学或物理手段使放射性核同位素失去放射性。

③ 放射性污染对人类作用有累积性。放射性污染是通过发射α、β、γ或中子射线来伤害人，α、β、γ、中子等辐射都属于致电离辐射。经过长期深入研究，已经探明致电离辐射对于人（生物）危害的效果（剂量）具有明显的累积性。尽管人或生物体自身有一定对辐射伤害的修复功能，但极弱。实验表明，多次长时间较小剂量的辐照所产生的危害近似等于一次辐照该剂量所产生的危害（后者危害稍大些）。这样一来，极少的放射性核同位素污染发出的很少剂量的辐照剂量如果长期存在于人身边或人体内，就可能长期累积对人体造成严重危害。

④ 放射性污染既不像化学污染多数有气味或颜色，也不像噪声振动、热、光等污染，公众可以直接感知其存在；放射性污染的辐射，哪怕强到直接致死水平，人类的感

官对它都无任何直接感受，只能继续受害。

4.3.4　放射性污染以及对人体的危害

4.3.4.1　放射性物质进入人体内的途径及其在人体中的分布

（1）放射性物质进入人体的途径

环境放射性物质进入人体的途径主要有三条，即消化道食入，呼吸道吸入、皮肤、黏膜或伤口等侵入，其中消化道食入较为重要。放射性核素既能被人体直接摄入，也能通过生物体，经食物链途径进入体内。不同的摄入途径具有不同的吸收、蓄积和排泄特点。当放射性污染物由消化道食入时，核素理化性质具有重要的影响，碱金属和碱土金属元素吸收率高，重金属则较难吸收。食品中的放射性物质通常由胃肠吸收，随血液循环至全身。由呼吸道吸入的污染物，其吸收程度与气态物质的性质与状态有关。难溶性的气溶胶粒子吸收较慢，可溶性的吸收较快；气溶胶粒子大，在肺部的沉积就少，反之，沉积得就多。皮肤对放射性物质的吸收能力波动范围较大，一般在1.2%左右，经由皮肤侵入的放射性污染物，能随血液直接输送到全身。由伤口进入的污染物吸收率较高。

（2）放射性物质在人体内的分布

放射性物质在人体内的分布与其理化性质、进入人体的途径以及机体的生理状态有关。放射性污物进入人体后，选择性地定位在某个或某几个器官或组织内（表4-9），这叫“选择性分布”。被定位的器官称为“紧要器官”，它将受到某种放射性的较多照射，损伤的可能性较大，如氡致肺癌等。有些放射性在体内的分布无特异性，广泛分布于各组织、器官中，称为“全身均匀分布”，如有营养类似物的核素进入人体后，将参与机体的代谢过程而遍布全身。

表4-9　放射性核素在人体内的分布

紧要器官或组织	放射性核素
肺	^{222}Rn、^{210}Po、^{238}U、^{239}Pu
肾	^{51}Cr、^{56}Mn、^{71}Ge、^{198}Au、^{238}U
肝	^{56}Mn、^{60}Co、^{105}Ag、^{110}Ag、^{109}Cd
骨及骨髓	^{7}Be、^{18}F、^{32}p、^{45}Ca、^{65}Zn、Ga、^{89}Sr、^{90}Sr、^{140}Ba、^{226}Ra、^{233}U、^{234}Tu、^{239}Pu

4.3.4.2　放射性污染对人体的危害

核辐射导致的全身外照射损伤主要出现在急性放射病典型病程的初期，表现为恶心、呕吐、疲劳、发热和腹泻。“假愈期”患者持续时间长短不同，症状有所缓解。严重的发展到了极期则会发生感染、出血和胃肠不适症状。经治疗后上述症状逐渐缓解。局部照射损伤随受照剂量的不同，在受照部位可能出现红斑、水肿、干性脱皮和湿性脱皮、起水泡、疼痛、坏死、坏疽或脱发等。局部皮肤损伤通常持续几周到几个月，严重者常规方法难以治愈。不过，外照射多见于核电站工作人员。体内污染引起的内照射一般没有明显的早期症状，除非摄入量很高，但这种情况较罕见。一般来讲，身体接受的辐射能量越多，其放射病症状越严重，致癌、致畸风险也越大。

（1）急性放射病

短时间内大剂量电离辐射引起的放射性损伤，称急性放射病。根据受照剂量和病情的基本表现，急性放射病可分为骨髓型（以造血器官损伤为主）、肠型（以胃肠系统损伤所造成的症状最为突出）和脑型（出现昏迷等中枢神经系统症状，并迅速致死）3 种类型。

以骨髓型急性放射病的临床表现为例：

① 轻度。轻度骨髓型放射病的病情不重，症状轻，临床分期不明显，仅在伤后数天内出现疲乏、头昏、失眠、食欲减退和恶心等症状。稍后上述症状减轻或消失，可能不出现明显的极期而逐渐趋向恢复，一般不发生脱发、出血和感染。轻度放射病预后良好，一般在两个月内可自行恢复。

② 中度和重度。中度和重度骨髓型放射病的临床经验基本相似，只是病情轻重不同，各期症状如下：

a. 初期。初期症状（或前驱症状）期。有人称之为第一反应期，一般历时 1 ~ 4 d，但也可以短至几小时，长至 2 周。初期症状出现快慢、症状多少、程度轻重、持续时间长短等，都与病情轻重有关。中度多在照后数小时出现，有的可早到数十分钟后出现，持续一两天。重度多在照后数十分钟出现，也可出现在数小时后，持续 1 ~ 3 d。初期症状的表现大体上可以分成两类。一类是全身性的，如疲乏、虚弱、恶心、毛发脱落、白内障、虹膜炎、齿龈炎。重者还伴有发烧，加上感染则病情更为严重。呼吸道在接受高剂量辐射后，可以产生放射性肺炎和肺纤维化症，再加上并发症，病情可以严重恶化，甚至导致死亡。另一类是局部性的，主要如皮肤烧伤等。

b. 假愈期。开始于照射后 2 ~ 4 d。初期症状基本消失或明显减轻。病人除有疲乏感外，可能无特殊主诉，精神良好，食欲基本正常。但是病情在继续发展，造血损伤进一步恶化，外周血白细胞和血小板呈进行性下降，机体免疫功能也开始降低。白细胞下降的速度与病情轻重有关。一般于照后 10 d 左右白细胞下降到第一个最低值，然后出现顿挫回升，这是由于残留的造血干细胞有限地恢复增殖分化所致。回升的峰值与病情有关，照射剂量大者回升峰值低。血小板下降比白细胞缓慢，红细胞由于在外周血中寿命较长，下降较慢，在此期中一般无明显变化。对假愈期中部分病人进行血培养，可查到细菌，出现菌血症，细菌多为上呼吸道的革兰氏阳性球菌。

假愈期长短是病情轻重的重要标志之一。中度放射病为 20 ~ 30 d，重度放射病为 15 ~ 25 d。在假愈期末，病人出现皮肤黏膜出血和脱发，被看作是进入极期的先兆。出血多见于口腔黏膜、胸部和腋窝部皮肤处。

c. 极期。极期的标志是：体温升高，食欲降低，呕吐腹泻和全身衰竭。进入极期，病情急剧恶化，是各种症状的顶峰阶段，治疗不力者多于此期死亡。其原因在于：

造血损伤极其严重——骨髓增生极度低下，各原造血细胞均减少，淋巴细胞和浆细胞比例增高。

感染：照射后机体免疫功能被削弱，感染是急性放射病的严重并发症，而且往往成为死亡的主要原因。口咽部常是最早出现感染灶的部位，如牙龈炎、咽峡炎、扁桃体炎、口腔溃疡、口唇糜烂和溃疡等。口腔感染常有局部疼痛，张口和进食困难。其他如肺部、肠道、泌尿道和皮肤感染亦多见。急性放射病感染的特点是炎症反应减弱，出血坏死严重。重度以上患者还可能并发毒菌和病毒感染。毒菌感染常并发组织坏死，并直接向周围组织扩散，或通过血行传播至其他脏器成为致死的原因。当全身照射 5 ~ 6 Gy 以上，有可能并发病毒感染，照射剂量越大，发生率越高。

出血：出血在各内脏器官和皮肤黏膜都可发生，一般说内脏出血要早于体表。出血的程度随照射剂量和治疗情况而异，轻者仅为少数点状出血，严重者呈斑块状出血，甚至弥漫成片。大量出血会加重造血障碍和物质代谢紊乱，并促进感染的发生。病人进入极期前首先出现皮肤和黏膜散在出血点，进入极期后逐渐加重。重度病人常发生严重出血，可有鼻出血、尿血、便血、咯血、呕血等。女病人可发生子宫出血。在发生感染的部位常伴有严重的出血坏死。大量出血可引起急性贫血，重度脏器出血可成为死亡的原因。

胃肠道症状：进入极期后，病人又出现食欲降低、恶心等症状，重度病人多有呕吐、拒食、腹泻、腹胀、腹痛等，腹泻常伴有鲜血便或柏油样便。重度病人或腹部照射剂量大者，可发生肠套叠、肠梗阻等并发症。

其他症状：极期病人一般表现衰弱无力，精神淡漠，烦躁等，查体可见睫毛反射减弱或消失。重度病人常出现物质代谢紊乱，水盐及酸碱平衡失调，如脱水、体重下降、酸中毒、低钾血症等。

（d）恢复期。进入恢复期，病情逐步好转，乃至基本恢复正常。在重度和中度辐射病情况下，恢复期通常从辐射后第 5 ~ 6 周开始。随着造血功能的恢复，其他症状也逐步好转，出血停止并逐渐吸收，体温恢复正常，精神和食欲开始好转。照射后 2 个月，病人头发开始再生，经过一段时间可恢复至照前情况，或者比照前生长更稠密。病人的状态已经稳定了之后，意味着恢复基本完成。有时，某些残余症状没有消失，形成了长期的后遗症状，或者病人过渡到慢性辐射病状态，进入远期症状期，如在恢复期中，性腺恢复较慢。照射后精子数下降的顶峰在照后 7 ~ 10 个月，1 ~ 2 年后才能恢复。受照射剂量较大者，亦可造成永久性不育。

辐射病的后遗症最常见的有：贫血、白细胞减少症、营养不良、胃肠道症状等。有些症状在辐射以后较长时间才表现出来，其性质不属于后遗症状，而是属于辐射病的远期症状。例如大剂量辐射后数月至数年内，个体可能发生毛细血管扩张、皮肤色素沉着、真皮乳头萎缩，汗腺消失以致广泛性瘢痕形成。淋巴组织变化、不育、衰老和白内障等，以及遗传效应、晚期还可能出现癌变、白细胞减少症和肉瘤等。此外神经功能性症状发病率也不低，如疲劳等。寿命缩短和机体抵抗力低也是很重要的辐射远期效应。

③ 极重度。极重度放射病的病情经过、主要症状与重度大体相似，其病变发展较快、症状重、极期持续较久、恢复慢。由于造血损伤严重，自行恢复的能力减弱。特点是：初期症状出现早而重，假愈期短；造血损伤严重，部分病人能自行恢复造血功能；

极期症状重；治疗难度大，预后严重。此类病人虽经积极治疗，恢复较慢，目前治疗水平只能救活部分病人，并发间质性肺炎和霉菌、病毒感染者预后严重。

（2）慢性放射病

较长时间超过允许剂量的辐射损伤，称慢性放射病。此病主要引发造血功能障碍、内脏出血、组织坏死、感染及恶性病变等。

慢性辐射病指的是由于小剂量的辐射长期积累产生的辐射病症状，各病人颇有差异，主要病症如下：头痛、虚弱、感觉异常、皮肤疼痛、眼震、手抖、肌肉萎缩、共济失调、睡眠障碍、恶心、呕吐、消化不良、食欲不振、代谢障碍、毛发脱落、皮肤皱褶、苍白、白细胞显著减少、贫血、寿命缩短、遗传变异以及肿瘤发生率升高等。

慢性辐射病可分 3 种类型：

① 极轻型。极轻型慢性辐射病一般是指未达到临床辐射病程度的辐射病。其临床症状与正常人比较，看不出显著的生理功能变化。不过某些症状的出现率较正常人高 2 ~ 2.5 倍。

② 轻型。辐射病症状的形成从开始辐射算起，拖延 2 ~ 5 年。出现症状的人数占受照射者的 20% ~ 30%。症状一般是轻的，通常出现一种器官或系统的病症。神经调节障碍往往比较明显。

③ 重型。病情从开始辐射算起，大约经过 2 年。总结起来症状有造血系统、神经系统、消化系统和内分泌症状。

（3）远期效应

在中等或大剂量范围内，核辐射致癌已为动物实验和流行病学调查所证实。在受到急慢性照射的人群中，白细胞严重下降，肺癌、甲状腺癌、乳腺癌和骨癌等各种癌症的发生率随照射剂量增加而增高。胚胎和胎儿对辐射比较敏感，在胚胎植入前接触辐射可使死胎率升高。在器官形成期接触，可使胎儿畸形率升高，新生儿死亡率也相应升高。流行病学调查显示，在胎儿期受照射的儿童中，白血病和某些癌症的发生率较对照组为高。

4.3.4.3 放射线产生危害的原理、途径及程度

放射线引起的生物效应，主要是使机体分子产生电离和激发，破坏生物机体的正常机能。这种作用可以是直接的，即射线直接作用于组成机体的蛋白质、碳水化合物、酵素等而引起电离和激发，并使这些物质的原子结构发生变化，引起人体生命过程的改变；也可以是间接的，即射线与机体内的水分子起作用，产生强氧化剂和强还原剂，破坏有机体的正常物质代谢，引起机体系列反应，造成生物效应。由于水占人体重量的 70% 左右，所以射线间接作用对人体健康的影响比直接作用更大。应指出的是，射线对机体作用是综合性的（直接作用加间接作用），在同等条件下，内照射（如氡的吸入）要比外照射（如 γ 射线）危害更大。大气和环境中的放射性物质，可经过呼吸道、消化道、皮肤、直接照射、遗传等途径进入人体，一部分放射性核素进入生物循环，并经食物链进入人体。放射性核素及其衰变产物在生态系统中的迁移如

图 4 – 4 所示。

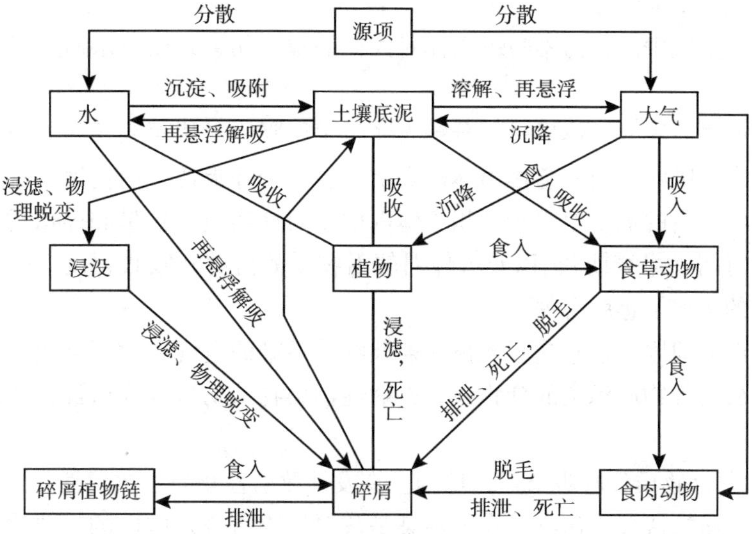

图 4 – 4　放射性核素在生态系统中的迁移

4.3.5　放射性污染的防护

4.3.5.1　辐射防护措施

（1）外照射防护

由于外照射的辐射源处于机体外部，其照射主要来自中子、γ 射线、X 射线、β 射线等，防护的目的在于控制辐射人体的照射量，使之保持在可以接受的合理的最低水平。因此其防护常可采取以下三种方法：减少接触射线的时间、增大与辐射源的距离以及在人与辐射源之间设置屏蔽。

① 减少接触射线的时间。在具有一定剂量的辐射场中操作人员所受到的辐射剂量随时间的延长而增加。操作人员在工作前应做好各项准备工作，操作中尽可能缩短工作时间。如辐射剂量较大或操作需时较长时，可采用轮换操作的方法，以减少每人的接受剂量。

② 增大人体与放射源的距离。辐射剂量率与距离的平方成反比，也就是说距离增大一倍，辐射剂量率减少到 1/4。所以，增大人体与放射源之间的距离就可使人体所受到的辐射剂量显著减少。

③ 设置屏蔽。为了给放射源周围的工作人员提供一个较安全的工作环境，减少对工作人员的照射。在人体与放射源之间设置屏蔽也是一项行之有效的防护措施。在选择屏蔽材料时应同时考虑防护效果和经济两个方面。常用的屏蔽材料有铅、铁、水泥、铝、有机玻璃、塑料、石蜡和水等。用于防护 γ 射线的屏蔽材料主要有铅、铁、水泥等密度大的物质。

（2）内照射防护

放射性环境污染大部分属于“外照射”性质，但是也有相当一部分属于“内照射”性质，其中包括空气中的核污染吸入人体对人体的辐射伤害，以及水质污染进入人体后的内辐射伤害等。

放射性污染物质进入人体后一部分被人体组织所吸收，从而在蓄积的组织内进行照射；另一部分未被吸收，但在它排出体外之前，停留于呼吸道、消化道和排泄系统内进行照射。因此内照射的剂量取决于蓄积于体内的放射性物质的数量和停留的时间，它们在体内的照射时间（半衰期），以及人体对辐射物质的溶解和吸收程度。伤害的大小则与受照射组织的辐射敏感度有关。

造成内照射的原因，通常是吸入被放射性物质污染的空气，饮用被放射性物质污染的水，食入被放射性物质污染的食物或者放射性污染物从伤口或皮肤渗入体内。常用的防范措施有：

① 防止放射性物质经呼吸道进入体内。挥发性放射性物质、放射性气溶胶或放射性粉尘逸入大气，将造成环境污染。空气污染是放射性物质进入体内的主要途径，因此应做到：a. 空气净化，通过空气过滤、除尘等方法，尽量降低空气中放射性气体或粉尘的浓度；b. 密闭存放和操作，把可能成为污染源的放射性物质存放在密闭器内，或者在密封性良好的工作箱或密室内进行操作；c. 个人防护，与放射性接触的人员应佩戴防护器具。

② 防止放射性物质经口进入体内。水源、手、衣物污染或错误操作，可能造成放射性物质经口进入体内。因此，绝对禁止用嘴吸放射性溶液，用被污染的手取食，同时应防止放射性物质经伤口进入体内。放射性物质不经过处理大量排入江河湖海或渗入地下，势必造成地面水和地下水的污染。某些水生生物能浓集放射性核素，被食用后将造成人体内放射性核素的沉积。必须严格控制向江河排放放射性物质，排放前应严格净化。

③ 建立内照射监测制度。应对工作现场和周围环境中的空气、水源、岩石土壤和有代表性的动、植物进行常规监测，以便及时发现和处理污染事故。加强科学研究，建立环境放射性污染地理信息系统，为科学决策提供技术和信息支撑。

综上所述，虽然射线对人体有极大的危害，但在接触放射性工作时只要采取适当的防护措施，严格执行操作规程，就可避免其对人体产生损害。

4.3.5.2 放射性废物的处置与处理

放射性废物中的放射性物质一般无法采用物理、化学和生物的办法使其含量减少，只能利用放射性物质自然衰变的办法使其消耗。因此，处理放射性废物的基本原则是稀释分散、减容贮存、回收利用。

（1）放射性废液的处理与处置

放射性废液的处理方法包括化学处理、离子交换、吸附法、膜分离法、生物处理、蒸发浓缩等。根据放射性比活度的高低、废水量的大小、水质的不同，可选择上述一种方法或几种方法联合使用进行处置。

（2）放射性废气的处理与处置

一般来说，对于放射性废气均采用过滤法处理，以达到废气净化的目的，防止放射性废气向环境的直接排放。常采用的废气净化方法有活性炭过滤器、室温活性炭或分子筛吸附法、低温活性炭（或硅胶吸附法）、低温蒸馏法、氟利昂吸收和四氯化碳吸收法等。对于放射性气溶胶，一般用过滤器捕集。实践证明，对放射性废气的净化采用多种方法的综合净化流程，是会收到良好效果的。

（3）放射性固体废物的处理和处置

放射性固体废物的贮存、处置活动是一项专业性、技术性很强的工作，它不但关系到当代的环境安全和人类健康，而且还关系到后代的环境安全和人类健康，责任十分重大。未经许可或者不按照许可的规定从事放射性固体废物贮存、处置活动，就无法保证贮存和处置安全，会给工作人员、公众和环境造成潜在危害。因此，《中华人民共和国放射性污染防治法》第四十六条规定："设立专门从事放射性固体废物贮存、处置的单位，必须经国务院环境保护行政主管部门审查批准，取得许可证。具体办法由国务院规定。禁止未经许可或者不按照许可的有关规定从事贮存和处置放射性固体废物的活动。禁止将放射性固体废物提供或者委托给无许可证的单位贮存和处置。"

对于可燃性固体废物，可采用专用的焚烧炉焚烧减容，其灰烬残渣密封于专用容器，贴上标识；对不可燃的固体废物，经压缩减容后置于专用容器中，将这些容器分类置于专门的废物埋藏场进行处置。埋藏地点应选择在距水源和居民点较远的地方，且必须考察当地的水文地质、地震因素。

4.4　电磁辐射污染与人体健康

随着经济的发展和信息时代的来临，我国的各种通信设施急剧增加，如广播电台、电视台、移动电话等各种频段的电磁波（主要包括短波、长波、中波、超短波、微波）充盈整个生活空间，人们暴露于电磁辐射的机会与日俱增，电磁辐射环境污染已经成为继大气污染、水污染、噪声污染之后的新的第四大公害，给职业接触者和居民的健康带来潜在的危害。

4.4.1　电磁辐射概述

4.4.1.1　电磁辐射

1831年英国物理学家法拉第发现了随时间变化的电场和磁场能够相互激发的电磁感应现象，即当空间某处有变化的电场时，其邻近的区域便会激发出变化的磁场，而这变化的磁场又会在较远的区域激发出变化的电场，形成变化的电磁场，并且以波动的形式向外传播，这就形成了电磁波。

电磁辐射，是指能量以电磁波的形式通过空间传播的现象。它的传播速度即人们通常所说的光速。电磁辐射可按其波长、频率排列成若干频率段，形成电磁波谱。频率越高该辐射的量子能量越大，其生物学作用也越强。

4.4.1.2 电磁辐射污染

电磁辐射和电磁污染是两个概念，电磁辐射虽无处不在、无时不在，但电磁污染只有在电磁辐射超过一定强度（安全卫生标准限值）后，才对人体产生负面效应。电磁辐射污染通常是指人类使用产生电磁辐射的器具而泄漏的电磁能量传播到环境中，其量超出本底值，其性质、频率、强度和辐射时间综合影响到一些人，使这些人感到不适，并影响到人体健康和周围环境。它无色、无味、无形、无踪，无任何感觉，可以穿透包括人体在内的多种物质，被科学家称为“电子垃圾”或“电子辐射污染”。所以电磁辐射与人们的生活息息相关，因此我们对电磁辐射的危害应有更深入的了解。

4.4.1.3 电磁污染的传播途径

（1）空间辐射

电子设备在电气工作过程中本身相当于一个多向发射天线，不断地向空间辐射电磁能。这种辐射分为两种方式：一种是以场源为核心，半径为1/6波长范围内，电磁能向周围传播以电磁感应为主，将能量施加于附近的仪器及人体；另一种是在半径为1/6波长之外，电磁能传播以空间放射方式将能量施加于敏感元件，由于输电线路、控制线等具有天线效应，接受空间电磁辐射能，进行再传播而构成危害。

（2）导线传播

当射频设备与其他设备共用同一电源，或两者间有电气联系时，电磁能即可通过导线进行传播。此外，信号输出、输入电路等，也能在该磁场中拾取信号进行传播。

（3）复合传播污染

同时存在空间传播与导线传播所造成的电磁辐射污染，称为复合传播污染。在实际工作中，多个设备之间发生干扰通常包含着多种途径的耦合，共同产生干扰，使得电磁辐射更加难以控制。

4.4.1.4 电磁辐射污染的特点

电磁辐射污染的危害，与水体、大气、噪声三类环境污染所造成的危害截然不同，它具有如下几方面的特点。

（1）治理任务更艰巨

水、大气和噪声污染对人类健康的危害都可以相继通过治理而得到减轻和控制，而电磁辐射是有用信号，对公众健康又具有污染的特性。在一定程度上，电磁波的有用性和污染是共生的，其污染不能单独治理。电磁辐射污染却随着手机、电视、微波炉等与人民生活息息相关的电子产品的普及而变得越来越严重，治理工作和对其危害的控制将涉及现代生活的方方面面。

(2) 危害的隐蔽性强，凭人的感官难以觉察

由于电磁辐射看不见、摸不着、闻不到，传播不需要介质，在真空中都可以传播，除非借助仪器，即使电磁场很强时人也感觉不到它的存在。

(3) 产生的污染是可预见和可控制的

电磁辐射设施对环境的辐射能量密度可根据其设备性能和发射方式进行估算，具有可预见性。电磁辐射设施向环境发射的电磁能量，可以通过改变发射功率：改变增益等技术手段来控制。一旦断电，其污染会立即消除。在设计阶段，对于不同方案，可以初步估算出对环境污染的不同结果，由此可以进行方案的比较取舍。为了减少对环境的污染，对电磁辐射设施的建设项目必须进行环境影响评价。

目前，世界上仍缺乏对治理环境电磁辐射污染行之有效的方法。为保护居民不受电磁辐射的危害，可以采取一些防护措施，如屏蔽辐射源、吸收防护、射频导入大地等。一些发达国家的做法是将距高压输变电站、微波通信站高场强区域近的居民迁离，对一些特殊职业的从业人员依据屏蔽防护的原则采取个人防护措施。

4.4.2 电磁辐射污染源

电磁辐射的来源主要有天然和人为两类。

4.4.2.1 天然电磁辐射

天然的电磁辐射源产生于自然界，由某些自然现象引起，如雷电、云层放电、太阳黑子活动等。这些自然现象会对广大地区产生严重的电磁干扰。

4.4.2.2 人为电磁辐射

人为电磁辐射源产生于人工制造的若干系统，在正常工作时产生各种不同波长和频率的电磁波。影响较大的包括电力系统、广播电视发射系统、移动通信系统、交通运输系统、工业与医疗科研高频设备。

(1) 电力系统

经济的发展促使各种用电设备日益增多，用电负荷急剧增大，电网规模快速膨胀，高压输电线路和变电站日渐增多。由高压、超高压输配电线路、变电站和电力变压器等产生的交变电磁场，在近区场会产生严重的电磁干扰。

(2) 广播电视发射系统

广播电视发射塔是城市中最大的电磁辐射源。这些设备大多建在城市的中心地区，很多广播电视发射设备被居民区包围，在局部居民生活区形成强场区。

(3) 移动通信系统

移动通信基站是主要的电磁辐射源。随着电信事业的飞速发展，移动基站的数目不断增加，为防止干扰，基站高度逐渐下降，发射的电磁波反射到居民楼的概率增大，基

站与基站之间的距离逐渐减小，分布日渐广泛，使电磁辐射水平不断增加。

（4）交通运输系统

交通运输系统包括有轨、无轨电车，电气化铁路，汽车，地铁等。这种辐射源主要以传导、感应、辐射等形式产生电磁辐射，如汽车发动机的点火系统就会产生很强的宽带电磁噪声。

（5）工业与医疗科研高频设备

工业与医疗科研高频设备产生的强辐射对环境及人体健康都将产生不良影响。

4.4.3 电磁辐射污染的危害

目前，电磁辐射对人体的危害已成客观事实，要了解电磁辐射对人体的危害，首先要明确电磁辐射对人体的作用机理。

4.4.3.1 电磁辐射的生物学效应

电磁辐射使生物系统产生的与生命现象有关的响应称为电磁辐射的生物学效应。影响电磁辐射生物学效应的主要参数是频率和强度，不同频率和强度的电磁辐射产生生物学效应的方式不同，效应也不同。电磁辐射生物学效应从热作用方式上分为热效应和非热效应。

（1）热效应

热效应是指人体蛋白质和水分子这些不均匀电介质在变化的电磁场中，随电场的变化而不断振动，分子之间相互摩擦产生热量。热效应产生的方式主要包括：

① 生物组织在高频电磁场中，极性分子反复快速曲向转动而摩擦生热。

人体内有极性分子，也有非极性分子。极性分子在电场作用下，正、负电荷向相反的方向运动而极化，在交变极化和取向的过程中都会由于碰撞和摩擦而产生热量。它与微波炉加热食品的方式很类似，热牛奶时，碗仍是凉的，牛奶已很热了。人是恒温动物，由70%以上的水组成，水分子容易受到电磁辐射的升温作用，由于身体不具备散发过剩热量的能力，所以可能会损害人体组织。在电气变频率高时，产生的热量来不及散失，导致机体温度上升，从而影响到体内器官的正常工作。

② 传导电流生热。

③ 介质损耗生热。热效应的产生一般需要较高强度的电磁辐射。

（2）非热效应

非热效应是指生物体吸收能量后，组织或系统产生的作用与热没有直接关系的变化。人体的器官和组织都存在微弱的电磁场，它们是稳定和有序的，一旦受到外界电磁场的干扰，会产生振荡，处于平衡状态的微弱电磁场即将遭到破坏，从有序变得无序，变得不稳定，人体也会遭到损伤，就如人坐摇椅一样慢慢摇很舒服，若快速摆动就不行了，特别是老人。人体受到长时间强度不大的电磁辐射时，虽然人体的温度没有明显升高，但引起人体的细胞膜共振，出现膜电位改变，使细胞活动能力受限。因此，非热效应也被列为“谐振”效应。

通过图4－5可以了解热效应和非热效应，是分析电磁污染对人体危害的主要理论依据。因为电磁波在不同介质中进行传播时，因介质性能不同，在界面上必然发生电波的反射、折射、绕射等现象。就导电性而言，人体也是介质的一种，特别是人体内含有大量的水分，因而可以把人体看成是盛满生理盐水的大容器，并且是由多层具有复杂形状的介质所组成。

① 电波特性与含水量有密切关系，大致分为两类：

a. 对于含水量达到70%以上的人体组织，如皮肤组织、肌肉、肝脏、肾脏、心脏等，频率在100～1 000 MHz时，其介电常数为50～70，电阻率为100 Ω·cm。对于含水更高的物质，其吸收电磁能量更多。

b. 对于含水量在70%以下的组织，如脂肪、骨骼、骨髓等，其介电常数为4～8，电阻率在600至3 500 Ω·cm，这类物质含水少，对电磁辐射吸收少，且有反射或折射现象。

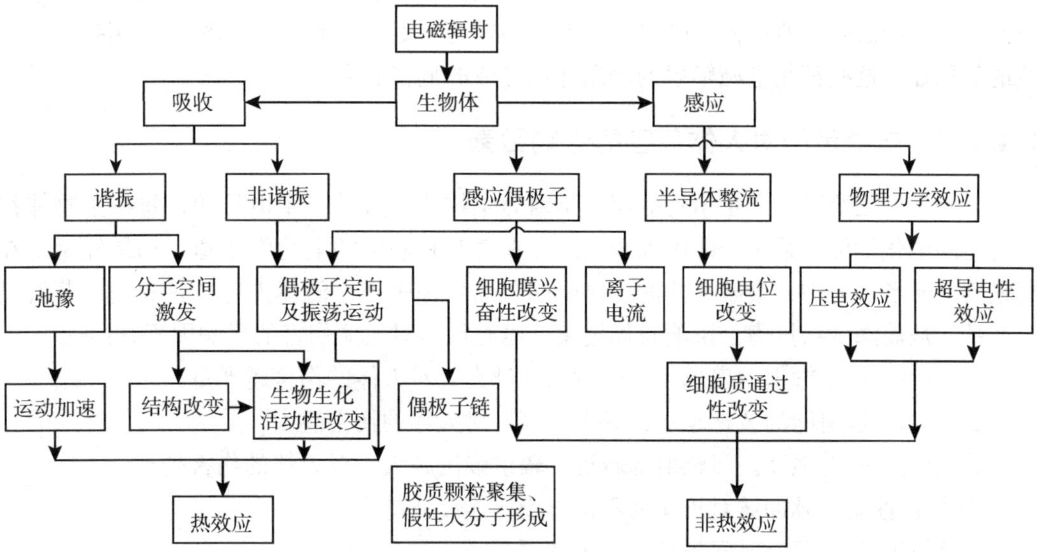

图4－5 电磁辐射对人体的作用机理

② 电磁场的频率不同，人体吸收的情况也不同，可以分以下四类说明：

a. 一般在150 MHz以下的频段，电磁波在体内传播时衰减得比较慢，人体组织的任何一部分对电磁能量的吸收系数均较小，而且多数呈现直接透过。

b. 在150～1 200 MHz的频段，人体对电磁波的吸收系数较大，透入深度在2 cm以上，体表吸收较少。大部分电磁波被人体内部吸收，并转化为热量。而转化的热量值接近人体新陈代谢散热值时，人体能感到热负荷的作用。如果温度接近或超过人体的负荷值时，可能破坏人体的热平衡，体温上升很快，可能造成某些病变。这种热作用发生在体内组织中，不易被察觉，所以这个频段被认为是危险频段。

c. 在1 200～3 300 MHz的频段，人体对电磁波的吸收系数比较大，表面与深层均有吸收，含水量多的组织吸收多，体内骨骼对电磁波呈现反射作用，使得骨骼附近的组织吸收的电磁波更多。在 3 000 MHz 时，电磁波对眼睛的危害最大。

d. 在 3 300 MHz 以上的频段，电磁波能量大部分被体表吸收，主要危害皮肤和眼睛。

此外，电磁辐射对人体危害作用的机理还体现为累积效应及刺激作用。

a. 电磁辐射的累积效应。热效应和非热效应作用于人体后，对人体的伤害尚未来得及自我修复之前（通常所说的人体承受力即内抗力），再次受到电磁波辐射的话，其伤害程度就会发生累积，久之会成为永久性病态危及生命。对于长期接触电磁波辐射的群体，即使功率小，频率很低，也可能会诱发想不到的病变，会影响正常细胞代谢，造成体内钾、钙、钠等金属离子紊乱，应引起警惕。这样使人们在多种频率电磁波，特别是高频波和较强的电磁场作用下降低人体的免疫功能，其直接后果是在不知不觉中患脑癌危险增加，对视觉系统、心血管系统、血液循环系统及生殖和遗传产生影响。

b. 电磁辐射的刺激作用。电磁波的刺激作用有感电效果。外部电流刺激神经细胞产生触电感觉，刺激肌肉产生肌肉收缩或肌肉不随意运动，刺激心肌使心室变软，心脏停止搏动，而刺激呼吸肌则停止呼吸。微波辐射还可引起先天性缺陷和流产、阳痿、性欲减退等病症，这些都是电磁辐射的刺激作用导致的危害后果。

4.4.3.2 电磁污染对人体危害的影响因素

电磁污染之所以会产生生物效应，是因为生物体本身是一个电位源，每个生物体都有自己的电化学传输系统，体内细胞之间存在着互相联络的电化学小道，如果经常处在高强度电磁场环境中，会破坏体内生物电的自然生理平衡，使体内生物钟失衡，节奏发生紊乱，从而降低抵抗力，影响身体健康。电磁污染对人体伤害的影响因素有：

① 功率。设备输出功率越大，辐射强度越大，对人体的伤害越严重。

② 频率。辐射能的波长越短，频率越高，对人体的伤害越大。

③ 距离、辐射强度。离辐射源越近，辐射强度越大，对人体的伤害越大。

④ 振荡性质。脉冲波对机体的不良影响比连续波严重。

⑤ 照射时间。照射时间越长，伤害越严重。

⑥ 外界环境。环境温度越高或散热条件越差伤害越严重。

另外，研究表明，电磁辐射对女性和儿童的伤害较严重，人体被照射的面积越大，伤害越严重，人体血管较少的部位传热能力较差，较容易受到伤害。

4.4.3.3 电磁污染对人体的危害

在各种电子产品成为我们生活必备品的同时，它们产生的电磁波也充斥在我们生活和工作的周围。如果人长时间处于强电磁波的环境中，就会出现头痛、疲乏、注意力不集中、记忆力减退、睡眠不安等症状，并有可能导致心血管疾病加重、消化系统发生障碍、神经系统功能失调等。电磁波看不见、摸不着、闻不到，但却切切实实威胁着人们的健康。

根据国内外各种文献记载，电磁辐射污染对人体的危害已被医学界广泛证实，它已成为当今人类的一大致病源。近年来，电磁波对人体危害的例子多有发现，只不过其影响程度与所受到的辐射强度及积累的时间有关，目前尚未较大范围地反映出来，所以还没有引起人们的普遍重视。有关研究表明，电磁波的致病效应随着磁场振动频率的增大而增强，频率超过10万Hz，可对人体造成潜在威胁。在这种环境下工作生活过久，电磁波的干扰使人体组织内分子原有的电场发生变化，给组成脑细胞的各种生物分子以一定程度的破坏，产生过多的过氧化物等有害代谢物，甚至使脑细胞的DHA密码排列错乱，制造出一些非生理性的神经递质。人体如果长期暴露在超过安全剂量的辐射下，人体细胞就会被大面积杀伤或杀死。一些受到较强或较久电磁波辐射的人，已有了病态表现，主要表现在：

(1) 对心血管系统的影响

对心血管系统的影响主要表现为心悸、胸部压迫感、血压下降、失眠、心动过缓、心搏血量减少、窦性心律不齐、白细胞减少、免疫功能下降、部分女性经期紊乱等。

至今，关于电磁辐射对心血管系统的影响研究仍未取得较为一致的结论，但随着研究的不断深入，电离辐射对心血管系统的影响证据已经愈加明晰，研究表明冠状动脉疾病是辐射诱发心血管疾病最常见的表现，其患病率达85%。一项来自英国国家辐射工作者队列的数据显示，低剂量暴露于外部辐射后，脑血管疾病（CVD）死亡的单位剂量超额相对危险（EPP/Sv值）为0.57（$P<0.05$），表明低剂量职业辐射暴露可能会增加CVD风险。

(2) 对神经系统的影响

电磁波可以干扰脑细胞生物电活动。主要表现为头昏、乏力、睡眠障碍、记忆力减退等。有研究报道了多年接触大功率辐射或从事超过卫生防护标准的工作人员的脑电图有所变化，个体表现抑郁、反应迟钝、神经衰弱以及条件反射受抑制等症状。中枢神经系统对电磁辐射有很高的敏感性，长期接触高频作业，主要引起中枢神经系统和自主神经功能紊乱，表现为头痛、乏力、失眠、多梦、记忆力减退、易激动、多汗、口干和心悸等。

(3) 对视觉系统的影响

眼睛属于人体对电磁辐射的敏感器官，眼球晶状体散热性能较差，过高的电磁辐射污染会引起视力下降以及晶状体混浊，加速老化而导致白内障，还能伤害角膜、虹膜和前房，是不可逆的器质性损害，影响视力，甚至失明。

人眼在短时间内经微波辐射后，会出现视疲劳、眼不适、眼干等现象，视力明显下降，夜晚更为突出。电子通信设备微波作业人员的眼晶状体混浊程度与工龄有关，工龄越长混浊程度越重。

(4) 对生殖系统的影响

电磁辐射对生殖系统的危害及其引起的生殖障碍也日益被各国学者所关注。人的生殖器官组织对电磁辐射比较敏感，长期接触一定强度的电磁辐射，主要表现为男子精子生成受到抑制，精子质量降低；干扰女性月经周期，导致月经紊乱，孕妇发生自然流产、不育、胎儿畸形等病变。

（5）对肿瘤形成的影响

长期处于高电磁辐射的环境中，会使血液、淋巴液和细胞原生质发生改变，影响人体的循环系统、免疫、激素分泌、生殖和代谢功能，严重的还会加速人体的癌细胞增殖诱发癌症，以及糖尿病、遗传性疾病等病症，对儿童还可能诱发白血病。

长时间的电磁辐射作用可引起细胞形态和功能的改变，影响生物大分子（包括DNA、RNA和蛋白质）的合成、细胞的增殖和分化，是引发肿瘤形成的主要因素之一。通过对人群、大鼠、小鼠等的研究发现，极低频电磁辐射的能量尚不足以直接损伤DNA，但可通过影响细胞的某些生理生化过程（如自由基代谢）而间接改变DNA的结构，导致的染色体畸变、DNA链断裂和基因突变。对染色体的损伤效应与细胞的状态以及电磁辐射的特性密切相关。极低频电磁场与白血病（尤其是儿童白血病），乳腺癌、皮肤恶性黑色素瘤、神经系统肿瘤、急性淋巴性白血病等有关。电磁辐射与肿瘤形成之间的可能机制包括：破坏细胞信息传导；改变调节细胞生长的钙离子通道；激活一系列肿瘤基因；通过应激作用破坏内分泌和免疫系统的肿瘤监控机制。瑞士的研究资料指出，周围有高压线经过的住户居民，患乳腺癌的概率比常人高7.4倍。美国得克萨斯州癌症医疗基金会针对一些遭受电磁辐射损伤的病人所做的抽样化验结果表明，在高压线附近工作的工人，其癌细胞生长速度比一般人要快24倍。

有学者研究表明，50～60 Hz范围内的电磁辐射对人体健康有潜在危害作用，儿童白血病的发生与经常接近供电线路或变压设备有一定的关系。

（6）电磁辐射对心理和行为健康的危害

电磁辐射可以对健康和患病人群的心理和行为产生影响。大量资料证明，电磁能使人出现头昏脑涨，失眠多梦，记忆力减退等症状。电磁场对睡眠的影响是对患者心理、行为和识别能力影响的反映，进而推断暴露于人工电磁辐射中的人员，其睡眠异常也许是其后精神紊乱的开始。

4.4.3.4　电磁污染的其他危害

（1）对电子设备的干扰

许多正常工作的电子、电气设备产生的电磁波能使邻近的电子、电气设备性能下降乃至无法工作，甚至造成事故和设备损坏。例如，1997年8月13日深圳机场指挥塔的通信系统受到附近数十家无线寻呼台发射的电磁辐射干扰，地对空指挥失灵，机场被迫关闭2 h；身上安装起搏器的人，只要靠近正在运行的电力变压器、电冰箱等就会有不舒服的感觉。目前，许多电子设备的内部基本电路都工作在低电压状态，如电视机的高频头、视频放大器、计算机中央处理器等，特别是随着半导体技术的发展，集成电路工作电压越来越低，有的甚至低于1 V。很容易受到电磁波的辐射干扰，安全性和可靠性都受到威胁。

（2）对无线电信号和通信系统的干扰

大功率无线电发射机产生的电磁干扰，可使附近的通信、雷达导航、广播、电视接收机的信噪比大大下降甚至无法工作。另外，雷电电磁脉冲每年都要酿成火灾、电器设备毁坏、通信中断等严重后果。

(3) 对武器装备的危害

军事上所用的无线电发射机和雷达能产生很强的电磁辐射场。这种辐射场能引起武器装备系统中的灵敏电子引爆装置提前启动，引导制导导弹偏离飞行弹道。国内外都发生过由于机载电子设备的干扰而引起飞机偏航、坠毁或意外投弹的事故。

(4) 对计算机系统潜在的危害

随着计算机应用范围越来越广，计算机系统已成为信息系统的重要存储库。但是，计算机在运行中会产生微弱的电磁辐射，如果这很小的泄漏被高灵敏度的接收系统接收，就会造成极大的损失。

4.4.4 电磁辐射污染的防护对策及建议

如何防治电磁辐射污染，是关系到人类生存空间净化、经济建设健康发展和社会生活安定的大事。因此，防治电磁辐射污染的危害已成为当务之急。

4.4.4.1 电磁辐射污染的严格防治

我国在1988年制定了《环境电磁波卫生标准》（GB 9175—1988）和《电磁辐射防护规定》（GB 8702—1988），防止电磁辐射污染，以保护环境。随后，电子技术取得了迅速的发展，环境中的电磁波能量密度已经不能与20世纪80年代末的相提并论。因此，在2015年我国将以上两部标准重新整合修订为《电磁环境控制限值》（GB 8702—2014），并执行至今。

在政策法规的背景下，还需充分发挥环保部门的职能作用，对新上电磁辐射设备严格执行环境影响评价、“三同时”管理制度，将电磁辐射污染控制在国家规定的安全标准之内，杜绝产生新的电磁辐射污染源，从源头上控制电磁辐射污染。

4.4.4.2 电磁辐射污染的主要防护措施

就环境而言，电磁辐射污染防治的重点应是通过空间的直接辐射，将电磁辐射的强度减小到允许的程度或将有害影响限制在一定的空间范围内。目前，对电磁辐射污染主要有以下几种防护措施。

(1) 屏蔽辐射源

① 采用各种技术，将电磁波的影响控制在一定的范围内。这种防护措施主要是利用屏蔽材料对电磁波进行反射与吸收，使传递到屏蔽材料上的电磁波一部分被反射，另一部分被屏蔽材料吸收，让能透过屏蔽体的电磁强度大幅衰减，从而减少电磁波对人和环境的危害。

② 安装防护装置，削弱电磁辐射的强度。

a. 屏蔽室：由金属片、网所构成，多用于对大型机械组或控制室的主动场屏蔽，可有效地降低设备的电磁辐射强度和避免对外部环境构成过大的污染，操作人员可以在屏蔽体外部对系统进行控制。当不能对屏蔽源进行屏蔽时，应对作业人员进行整体屏蔽，用金属网或作业人员在屏蔽室内进行工作。

b. 屏蔽罩：对小型仪器的主动场屏蔽的主要方法，屏蔽所用的材料一般要求是电阻率小的导电性材料，如铜、铝等。尽量增大人体与发射源的距离。因为电磁波对人体的影响，与发射源的距离及发射功率大小紧密相关，它的危害程度与发射功率成正比，与距离的平方成反比。以手机为例，虽然其发射功率从以前的 3 ~ 5 W 降至 0.2 ~ 2.0 W，但由于其发射天线距人的头部很近，其实际受到的辐射强度，相当于受到距离几十米处的一座几百千瓦的广播发射天线的辐射强度，最大值在 600 ~ 1000 $\mu W/cm^2$，远远超过了《电磁环境控制限值》（GB 8702—2014）的规定。

c. 屏蔽衣、屏蔽头盔、屏蔽眼镜：均为个人防护用具，可以有效地降低电磁辐射强度，以保护从事接触电磁辐射的工作人员的身体健康。

（2）吸收防护

在微波场源的周围或需要防护的环境四周设置吸波材料或装置，可以有效地将微波辐射场强降低。例如，在主要辐射直视信道上用功率吸收器等波能吸收装置来降低直视信道方向的微波辐射；在调机车间设置六面体吸波材料，防止微波辐射泄漏；任何需要防护的环境，外部都要设置吸波材料，用来阻止微波辐射。

（3）隔离与滤波防护

对于由传输线路辐射所造成的污染或由线路拾取所造成的信号干扰，可采取滤波和隔离的办法。设计上将射频电路与一般线路远距离布线，并且将射频电路接地，可防止射频电路对一般线路的干扰与耦合。将射频电路与一般电路设计成平衡对称电路，抵消或减小干扰电压；一般线路垂直交叉布线，可防止线路拾取与传播干扰信号。

线路滤波：滤波器是抑制线路干扰与辐射最有效的技术手段之一。在射频设备的电源线或控制线路的引入处装设滤波器，可防止射频信号的传播；在射频设备的输出端装设谐波滤波器，可防止高次谐波的传递。

（4）距离防护

电磁场强度随发射源距离增大而急剧减少，所以增大与辐射源的距离，能起到有效的防护作用。在条件允许时，实行远距离控制与自动化作业相结合，利用空间自然衰减而达到防护的目的。对大型电磁辐射设施，划定规划控制区，可保持公众活动区域的较低电磁场水平。

（5）个体防护

接触电磁波的工作人员，在辐射强度高的场所，要穿防护服，戴防护头盔和防护眼镜，尽量缩短在电磁场中心的暴露时间，定期进行体格检查并加强防护意识。同时要加强体育锻炼，增加维生素的摄入，多饮茶，提高身体素质。

（6）采取综合性防治措施

国家要制定并执行电磁辐射安全标准，对产生电磁波的工业设备产品提出严格的设计指标，尽量减少电磁能量的泄漏，为防护电磁辐射提供良好的前提。合理规划大型电磁辐射设施布局，减少大型设施电磁辐射高场强区域叠加而导致超标的概率。加强城市规划，实行区域控制，工业隔离布局，使电磁辐射源远离居民区；加强对设备生产的技术管理与综合治理，加强环境保护意识。电磁辐射对人体和环境的影响，是在一定程度上发生的。只要合理规划，制定出合适的管理指标，并采取严格的管理措施，可以实现既保护环境和公众，又发展经济的可持续发展战略。

4.4.4.3 生活中电磁辐射污染防范

现代工作中处处离不开电脑、打印机、复印机、手机、无线电仪器等，日常生活也离不开电视机、洗衣机、电冰箱、空调、微波炉，它们的电磁辐射不可忽视，生活中须防电磁辐射。

(1) 挑选正规厂家的电器产品

一般正规厂家的电器产品的辐射都经过了国家有关部门的严格检测，可保证安全。同时应尽可能购买新款的电器，实验表明旧电器的辐射一般是新电器的1~2倍。

(2) 电器摆放位置要讲究

不要把电器集中摆放形成“大辐射电磁场”，不要集中摆放或同时使用多种电器，特别是电视、电脑、电冰箱不宜集中摆放在卧室里，以免使自己暴露在超剂量辐射的危险中。

(3) 避免长时间使用电器

各种家用或办公电器，手机等都应尽量避免长时间操作，同时减少与这些辐射源的接触频率。如电视、电脑等电器需要较长时间使用时，应注意每隔一小时离开一次，采用眺望远方或闭上眼睛的方式，以减少眼睛的疲劳程度和所受辐射影响。

(4) 随时关闭电源

当电器暂停使用时，最好不让它们处于待机状态，因为此时可产生较微弱的电磁场，长时间也会产生辐射积累，一定要把电源关掉，这样不仅可以省电，还可以减少安全隐患。

(5) 保持一定的安全距离

要注意人体与办公、家用电器的距离，离电器越远，受电磁波侵害越小。比如，彩电与人的距离一般为荧光屏宽度的5倍左右，电脑至少也要有50~75 cm的距离；微波炉在开启之后要离开至少1 m远，孕妇和小孩应尽量远离微波炉。使用吹风机时不要用吹风机紧贴头皮。不要站在空调的出风口，在空调打开后，要保持安全距离。

(6) 经常擦拭灰尘

带有显示器的电器最好经常擦拭，清除灰尘的同时，也就把滞留在里面的电磁辐射一并清除掉了，可以有效地防止辐射对健康的危害。一些以视频为终端显示器的电器，特别容易吸附灰尘，如果不及时擦拭，电磁辐射就会滞留在灰尘中，并随着灰尘在室内空气里弥漫，很容易被人体的皮肤吸附，甚至随着呼吸道进入体内，久而久之就会对健康造成不良影响。

（7）及时洗脸洗手

电视、电脑的显示屏表面存在着大量静电，其聚集的灰尘可传至到脸部和手部皮肤裸露处，时间久了，易发生斑疹、色素沉着，可能导致皮肤干燥，加速皮肤老化甚至导致皮癌，因此在使用后应及时洗脸洗手，这样将使所受辐射减轻70%以上。

（8）购买防护用品

居住、工作在高压线、雷达站、电视台、电磁波发射塔附近的人，佩戴心脏起搏器的患者及生活在现代化电气自动化环境中的人，特别是抵抗力较弱的孕妇、儿童、老人等，有条件的应配备阻挡电磁辐射的防护服。

（9）改善饮食

合理的饮食能够增强身体的免疫力和代谢能力，有助于人体应对电磁辐射带来的潜在影响。应多食用富含维生素A、维生素C和蛋白质的食物，如胡萝卜、动物肝脏等；茶叶中含有茶多酚等活性物质，也可以常饮茶，以此增强机体的抵抗力，提高器官组织的修复能力。

（10）多养花卉植物

仙人掌或仙人球是家庭绿化美化的上好花卉品种，外形很美观，具有吸收电磁波辐射的“特异功能”。仙人掌类肉质厚，含水分多，易于吸收和化解周围环境的电磁场辐射，减少室内污染，有益人体健康。

总之，我们生活在一个充满电磁场的环境中，不能因为电磁波存在辐射就“谈虎色变”，进而“因噎废食”。我们应该正视它的危害，采取有效的防护手段。只有这样，我们才能够在享受高科技带给我们的便利的同时，而不深受其害。

4.5 其他物理污染

4.5.1 热污染

所谓热污染，是由于人类活动的影响而使环境中的热能量超标的一种环境污染现象。热污染通过受体水和空气温度升高的增温作用污染大气和水体。火力发电厂、核电站和钢铁厂的冷却系统排放的热水，以及石油、化工、造纸等行业排出的生产性废水中均含有大量废热，各种有害的“人为热”改变了自然界原有的热平衡，带来一系列环境问题，已经引起了人们广泛的关注。

4.5.1.1 热污染的危害

（1）水体热污染

向水体排放温水，使水体温度升高到有害程度，引起水质发生物理的、化学的和生物的变化，称为水体热污染。水体热污染主要由于工业冷却水的排放，其中以电力工业为主，其次为冶金、化工、石油、造纸和机械工业等。火力发电厂、核电站、钢铁厂冷却系统排出的热水，以及石油、化工、造纸等工厂排出的生产性废水中含有大量废热，影响水质和水中生物，使水体富营养化，传染病蔓延，有毒物质毒性增大，能量消耗增加且威胁企业生产安全。

① 对水生生物的影响。水生生物对温度变化敏感性较一般陆地生物高，温度的骤变会导致水生生物的病变及死亡。水温升高，使水中溶解氧逸出而减少，而且还使水中生物代谢增强，需要更多的溶解氧。当溶解氧不能满足需要时，大部分鱼类抵抗力降低，易产生病变，会发生窒息乃至死亡。

水体温度的异常升高，会直接影响水生生物繁殖行为。由于不同生物的温度敏感性不一致，热污染改变了生物群落的种类组成，使生物多样性下降，喜冷的生物（如硅藻）减少，耐热的植物（如蓝藻、绿藻）增加，造成水质恶化，影响生态平衡、水体饮用和渔业养殖等功能。

② 对水质的影响。温度升高，水的黏度降低，密度减小，水中沉积物的空间位置和数量会发生变化，导致污泥沉积量增多，甚至引发一系列问题。底泥处于厌氧状态，增强其释放氮、磷的能力，引起水体的富营养化，藻类和浮游生物的暴发性生长，这不仅破坏了水域的景色，而且影响了水质，并对航运带来了不利影响。

水温的升高为水中微生物提供了一个人工温床，使其得以滋生泛滥，造成疫病流行。水中含有的污染物如毒性比较大的汞、铬、砷、酚和氰化物等，其化学活动性和毒性都因水温的升高而加剧。

③ 对地表水量的影响。水体温度的升高使水分子热运动加剧，也使水面上的大气受热膨胀上升，加强了水汽在垂直方向上的对流运动，从而导致液体蒸发加快，陆地上的液态水转化为大气水，使陆地上失水增多，这在贫水地区尤其不利。

（2）大气热污染

按照大气热力学原理，现代社会生产、生活中的一切能量都可转化为热能扩散到大气中，大气温度升高到一定程度，引起大气环境发生变化，形成大气热污染。

① 对气象产生的影响。根据热力学的相关定律，人类社会使用的全部能量最终会全部转化为热量传入大气，使大气增温，同时在利用煤、石油、天然气等矿物质燃烧的过程中产生大量CO_2，会导致“温室效应”，造成全球变暖。慕尼黑再保险首席气候科学家指出，2024年1—6月，全球平均气温较工业化前（1850—1900年）高出约1.5 ℃；2024年6月，沙特阿拉伯许多地区记录了超过50 ℃的高温，创历史新高。大气的热量增加，地面反射太阳热能的反射率增高，吸收太阳辐射热减少，这就使得地面上升的气流相对减弱，阻碍云、雨的形成，进而影响正常的气候，造成局部地区炎热、干旱、少雨，影响农作物生长，甚至造成更严重的自然灾害。此外，热污染还会使臭氧层遭到破坏，使太阳光和其他放射线长驱直入，直接到达地面，导致人类皮肤癌等疾病的发生。

② 生存陆地减少。近一个世纪以来，地球大气中的CO_2不断增加，气候变暖，导致海水热膨胀和极地冰川融化，海平面上升，加快了生物物种濒临灭绝。一些沿海地区及城市将被海水淹没，桑田变成沧海，一些本来炎热的城市，将变得更热。

③ 对城市产生的影响。城市中企事业单位、饭店、汽车、电气化设施及居民住宅区

等无时无刻不在排放着热量，在城市内形成了明显的热岛现象。建筑物的增多不仅导致绿地减少还使风力减弱，阻碍了热量的扩散，同时建筑物白天吸收太阳光能，晚上放出热量，特别是冬季取暖期，其本身也成了较强热污染源。造成的影响一方面是夜晚温度升高，减小了昼夜温差，人的生理代谢发生紊乱。另一方面是暖冬现象，使冬季气温持续偏高，病毒和细菌滋生，疾病流行。热污染会使城市的气温升高，导致电器大量使用，不断地向城市的大气中排放热量，加剧了能源消耗。

（3）危害人类健康

热污染对人体健康构成严重危害，降低人体的正常免疫功能。高温不仅会使体弱者中暑，还会使人心跳加快，引起情绪烦躁，精神萎靡，食欲不振，思维反应迟钝，工作效率低。高温助长了多种病原体、病毒的繁殖和扩散，从而使各种新、老传染病大为流行。热污染使气温上升，为蚊子、苍蝇、蟑螂、跳蚤和其他传染病昆虫以及病原体微生物等提供了最佳的滋生繁衍条件和传播机制，形成一种新的“互感连锁效应”，导致疟疾、血吸虫病、流行性脑膜炎等病毒病原体疾病的扩大和反复流行。特别是以蚊子为媒介的传染病，目前已呈急剧增长趋势。1965 年澳大利亚曾流行过一种脑膜炎，后经科学家证实，其祸根是一种变形病原体，由于发电厂排出的热水使河水温度增高，这种变形病原体在温水中大量滋生，造成水源污染而引起了这次脑膜炎的流行。

4.5.1.2　热污染的防治

现代工业的发展和人口的不断增长，使环境热污染日趋严重。人类在利用热能的同时如何减少热污染，这是一个系统问题，解决问题的切入点应在源头和途径上下功夫。防治热污染可以从以下方面着手：

（1）制定标准，实现有法可依

目前，由于热污染标准不健全，因此在对其管理过程中存在一定的难度，有关职能部门应加强监督管理，制定法律、法规和标准，严格限制排放，为彻底解决热污染打好基础，为环境管理提供依据。以清洁生产、循环经济为契机，确保把热污染降到最低。

（2）废热的综合利用

充分利用工业的余热，是减少热污染的最主要措施。生产过程中产生的余热种类繁多，有高温烟气余热、高温产品余热、冷却介质余热和废气废水余热等。这些余热都是可以利用的二次能源。在冶金、发电、化工、建材等行业，可通过热交换器利用余热来预热空气、原燃料、干燥产品、生产蒸汽、供应热水等。此外还可用于水产养殖、农业灌溉、冬季供暖、调节水田水温，调节港口水温以防止冻结。

提高冷却排放技术水平，减少废热排放。对于冷却介质余热的利用方面主要是对于工业企业的各种冷却水，应根据自然条件，结合经济和可行性因素采取相应的防治措施综合治理。在不具备采用一次通过式冷却排放条件时，可使用冷却池、冷却塔等系统，使冷却水中的热量散失后再排放或回收利用。对于压力高、温度高的废气，要通过汽轮机等动力机械直接将热能转为机械能。

提高热能转化和利用率，把热污染转化成有用的能量。像热电厂、核电站的热能向电能的转化，工厂以及人们平时生活中热能的利用上，都应提高热能的转化使用效率，把排放到大气中的热能和 CO_2 降低到最小量。

（3）加强隔热保温，防止热损失

在工业生产中，有些窑体要加强保温、隔热措施，以降低热损失，如水泥窑筒体用硅酸铝毡、珍珠岩等高效保温材料，既减少热散失，又降低水泥熟料热耗。

（4）寻找新能源

利用水能、风能、地能、潮汐能和太阳能等新能源，既解决了污染物排放，又是防止和减少热污染的重要途径。特别是太阳能的利用，各国都投入大量人力和财力进行研究，取得了一定的效果。

（5）加强绿化

增加森林覆盖面积，绿色植物对防治热污染有巨大的可持续生态功能。

（6）提高对热污染认识

把热污染同其他污染等同对待，对其危害进行深入研究和大力宣传、加强各行业减排热污染的自觉性，提高公众监督热污染排放的责任心。

随着人口的增长和工业的发展，必然会有更多形式的多余热量释放到环境中，环境热污染将会日趋严重，对人类及其生存环境的危害也越来越大。因此，人类在合理利用能源的同时，必须增强环保意识，注意控制热污染，保护人类的生存环境。

4.5.2　光污染

100 多年前，人类的照明史发生了突变，用火点灯变成了用电点灯。从此人类有了更明亮、更方便、更高效的照明光源。但同时也给人类带来了更多的污染、更强的辐射、更频繁的闪烁。21 世纪照明不容忽视的问题——光污染已摆在了我们面前。光污染是指光辐射过量而对生活、生产环境以及人体健康产生的不良影响。光污染这个隐形健康“杀手”是一类新的、尚不完全被人们所认识的环境污染。光污染无处不在，其存在形式多种多样，对生物及其环境的危害严重，对人类健康构成危害，这些现状应该引起人们的高度重视。

4.5.2.1　光污染的分类

（1）国际分类

国际上一般将光污染分成 3 类，即白亮污染、人工白昼和彩光污染。

① 白亮污染是指阳光照射强烈时，城市里的玻璃幕墙、釉面砖墙、磨光大理石和各种涂料等反射的光线，明晃白亮、炫眼夺目。波长在 10 nm ~ 1 mm（紫外光、可见光和红外光）的光辐射，在不同的条件下都有可能成为白亮污染源。特别光滑的墙壁、玻璃幕墙和洁白的书籍纸张的光反射系数高达 0.9，比草地、森林或毛面装饰物的光反射系数高 10 倍左右。

② 人工白昼是指夜幕降临后，商场、酒店上的广告灯、霓虹灯闪烁夺目，泛光照明，令人眼花缭乱，有些强光束甚至直冲云霄，使得夜晚如同白天一样，称为人工白昼。

③ 彩光污染是指娱乐场所安装的黑光灯、旋转灯以及闪烁的彩色光源即彩光污染。户外闪烁的各色霓虹灯、广告灯和娱乐场所的各种彩色光源、电视、电脑等带屏幕的家用电器是彩光污染的主要污染源。

（2）其他分类

按视觉环境分为：a. 室外视觉环境污染，如玻璃幕墙；b. 室内视觉环境污染，如歌舞厅的灯光等；c. 局部视觉环境污染，如电脑等工业产品。

按灯光污染类型分为：a. 天空发光，如街灯、广告牌等光线漫射在大气中形成天空发亮；b. 灯光侵入，指灯光投射到不需要的地方，如路灯等；c. 炫目耀眼光，指任何令人不舒服和无用的亮光，如照明灯过分装饰和美化的灯光。

4.5.2.2 光污染的危害

（1）光污染对人体健康的影响

正常情况下，人的眼睛由于瞳孔的调节作用，对一定范围内的光辐射皆可适应，但当光辐射增至一定量时将会对生活和生产环境以及人体健康产生不良影响。人如果长期待在这样的环境下接受照射，会导致白内障、流鼻血等，照在视网膜上的灯光，即使在睡眠期间，也会减少褪黑激素的生成，而褪黑激素能帮助调节昼夜节律，还具有抗氧化的功能。

夜间室外照明特别是建筑物的夜景照明产生的干扰光，有的直射到人的眼睛造成炫光，有的通过窗户照射到室内，把房间照得很亮，影响人的正常工作、生活和休息，打乱了人的生物钟的节律，危害人体健康。如城市“人工白昼”使居住环境夜晚过亮，人们会难以入眠，使人白天头晕心烦，食欲下降，情绪低落，从而导致工作效率低下，造成心理压力。研究还表明，夜晚强烈的灯光照射会扰乱人的正常激素的形成而影响人的健康，增加某些癌症的发病危险，必须引起我们的高度重视。

（2）光污染对天文观测的影响

对天文观测的影响是光污染使见到的星星越来越少。光污染严重的地区，只能看到2等（星等是天文学专用的光度等级量，星等的光度每减少1等，其光度增加2.512倍）的星星，总共只有20～30个。天空发亮，天文望远镜严重贬值。夜空亮度的提高会轻易地使原来4 m口径的望远镜的观测能力降低为1 m口径望远镜的能力。按照大型望远镜造价和口径的三次方程比例的规律计算，这就意味着造价约5亿元的望远镜贬值为不足2 000万元的1 m口径的望远镜了。研究表明，灵敏度极高的天文望远镜可观测到1 000亿光年外星球的光域，一组闪烁于30 km以外的霓虹灯，就可以干扰或掩盖从遥远天体传来的微弱光线。因此，光污染使不少天文台无法进行天文观测，被迫搬家，向偏远的地区转移，耗资巨大。日本东京天文台虽多次搬迁仍觉天空亮度过高，最后选择在夏威夷的基纳莫亚建立新台，安装8 m口径的望远镜。同时，灿烂的星空和奇妙的天文现象令人赞叹，然而，现在全球约1/5的人看不见银河。夜空中的大量星星已在人们的视野中消失。

(3) 光污染对交通的影响

光污染危及交通安全主要表现在干扰驾驶员视觉作业。城市照明产生的光干扰，特别是眩光对汽车或火车司机的视觉作业造成的不良影响，降低司机的工作效率，甚至引发交通事故。如烈日下驾车行驶的司机会出其不意地遭到玻璃幕墙反射光的突然袭击，眼睛受到强烈刺激，很容易诱发车祸。对旅客的正常视觉活动，如走路，识别路标、障碍及周围环境状况等也会造成影响。此外，就是影响为交通运输作业提供视觉信息的信号灯、灯塔和灯光标志等的正常工作，降低其工作效能。虽然随着电子技术的发展、在车辆上安装了不少先进的视觉采集设备，而大量的信息还是靠人眼观察，因此，排除干扰光对交通信息源的影响，成为解决光污染对交通影响的重点。

(4) 光污染对动植物的影响

研究表明，除极少数在夜间活动的动物外，大多数动物在夜晚安静不动，不喜欢强光照射。可是夜间室外照明产生的天空光、溢散光、干扰光和反射光往往把动物的生活和休息环境照得很亮，打乱了动物昼夜生活的生物钟的节律，使之不能入睡和休息。对野生动物和鱼类动物，除了可见光影响，照明器具发射的辐射能量对动物生长和成长也有影响。另外，由于昆虫的向光性，室外的夜间灯光可吸引大量的昆虫，特别是产卵期，大量昆虫集中在照明区域，虫卵很快就会变成幼虫和成虫，进而引起虫害。

光污染对植物的影响是破坏了植物的生物钟的节律。植物和其他生物一样，日长夜息，具有明显的生长周期性。如果夜间室外灯光照射植物，特别是长时间高辐射能量作用于植物，就会使植物的叶或茎变色，甚至枯死。另外，对植物花芽形成的影响以及对植物休眠和冬芽的形成都有一定影响。

(5) 光污染对城市环境及气候的影响

对城市环境的影响表现在城市的夜景照明，特别是那些“不夜城”的夜景照明不仅耗电多，加剧城市用电紧张，而且耗费资源，污染自然环境。同时，因发电所产生的CO_2和SO_2等也污染了空气。对城市气候的影响表现在照明设备排放的热量助长了城市的温升，最后导致城市气候异常情况的发生。

4.5.2.3 光污染防治的建议

目前，光污染还没有非常好的防治技术，只能以防为主，防治结合。

① 完善相关法律法规。相关部门要做好光污染的宣传工作，制定相应技术标准和法律法规，采取综合的防治措施。建立和健全监管机制，为各级政府和相关部门提供明确的指导和依据。认真做好防治光污染监督与管理工作。对违反光污染防治法规的行为，设定相应的法律责任和处罚措施，确保法律的严肃性和执行力。

② 加强光污染监测与执法。建立健全光污染监测体系。通过设立监测站点、使用先进监测设备等方式，对城市中的光污染进行实时监测和数据分析。监测数据可以为政府决策和执法提供依据，帮助了解光污染的现状和趋势，为制定有效的防治措施提供科学依据。

③ 优化城市规划与建筑设计。在制定城市规划时，应充分考虑光污染对居民生活和生态环境的影响，合理规划城市照明布局和光源分布。避免过度照明和不合理照明，减少光污染的产生。建筑物装饰尽量不用玻璃大理石、铝合金等材料，涂料也要选择反射系数低的。在我国，许多城市仍将玻璃幕墙等作为一种时髦装饰大量使用，导致城市的光污染源大量增加，这是一个必须正视的问题。

④ 减少不必要的夜间照明。倡导绿色生活，减少不必要的夜间照明。引导公众形成节能减排、绿色消费的生活理念，可以有效减少光污染的产生，保护生态环境和人体健康。

⑤ 采用智能照明系统。智能照明系统可以根据时间和光照条件自动调节灯光亮度和颜色。通过感应器实时监测环境光线的变化，智能照明系统能够自动调节灯光亮度，确保在提供足够照明的同时，避免过度照明造成的光污染。系统可以根据需要调整灯光颜色，营造舒适、自然的照明环境，减少对人眼的刺激。

⑥ 学会自我保护，提高个人对光污染的防护意识，注意个人保健。科学使用合理的灯光，注意调整亮度，白天使用自然光。个人如果不能避免长期处于光污染的工作环境中，应该考虑到防止光污染的问题，采用个人防护措施：戴防护镜、防护面罩，穿防护服等。高危工作者应该定期去医院眼科做检查以及时发现病情。

总之，对待光污染要有一个正确的认识，坚持“以防为主，防治结合”的方法才能做好光污染的防治工作，营造一个优良的光环境。

4.5.3 振动污染

振动污染与噪声污染是一对孪生兄弟，从物理角度来看，两者都是因物体产生振动而发出的一种波。只不过传播的途径不同，噪声污染是通过空气传播的，振动污染则是通过固体传播的。对生活环境来说，环境振动一般不会对人造成直接的身体伤害，但它会干扰人们的日常生活，使人感到极度不适和心烦，甚至还会影响到人们的睡眠、休息和学习。振动污染也已成公众为向生态环境管理部门投诉的热门问题之一。

目前，噪声污染已引起人们的警觉，各界已采取必要的防范措施，但人们对振动污染还缺乏应有的认知和预防手段。

4.5.3.1 定义

当物体在其平衡位置围绕平均值或基准值做从大到小、又从小到大的周期性往复运动时，就可以说物体在振动。由外界各种不同振动源所引起周围环境振动，具有不同频率效应的规则或不规则的振动和随机振动，均可称为环境振动，当振动引起人体伤害或建筑物、机械设备损坏时，就形成了振动污染。

4.5.3.2 来源

在人类的生产、生活环境中，振动污染主要来源于自然界和人为活动两种。自然界的振动主要有地震、海啸，严重的会造成房屋倒塌、人员伤亡、生产中断，一般持续时间较短。人为活动引起的振动主要有：工业振动（如工厂中的大型冲压机器）、交通振动（如铁路、地铁、汽车行驶）、建筑振动（如工地上汽锤打桩、用电钻打眼）等。相比之下，人为活动引起的振动污染远远大于自然振动带来的危害。

4.5.3.3　振动的危害

（1）振动对人体的危害

人体是一个弹性体，各器官都有它固有的频率，当外来振动的频率与人体某器官的频率一致时，会引起共振，因而对该器官产生最大影响。在振动对人体的影响因素中，起主要作用的是振动的频率。人体能够感知的振动频率范围是1～1 000 Hz，其中对1～80 Hz的振动特别敏感，这主要是人的各种器官的共振频率集中在这个范围内。当人体承受一定频率的振动时，振动的强度越大对人体机能的影响就越大。振动通常采用位移、速度、加速度来描述。环境振动的位移值相对较小，不易测量，而且人体对振动的感受与振动速度和加速度有更强的关联性。因此，研究环境振动产生的影响时，用速度和加速度这两个物理量来描述是比较恰当的。

人体系统对振动的效应，最主要的部件是“胸—腹”系统。而“胸—腹”系统对频率为3～8 Hz的振动有明显的共振响应。所以频率为3～8 Hz的振动对人体影响和危害最大。

接触强烈的全身振动还可能导致内脏器官的损伤或移位，周围神经和血管功能的改变。振动加速度还导致恶心、呕吐、出冷汗、头痛头晕、呼吸浅表、心率和血压降低等。女工可发生子宫脱垂、自然流产及异常分娩率增加。晕车晕船即属于全身振动性疾病。全身振动还可造成腰椎损伤等运动系统伤害。人对全身振动的主观反应见表4－10。

表4－10　全身振动的主观反应

主观感觉	频率/Hz
腹痛	6～12
	40
	70
胸痛	5～7
	6～12
背痛	40
	70
尿急感	10～20
头部症状	3～10
	40
	70
呼吸困难	1～3

局部接触强烈振动以手接触振动工具的方式为主，局部振动能引起末梢循环、末梢神经和骨关节肌肉运动系统的障碍等；如握力下降、肌肉萎缩、疼痛等。引起骨和关节改变，出现骨质增生、骨质疏松等。

振动病。我国已将振动病列为法定职业病。振动病主要是由于局部肢体（主要是手）长期接触强烈振动而引起的。早期可出现肢端感觉异常、振动感觉减退。主诉手部症状为手麻、手疼、手胀、手凉、手掌多汗，手疼多在夜间发生，其次为手僵、手颤、手无力（多在工作后发生），手指遇冷即出现缺血发白，严重时血管痉挛明显。X 射线摄影胶片可见骨及关节改变。

（2）振动对机械设备的危害

振动会使机械设备疲劳和磨损，从而缩短机械设备的使用寿命，甚至引起机械设备中的构件发生刚性和强度破坏。

振动还会导致机器和仪器仪表的工作效率、工作质量和工作精度的降低；各类精密加工设备对不同加工件的精度，有不同的允许振动要求。允许振动速度控制指标一般在 0.05 ~0.5 mm/s，当外界传递来的振动超过其允许振动速度的控制指标，就会对产品的光洁度、波纹度、不圆度、垂直度，或尺寸精度的积累误差发生不良的影响。

飞机机翼的颤振、机轮的摆动和发动机的异常振动，都可能造成飞行事故。另外，机械结构的振动是产生结构振动辐射噪声的主要原因。

4.5.3.4 振动的防护措施

随着人们对生活质量要求的提高，环境振动对人体的影响以及造成的扰民现象日益成为普遍关注和有待解决的问题。对于交通，工业等长期存在的振动源，应该从振动源本身着手以及积极采取防护措施，减少环境振动对人体产生的各种危害。如交通工具的振动应该降低低频的振动强度，以减少乘客晕车等运动病的发生以及对司机内脏的损伤。工业中的振动比较复杂，可以通过隔振设备来减小振动，另外，也应该积极探讨用机械自动化来取代振动较为严重的人工操作平台。具体防护措施有：a. 改革工艺设备和方法，从生产工艺上控制或消除振动源是振动控制的最根本措施；b. 采取自动化、半自动化控制装置，减少接振；c. 改进振动设备与工具，降低振动强度；或减少手持振动工具的重量，以减轻肌肉负荷和静力紧张等；d. 在地板及设备地基采取隔振措施（橡胶减振层、软木减振垫层、玻璃纤维毡减振垫层、复合式隔振装置），在公路上，采用无缝线路、减轻车辆的质量、保持路面平坦等方法能有效减弱振动；e. 减少人体接振时间，建立合理的劳动制度，坚持工间休息及定期轮换工作制度，以利于各器官系统功能的恢复。

思考题

1. 对噪声进行控制，可以从哪些方面着手？

2. 什么是放射性污染？环境中的放射性来源主要有哪些？

3. 手机是日常生活中常见的电磁辐射源，在使用中如何尽量降低其对人体的辐射效应？

4. 电磁辐射对人体的影响有哪些？

5. 什么是光污染？光污染有哪些类型？

第5章　食品与人体健康

5.1　食品与食品安全概述

自古以来食品就是关乎国计民生的重大问题。中国有句古话叫作“民以食为天”，它既反映了老百姓最重要的生活内容，也突出了政府的重要职责。解决好“吃”的问题，民生问题就有一个稳定的基础。饮食出现问题，就会带来一系列的麻烦，小到个人的身体健康，大到社会的安全稳定。近年来，随着经济日益全球化和国际食品贸易规模的扩大，一些影响大、涉及广的重大食品安全事件屡屡发生，严重威胁着人们的生命财产安全。在工业国家有将近30%的民众曾因食物的安全问题引发疾病，在美国，每年因食物而引起的案件数量约为350起，约有4 800万人患食源性疾病，其中约3 000人死亡。在欧洲及中亚地区，受食物引起的疾病影响的有1 300万人，不论是在发展中国家，还是在发达国家，食源性疾病一直是人类健康的重要威胁，使得人们不得不重视食品安全问题。在我国，随着经济的发展和人民生活水平的不断提高，人民健康意识增强，尤其是在2005年的苏丹红事件和2008年的三聚氰胺事件之后，食品安全问题前所未有地成为公众密切关注的焦点问题之一，重视食品安全，已经成为衡量人民生活质量、社会管理水平和国家法治建设的一个重要方面。

5.1.1　食品与食品安全

《食品工业基本术语》（GB/T 15091—1994）对食品的定义为“可供人类食用或饮用的物质，包括加工食品、半成品和未加工食品，不包括烟草或只作药品用的物质”。《中华人民共和国食品安全法》对“食品”的法律定义是“指各种供人食用或者饮用的成品和原料以及按照传统既是食品又是中药材的物品，但是不包括以治疗为目的的物品”。在进出口食品检验检疫管理工作中，通常还把“其他与食品有关的物品”列入食品的管理范畴，从食品安全立法和管理的角度，广义的食品概念还涉及：所生产食品的原料，食品原料种植、养殖过程接触的物质和环境，食品的添加物质，所有直接或间接接触食品的包装材料、设施以及影响食品原有品质的环境。

不同机构和学者对食品安全的概念给出了不同的定义，具有代表性的有以下三种。

第一种观点认为，食品安全包含三个方面的含义：一是从质量的角度，要求食物营养全面，结构合理，卫生健康；二是从数量的角度，人们既能买得到又能买得起的基本食品；三是从发展的角度，要求食物的获取既要注重生态环境的保护，又要注重资源利用的可持续性。

第二种观点认为，食品安全是指食品本身对消费者安全性的影响，即，一是食品中有毒、有害物质对人体健康的危害，二是政府、国家监管部门给老百姓提供的食品安全方面的保障。

第三种食品安全概念是目前普遍被大家认可的观点，由世界卫生组织在 1996 年提出，食品安全是对食品按其原定用途进行制作和食用时不会使消费者受害的一种担保。它主要是指在食品的生产和消费过程中没有达到危害剂量的有毒、有害物质或因素的加入，从而保证人体按正常剂量和以正确方式摄入这样的食品时不会受到急性或慢性的危害，这种危害包括对摄入者本身及其后代的不良影响。

5.1.2 食品安全问题及现状

在我国社会转型和产业结构调整的过程中，食品工业发生了巨大变革：生产企业众多、产品品种繁多、产品数量充裕、产品总量过多，呈现出食品产业的市场繁荣和竞争激烈的局面。然而在满足社会需求和经济发展要求的同时，食品的安全生产和产品质量却也面临着前所未有的威胁和挑战。一些食品加工企业在经济利益的诱惑下，摒弃了企业的社会公德，忽视了市场经济的企业行为准则、制售不符合国家标准甚至假冒伪劣的产品，导致社会主义市场经济的稳定秩序遭到了严重破坏。在三聚氰胺事件后，危害人类身体健康和生命安全及危及社会稳定的重大食品安全事件频繁发生，令人防不胜防的食品安全事件引起的突发性社会舆论事件呈上升趋势，这些都已经危及到了国家的社会安定和经济的健康发展。

食品安全不仅与人们的生活质量和健康水平密切相关，而且是衡量政府及其职能部门能力的重要标尺。随着我国社会转型和经济转轨的巨大社会变革，食品工业发展也取得了前所未有的良好发展新局面。在带动农业产业发展、增加社会就业、减轻农民负担及巩固国民经济又好又快的发展方面，都显现出了食品工业发展的积极性和重要性。

在过去的这些年里，我们见证了数起食品安全事件的发生。从三聚氰胺事件，到瘦肉精、地沟油、苏丹红等非法添加物的滥用；从毒豆芽、毒生姜等问题农产品，到过期食品翻新再售，每一起事件都让消费者感到震惊和愤怒。这些食品安全问题不仅给受害者带来了巨大的身体伤害和精神痛苦，也严重影响了整个食品行业的声誉和形象。三聚氰胺事件无疑是其中一个极具代表性的案例。当年，一些不良企业为了提高蛋白质检测含量，在婴幼儿奶粉中非法添加三聚氰胺，导致众多婴儿患上肾结石等严重疾病，给无数家庭带来了难以承受的痛苦。这一事件让人们对乳制品行业的信任度急剧下降，也促使政府加大了对食品安全的监管力度。瘦肉精可以使猪等牲畜的瘦肉率提高，但它对人体健康有着极大的危害。一些不法商贩为了追求经济利益，不顾消费者的生命安全，在养殖过程中大量使用瘦肉精。这种行为不仅打破了道德和法律底线，也给整个肉类行业带来了负面影响。为了杜绝瘦肉精的滥用，政府加强了对养殖环节的监管，同时提高对违法使用瘦肉精行为的处罚力度。地沟油更是让人谈之色变。地沟油是从餐馆、酒店等场所的下水道中回收的废弃油脂，经过简单加工后又重新流入市场。这种油含有大量的致癌物质，对人体健康构成了严重威胁。地沟油的存在不仅反映了一些不法分子的无耻，也暴露了我们在餐厨垃圾处理和食用油监管方面的不足。要解决地沟油问题，我们需要从源头抓起，加强对餐厨垃圾的管理，同时加大对食用油生产和销售环节的监管力度。除了这些较为突出的事件外，还有许多其他食品安全问题也不容忽视。比如，一些企业为了延长食品保质期，过量使用防腐剂等食品添加剂；一些小作坊生产环境卫生条件极差，存在严重的微生物污染；一些商家销售假冒伪劣食品，欺骗消费者等。这些问题都需要我们认真对待，采取有效措施加以解决。

5.1.3　食品安全与食品污染

食品污染是影响食品安全的主要问题。食品污染主要包括微生物引起的食源性污染、化学性污染、食品加工技术带来的污染以及包装材料污染四个方面。

5.1.3.1　微生物引起的食源性污染

微生物引起的食源性疾病是影响我国食品安全的主要因素。近年来，我国由微生物导致的食源性疾病大约占总的食物中毒事件的40%，中毒人数占食物中毒总人数的一半以上，这类食品安全问题是影响我国食品事业发展的一道障碍。微生物引起食源性疾病主要是由于病原微生物对食品的污染。病原微生物污染又称生物性污染，它可引起因食品中细菌大量繁殖而导致的食用者感染型中毒或因细菌繁殖产生菌毒素引起的毒素型中毒，造成这类食源性疾病的微生物主要是沙门氏菌、致病性大肠杆菌、肉毒杆菌等。

微生物引起食源性问题有多方面的原因：

① 食品的原料加工过程和食品本身营养成分、水分、pH等因素决定了它具备一定的微生物生长条件。如果存储不当或者杀菌不彻底，食品就易成为多种微生物的“培养基”。例如肉毒杆菌在pH大于4.6、食品水活性大于0.95、食品贮藏温度大于3.3 ℃的密闭无氧状态下能够生长并产生毒素，而低酸性罐头食品、以肠衣密封的肉制品及腌制的肉类食品等恰恰因为可以满足以上条件而易被其侵染。

② 由于检测不及时或存在检测技术漏洞，已受致病微生物侵害的动植物被作为食品原料进行加工，或者食品在采集、生产、加工、运输中由于杀菌不彻底、设施落后和企业管理者安全意识淡薄、管理不善等原因使食品受到病原微生物的污染，人进食这些食品后易形成食物中毒。

③ 由于我国的食品安全微生物风险评估与预报体系还不是很完善，在食源性致病菌控制方面缺乏化学和生物性危害监测、暴露评估和定量危险性评估的数据，更缺乏检验技术，所以不能高效地针对食品中某些暴露的微生物因素对人体健康产生的不良后果进行鉴定、确认和定量，做出精确的风险特征描述，不能有效降低微生物导致的食源性疾病对社会的危害。

5.1.3.2　食品的化学性污染

化学物质污染是引起我国食品安全问题不可忽视的因素之一。

食品的化学性污染主要包括以下几方面：

（1）农药残留

据统计，全世界每年有超过200万人由于食用农药残留的食物而出现不同程度的病症。而在我国，农业农村部曾对全国50多个蔬菜品种、1293个样品进行检测，结果发现蔬菜农药残留检测合格率不到80%。农药残留问题也已成为影响我国食品安全的一个重要因素。

造成农药残留的主要原因：长期使用同一种农药对植物进行病虫害防治，甚至人为加重农药剂量、缩短药剂间隔期从而使许多化学药剂在短时间内无法完全降解，蔬菜通过表面黏附、体内吸收农药直接污染和从环境中吸收农药间接污染而成为“毒菜”“药菜”。除此之外，在食品贮存、加工过程中，由于器具、机械等的不恰当消毒也有可能造成农药残留。这些残留的农药一旦进入人体就有可能造成危害，如人们长期使用的有机氯农药（如三氯杀螨醇等）就属于高残留农药，这类农药具有强积聚性、高致病性，不仅会影响人体内多种酶的正常反应，而且会降低白细胞的吞噬功能，降低人体免疫力。

有专家提出：食用不同食品，会造成农药残留暴露的聚集效应，即农药来自不同食品造成摄入量的增加。也存在来自同一食品中含有不同农药的可能，或者说不同化学物的混合效应，而且这些农药具有相同的毒性作用机理，造成暴露效应的加和，形成农药残留暴露的累积效应。这样就有可能使农药残留产生的毒副作用更加明显。

（2）动物性药物残留

动物性药物残留以兽药残留为主。兽药残留是“兽药在动物性食品中的残留”的简称，主要是由于非法使用违禁药物、滥用抗菌药物和药物添加剂，不遵守休药期的规定而引起的。残留的药物以抗菌类药物为主。虽然我国已经制定了关于动物性食品药剂剂量的各项规定，但是使用禁用药剂、滥用抗生药剂的现象仍十分严重，如发生在一些地方的“瘦肉精”急性中毒事件等。

以体内残留药物的动物作为食品原料，极易对人体造成影响。虽然兽药残留浓度一般较低，不易引起急性食物中毒，但是长期进食兽药残留的食物会由于药物不断积聚而导致人体免疫力下降，甚至造成对人体某些内脏器官的损伤。抗菌药的残留及耐药性的产生可严重影响人类的健康，甚至威胁到人类的生命。消费者食用了含抗菌药原药或其主要的代谢物的动物食品，这些抗菌药或其代谢产物可以直接对人体产生危害或者通过生物富集作用对人体产生不良影响，可引起一般急、慢性中毒反应，激素样作用，过敏反应等，同时还会对人体神经系统、血液系统、消化系统等产生毒害作用，削弱人体的抵抗力。如氯霉素可以杀伤人体的白细胞，某些磺胺类药物可以对人的肾脏造成一定危害等。此外，有试验结果表明许多兽药还具有致畸、致突变或致癌作用。

(3) 重金属残留

当进入土壤的有害、有毒物质超过土壤的自净能力时，就会导致土壤的物理、化学性质发生改变，导致作物产量和品质发生改变，间接影响人的健康，因此土壤污染也是影响食品安全的一个因素。在这些污染中，广为人们所关注的是土壤的重金属污染。

我国土壤重金属残留现象日益突出。在农业上，化肥、复合肥超量使用及农药不规范施用，使许多化学物质进入土壤，由于无机物尤其是重金属在土壤中不像有机物那样易分解和降解，大多易在土壤中残留积累，这样就使得重金属特别是铬、砷超标残留。土壤重金属污染不仅可以改变土壤的属性，影响土壤的正常功能，阻碍作物生长，而且可以通过食物链危害人体健康。重金属在土壤中的污染具有蓄积性，当其积累到一定程度后，就可以通过植物的叶片和果实进行富集，进食这样的食物会对人体产生一定的毒副作用。例如长期进食含铅量较高的蔬菜和果实，当人体的铅积聚到一定程度后可导致血红蛋白量降低，形成贫血，长此以往还有可能引起中枢神经系统和周围神经系统的损伤。

5.1.3.3 食品加工技术带来的污染

食品安全关乎每个人的健康，人们对食品的色、香、味提出要求的同时，更应该注重它的安全性。最新研究发现，一些在生活中常见的食品加工方式如腌、烧、烤、熏、炸等会产生一些不被人们察觉的强致癌、致畸变的化学物质，对人类健康构成潜在威胁。例如，熏制食物如熏肉、熏肝、熏鱼、熏蛋、熏豆腐干等，在熏制过程中常因木柴、煤炭、谷糠、秸草、液化石油气等不完全燃烧而含强致癌物苯并［*a*］芘，因此经常食用熏制食物易患食管癌和胃癌；腌制食物如咸鱼、咸肉、虾酱、咸蛋、咸菜、腊肠、火腿等，在腌制过程中可产生二甲基亚硝酸盐，它在体内会转化为致癌物质二甲基亚硝酸胺，因此长期食用腌制食物会导致胃、肠、胰腺等消化道癌变概率升高。因此，专家建议烹调食物最好选择清淡的方式，例如水煮、清蒸等，吃的食物也最好以新鲜为主，这都有助于养成健康的饮食习惯，避免“癌从口入”。

5.1.3.4 包装材料污染

食品卫生界一直对食品容器、包装材料的卫生问题十分重视，并对此多有研究。食品包装材料要尽量选择符合耐冷冻、耐高温、耐油脂、防渗透、抗酸碱、防潮、保香、保色、保味、美观等一般要求，同时还应特别考虑食品容器、包装材料等可能对食品造成的污染。近年来，国内外都曾发生过由于食品的容器、包装材料等引起的中毒事件。如意大利曾发生用陶罐盛放苹果汁造成饮用者及其婴儿中毒的案例，我国也发生过用电木碗盛饭造成集体中毒的事件。世界上许多国家都对食品包装材料的安全问题相当重视，不少国家已制定了较详细的法律法规。我国2015年新修订的《中华人民共和国食品安全法》第四章第三十三条第（六）项和第（七）项规定：“贮存、运输和装卸食品的容器、工具和设备应当安全、无害，保持清洁，防止食品污染，并符合保证食品安全所需的温度、湿度等特殊要求，不得将食品与有毒、有害物品一同贮存、运输”“直接入口的食品应当使用无毒、清洁的包装材料、餐具、饮具和容器”。

5.2 食品污染与人体健康

随着全球经济的发展和人民生活水平的日益提高，由食品污染引发的食品安全事件屡见不鲜。20 世纪 90 年代流行的牛海绵状脑病（俗称疯牛病）蔓延了整个欧洲和部分亚洲地区，至今英国已有数百人死于此病，屠杀、焚烧病牛造成的损失高达数百亿英磅。1997 年发生的高致病性禽流感事件波及中国、日本、韩国等 15 个亚洲国家和地区，全球 393 人感染，其中 248 人死亡，死亡率达 63%。受到污染的食品将对人体健康产生极大危害，甚至危及人的生命。现代人为保证身体健康，应尽可能了解食品污染的相关知识，避免食用污染食品。

5.2.1 生物性污染与人体健康

食品的生物性污染是指微生物、寄生虫、昆虫等生物对食品的污染。在食品加工、贮存、运输、销售、食用的整个过程中，每一个环节都有可能受到生物性污染，危害人体健康。所以，生物性污染是影响食品安全性的重要因素，其中微生物污染是影响中国食品安全的最主要因素。微生物的类群十分庞杂，包括细菌、放线菌、单细胞藻类、真菌以及不具细胞结构的病毒。本节将着重介绍各种微生物对食品安全的影响，同时将介绍各种植物、动物自然产生的物质及其他生物性污染食品与健康的关系。

5.2.1.1 食品和微生物

在人类生活的自然界中生存着无数的微生物，它们在物质循环中起着重要作用，同时也可引起食品的腐败、发酵及动植物致病作用等。暴露于自然环境中的食品不可避免地要经常受到微生物的污染，因而，一般在生鲜和加工的食品中，除去罐头和蒸馏酒等，很难做到无菌。然而，食品中存在着各种各样固有的微生物，这些为非病原菌，一般不作为食品卫生的对象。但是在人畜的消化道、呼吸道、化脓灶等处存在的病原微生物，一旦被排出，污染了食品和水，则会产生食品卫生问题。

食品中有代表性的细菌、霉菌、酵母菌有以下几类：

（1）细菌类

① 杆菌属。为革兰氏阳性好氧性芽孢杆菌，广泛分布于土壤等自然界，因可形成耐热性芽孢，故为加热过的食品腐败的主要原因。代表菌有枯草杆菌。致病菌有炭疽杆菌，蜡样芽孢杆菌有时也会导致食物中毒。

② 球菌属。为无芽孢革兰氏阳性球菌，很多能产生非水溶性色素，广泛分布于自然界。分解蛋白质的细菌是重要的腐败菌，但非致病菌，代表性的有藤黄微球菌等。

③ 假单胞菌属。为革兰氏阴性杆菌，菌体的一端有单鞭毛或束毛性鞭毛。代表性的水生细菌荧光假单胞菌是低温细菌，附着于鱼、贝类，因分解蛋白质，主要起腐败作用。绿脓假单胞菌产生绿脓菌素，脓呈绿色，有时显示致病性。鱼、贝类的其他腐败菌

有无色杆菌属、产黄菌属、产碱杆菌属等。发光菌属在鱼、贝类上繁殖，发光。

④ 弧菌属。为菌体稍弯曲的革兰氏阴性菌，一端具有单根鞭毛，在淡水、海水中分布很多。作为食物中毒菌的有副溶血性弧菌（肠炎弧菌）。传染病菌有霍乱弧菌。

⑤ 变形菌属。为革兰氏阴性杆菌，属肠杆菌科，分解尿素和蛋白质，是动物性食品的腐败菌。代表菌为普通变形杆菌。有的菌也与食物中毒有关。

⑥ 沙雷氏菌属。为革兰氏阴性杆菌，属肠杆菌科，分解蛋白质强烈，是食品的腐败菌，有产生红色色素的黏质沙雷氏菌（灵杆菌）。

⑦ 艾希氏菌属。属肠杆菌科，是重要的粪便污染指标菌。

⑧ 乳酸杆菌属。为革兰氏阳性杆菌，发酵糖类，产生乳酸，也称为乳酸菌。代表菌有保加利亚乳杆菌、嗜酸乳杆菌等，常以其作为乳酪、酸乳酪、乳酸饮料的发酵菌。也有使酒类、豆酱、浸渍食物品质降低的有害菌。其他乳酸菌有革兰氏阳性乳酸链球菌。

⑨ 梭状芽孢杆菌属。为革兰氏阳性杆菌，有芽孢，专性厌氧菌，广泛分布于土壤中。在食品洗涤和灭菌不完全的罐头中，因缺少氧气而产生芽孢，引起腐败，有酪酸梭状芽孢杆菌、产芽孢梭状芽孢杆菌。食物中毒菌有产气荚膜梭状芽孢杆菌、肉毒杆菌。

（2）丝状菌（霉菌类）

霉菌类的孢子广泛存在于自然界，如生长环境适宜，则可发芽、繁殖，是嗜氧性的。

① 曲霉菌属。是食品中最普遍见到。用米曲霉制成发酵用曲，在制造酒、豆酱、酱油等过程中是很重要的。灰绿曲霉是在高浓度的糖和食盐中生长的有害菌。还有产生黄曲霉毒素的黄曲霉菌。

② 青霉菌属。在食品中可普遍看到。有很多可使水果、乳酪等腐败，也有可导致黄变米（一种霉变的米）的特异青霉菌，产黄青霉菌等可用于生产青霉素。

③ 毛霉菌属和根霉菌属。在水果、蔬菜等中生长良好，可使其腐败。

（3）酵母类

细胞为圆形或卵圆形，可由分芽进行繁殖。被用于生产发酵制品，有时和细菌共存，使食品腐败。串酵母属常用作食用酵母。产膜酵母、红色串酵母属是对食品有害的菌属。

5.2.1.2 食品的腐败

（1）腐败的概念

动植物组织由于微生物的侵入和繁殖而被分解变为低级化合物，广义地称为腐败（putrefaction，decay 或 spoilage）。狭义而言，腐败则意味着动植物组织在厌氧状态下由于微生物所进行的蛋白质分解过程，产生了各种氨基酸、胺，同时随之产生了硫化氢、硫醇、氨、甲烷等恶臭气体。在氧气供给充分的环境中发生好氧性细菌引起的蛋白质氧化分解，比厌氧状态分解得更迅速，此时由于硫化氢、硫醇类化合物变为硫酸盐，甲烷变成二氧化碳，所以不产生恶臭气体。微生物分解食品中的碳水化合物、脂肪的过程称为变质，此时产生的有害物质较少。食品成分被这些微生物分解，失去可食性的过程称为食品的腐败。

（2）腐败微生物

引起腐败的微生物在分类学上无确定的种类。食品由于受到自然环境中无数微生物的污染，则有腐败的可能性。由于食品的成分、水分、温度、pH、氧化还原电势等不同，食品中最易繁殖的微生物会形成一定的微生物群落，主要微生物如下：

① 好氧性或兼性厌氧性菌主要包括杆菌、假单胞菌、变形菌、沙雷氏菌、肠杆菌、艾希氏菌、无色杆菌、产黄菌、微球菌、链球菌、乳酸杆菌。

② 专性厌氧性菌主要包括梭状芽孢杆菌。

③ 酵母菌类主要包括酵母菌属、球拟酵母菌属、结合酵母菌属。

④ 霉菌类主要包括曲霉菌、青霉菌、毛霉菌、根霉菌、链孢霉属。

（3）腐败的化学变化及生成物

动物死后，由于其肌肉中含有的糖原生成了乳酸，使 pH 降低，肌肉中的肌球蛋白随着 ATP 的分解和肌动蛋白结合，成为肌动球蛋白，使肉硬化，引起死后僵直、随后由含在组织中的组织蛋白酶的蛋白质分解酶而自行消化，生成蛋白胨。这样，细菌在变化了的肉中迅速繁殖，开始腐败，通过细菌各种酶的氧化、还原、合成等反应生成最低级的分解产物。即蛋白质通过细菌的蛋白质分解酶生成蛋白胨，然后分解为多肽、二肽，再分解为氨基酸。生成的氨基酸通过细菌的氧化、还原、不饱和化、水解、斯提柯兰氏反应等脱去氨基生成羧酸、酮酸、羟基酸、醛、氨、二氧化碳等。同时，氨基酸通过细菌特异性的脱羧酶作用，脱去羧基，生成与各氨基酸对应的胺和二氧化碳。胺类通过胺氧化酶进一步分解，生成氨、二氧化碳、水。含硫氨基酸被脱硫酶分解，产生硫化氢及恶臭，同时通过水解生成硫醇。

脂肪通过细菌脂肪酶分解为甘油和脂肪酸。不饱和脂肪酸被空气中的氧气和细菌氧化，生成过氧化物而显示出毒性，再分解为醛、羧酸，产生特有的酸败臭味。食品中的碳水化合物经细菌的呼吸和发酵被分解生成各种有机酸，引起酸败，破坏了食品的风味。

（4）腐败的防止

要防止食品的腐败，其根本是要防止微生物的污染，即使被污染也要阻止微生物的生长繁殖。为防止腐败可根据食品的种类和用途，采用以下的物理化学方法：

① 冷藏及冷冻。降低温度使微生物的活动减弱或停止。中温细菌在 0 ~ 10 ℃几乎不生长，因此可在 0 ~ 10 ℃保存食品。在 0 ℃以下冷冻可使食品冻结保存。

即使在冻结状态下，食品中残存的细菌也不少。因为低温细菌在 0 ~ 5 ℃条件下会缓慢繁殖，故切忌过分相信冷藏库。冷冻食品的保存标准规定要在 −15 ℃以下保存。

② 加热。通常在 70 ℃下、30 min 的湿热条件下可杀死微生物，但杀灭芽孢菌需要 120 ℃、20 min 的条件。因加热可使微生物死亡、酶也失去活性，所以本法对防止食品变质也是行之有效的。加热方法因食品的种类和用途而异。

牛乳的消毒采用 63 ℃、30 min 加热的低温蒸汽杀菌和 120 ~ 135 ℃的高温 2 s 杀菌的超高温短时加热法进行。罐头等在约 2×10^5 Pa 的高压釜内进行约 115 ℃、20 min 的加热灭菌。

热藏库是在高温状态下保存加热过的调理食品的装置。若保持库内的温度为70～80℃，既无损于食品的组织、风味，也可阻止嗜热细菌的生长。

③ 脱水。除去微生物繁殖所不可缺少的水分并进行干燥，以防止食品腐败，是自古以来采用的保存食品的方法之一。脱水法通常利用太阳的自然干燥和送热风的热风干燥。真空冻结干燥无损于食品的成分、风味，可用于快速保存食品等。用食盐脱水作用进行干燥的盐干法可防止微生物的生长，同时也可防止腐败。

④ 紫外线及放射线照射。直射阳光有很强的杀菌能力，这是利用太阳光线中的紫外线（波长为250～270 nm时杀菌能力最强）。紫外线灭菌灯放射的大部分光能波长为253.7 nm。杀菌效率受照射距离、温度、风速等影响，其效果集中于表面。该方法可用于集中供给饮食设施和食品工厂室内空气消毒、操作台等的灭菌。

放射线杀菌利用放射性物质，用穿透力较强的β－射线、γ－射线照射食品，杀菌及灭虫，可使食品保鲜。

⑤ 食盐或砂糖的渍物法。这是一种把食盐或砂糖高浓度地添加于食品中、脱水的同时可阻止微生物繁殖的方法，把食品做成渍物而保藏。除去嗜盐菌外，一般细菌在含有10%的食盐下难以繁殖。同时在含有50%以上高浓度的砂糖的食品中微生物也难以生长，故用糖渍保存食品。

⑥ 烟熏。把畜肉或鱼肉首先盐藏脱水，然后烟熏，以熏制品保存。熏制过程中醛类、丙酮、甲酸、醋酸、糠醛、杂酚油等被肉吸收，杀菌防腐的同时还可增添风味。

⑦ 添加保存剂。添加合成保存剂是为了防止食品腐败，以抑菌或灭菌方法阻碍微生物活动的方法。

5.2.1.3　细菌性污染

细菌种类繁多，而且生理特性也多种多样，无论环境中有氧或无氧、高温或低温、酸性或碱性，都有适合该种环境的细菌存在。当它们以食品为培养基进行生长繁殖时，可使食品腐败变质。此外，有些细菌可在体内产生芽孢，而芽孢耐高温，一般煮沸方法不能将其除去，降温后，芽孢萌发成新的菌体，再进行生长繁殖。还有些细菌可产生毒素。以上这些都可能使细菌通过食品对人体产生不利影响。

(1) 细菌危害

细菌危害是指细菌及其毒素产生的生物性危害。食品受到细菌，特别是致病菌污染时，不仅使食品腐败变质，更重要的是会引起食物中毒。这些细菌富含分解各种有机物质的酶类，在各种酶的作用下，分解食品中的蛋白质、脂肪及碳水化合物，并产生一系列复杂的生化变化，在降低食物感官性能的同时，降低食物的营养价值，甚至造成食品的严重腐败变质，导致食品安全问题，危害食用者的身体健康和生命安全。

据统计，在各种食物中毒中，细菌性食物中毒最多。虽然全年皆可发生，但在夏、秋两个季节发生较多，因为此时气温较高，微生物易于生长繁殖。细菌性食物中毒的患者一般都表现有明显的胃肠炎症状，其中腹痛、腹泻最为常见。细菌性食物中毒可分为感染型食物中毒和毒素型食物中毒。凡人们食用含有大量病原菌的食物引起消化道感染而造成的中毒称为感染型食物中毒；凡人们食用含有细菌大量繁殖而产生毒素的食物所造成的中毒称为毒素型食物中毒。

（2）引起食物中毒的细菌

常见的引起食物中毒的细菌有：沙门氏菌、葡萄球菌、肉毒梭状芽孢杆菌、蜡状芽孢杆菌、致病性大肠杆菌、结肠炎耶尔森菌、副溶血型弧菌、李斯特菌等。

一般来说，每一类食品具有一些特定适合生长的微生物和某些有关的致病菌。因此，特定食品生产者应该查阅相应领域中的参考资料，充分了解这类产品（如海产品）所特有的微生物和致病菌的种类及其危害程度，以便采取相应的预防措施。

（3）预防措施

要求食品生产者和制造商在处理微生物污染时应达到三个基本要求：① 破坏、消除或减少微生物污染；② 防止再次污染；③ 抑制有害微生物的生长和毒素的产生。为了达到这三项基本要求，可采取一些预防措施，例如在加热等过程中使微生物被破坏和消除。当微生物被消除后，应当采取措施防止再次污染。最后，如果微生物污染不能从食品中彻底消除，则应当抑制微生物的生长和毒素的产生，如借助于食品固有的特性，如pH、水分活度或通过添加盐和其他防腐剂来抑制微生物生长。食品的包装条件和贮存温度也可用于抑制微生物生长。

5.2.1.4 真菌毒素污染

真菌也常常被称为霉菌。霉菌在自然界分布极广，特别是在阴暗、潮湿的环境中更有利于它们的生长。由于霉菌的营养来源主要是糖、少量的无机盐，因此，霉菌极易在粮食、水果等食品上生长，引起腐败变质，使食品失去原有的色、香、味、体，降低甚至完全丧失食用价值，造成经济上的巨大损失。此外，有些霉菌可产生毒素，引起食物中毒。

（1）真菌的危害

食品中真菌的危害主要包括真菌及其毒素、有毒蘑菇对食品造成的危害。霉菌性危害能使食品霉变腐败，还能产生毒素，造成人食用粮食类及其副产品后的食物中毒。霉菌性食物中毒与其他食物中毒一样，没有传染性。但霉菌毒素与细菌毒素不同，它能耐受高温。霉菌毒素是其产生菌在适合产量的条件下所产生的次生代谢产物。在食品加工时，虽然经加热、烹调等处理可杀死霉菌的菌体和孢子，但它们产生的毒素一般不能被破坏。如果人体内的毒素量达到一定程度，即可产生该种毒素所引发的中毒症状。目前已知导致实验动物致癌的霉菌毒素主要有黄曲霉毒素、黄米毒素、杂色曲霉毒素、岛青霉毒素、环氯素等。其中污染及危害最大的是黄曲霉毒素。黄曲霉毒素主要污染粮油及其制品，其他食品也能被其广泛污染，如花生、花生油、玉米、大米等，而胡桃、杏仁、高粱、小麦、黄豆及其他豆类、马铃薯、蛋、奶及奶制品、咸鱼及辣椒等均有被黄曲霉毒素污染的报道。家庭自制发酵食品也能检测出黄曲霉毒素。黄曲霉毒素属于剧毒物质，其毒性比氧化砷还高，人摄入大量黄曲霉毒素可发生急性中毒，当人体持续摄入微量黄曲霉毒素，也可造成慢性中毒。

（2）引起食物中毒的真菌

食品中致病霉菌主要有黄曲霉、青曲霉、麦角霉及寄生曲霉等，见表5－1。

表5－1 常见真菌毒素及其可能涉及的主要微生物和食品种类

真菌毒素	产生真菌毒素的主要微生物	可能涉及的食品种类
黄曲霉毒素	黄曲霉	谷物颗粒、面粉、面包、麦片、爆米花
	寄生曲毒	生奶油
棒曲霉素	圆弧青霉	苹果和苹果制品
	扩展青霉	
青曲霉素	曲霉种属	超市中的发霉食品
赭曲霉素	曲霉	谷物颗粒、绿咖啡豆
	鲜绿青霉	
柄曲霉素	杂色曲霉	谷物颗粒、奶酪、干肉、冷藏与冷冻馅饼

蕈类又称蘑菇，属于担子菌。蘑菇具有独特风味，且有一定的营养价值，它在中国自古以来就是一种很珍贵的食品。有毒蕈类是指人食用后可引起中毒的蕈类。在中国已发现的蕈类有80多种，但有剧毒者不足10种。毒蕈的有毒成分十分复杂，目前对毒蕈毒素尚未完全研究清楚。毒蕈中毒分为6种类型：胃肠中毒型、神经精神型、溶血型、肝肾损害型、呼吸与循环衰竭型、光敏性皮炎型。

（3）预防措施

由于毒菌的种类和食品的种类都很多，其产生毒素的条件和中毒情况也有所不同，因此防止霉菌毒素中毒的措施也不同，现以防止禾谷类作物被霉菌污染为例介绍如下：选用抗病品种；作物收获时要及时晒干、脱粒，因为绝大多数霉菌的生长要求较高的温度和湿度，夏收时节的阴雨天有利于它们的生长和产量，因此，及时晒干和脱粒是避免产生霉菌毒素的重要环节；在粮食的贮存管理中，控制粮食的含水量是防止产生霉菌毒素的关键性措施之一；尽可能保持皮壳完整，使霉菌不易侵入。

食品加工前应测定毒素含量。在食品加工前应对贮存的粮食进行霉菌毒素含量分析。因为霉菌毒素在一般的食品加工洗涤、高温等工序中都不能被破坏，无论制作成哪种食品，其毒素仍存留其中。待到成品检验不合格时，已经造成了经济上的损失。此外，用作饲料的粮食如未经检验，也可能通过食物链引起人的食物中毒。研究证明，牛奶中含有黄曲霉毒素往往是因为奶牛的饲料中含有黄曲霉毒素。

不吃霉变食品、提高自我保护意识。不吃发霉食品也是避免霉菌毒素中毒的一种方法，因为在一般情况下，食品被霉菌污染并产生毒素后，其颜色、光泽、气味、质地等都会发生变化，人们可以用感觉器官加以辨别。对于能用肉眼看到的，如发霉的米粒、豆粒、花生粒等，要将其挑出。发霉严重的食品不能食用，因其营养成分已被霉菌分解利用，对食用者来说，不仅营养价值降低甚至完全丧失，而且还有可能引起霉菌毒素中毒。但是，用这种方法并不能完全避免中毒，因为在有些情况下，如牛奶、面粉等食品中，虽然已有霉菌毒素存在，但不能用肉眼观察到，而且从颜色、质地、气味上也难以分辨。

为预防毒蕈中毒的发生，最根本的办法是切勿采摘和食用野生的蘑菇。

5.2.1.5 病毒污染

病毒是专性寄生微生物，只能在寄主的活细胞中复制，不能在人工培养基上繁殖。当前人们对食品中病毒的了解较少，其主要原因有三：一是病毒不能像细菌和霉菌那样，以食品为培养基进行繁殖，这也是人们忽略病毒性食物中毒的主要原因；二是在食品中的数量少，必须用提取和浓缩的方法，但其回收率低，大约为50%；三是有些食品中的病毒尚不能用当前已有的方法培养出来。尽管如此，关于与食品有关的病毒的报道也逐渐增多，因为在不卫生的条件下可在食品中发现很多肠道细菌病原菌，同样地，也会有病毒存在，即使它们不能繁殖。有研究指出，实际上，任何食品都可以作为病毒的运载工具，特别是人体食入和排出的方式，如食物来源的病毒性肝炎。一些实验认为，病毒性胃肠炎出现的频率仅次于普通感冒，占第二位。近几十年来、由于电子显微镜及相关科学和技术的发展，病毒学研究突飞猛进，被发现的病毒病也日益增多，如病毒性肝炎、病毒性感冒、病毒性痢疾、艾滋病等，而且病毒病中还有不同的型，如病毒性肝炎有甲、乙、丙、丁、戊等型。这些研究结果使病毒的影响愈发受到人们的特别关注。

（1）病毒危害

病毒有专性寄生性。它虽然不能在食品中繁殖，但是食品为病毒提供了很好的保存条件，而病毒可以在食品中残存较长时间。被病毒污染的食品一旦被食用，病毒即可在体内复制，引起病毒性疾病。病毒是一种不能在光学显微镜下观察到的极微小粒子。它们必须寄生在寄主细胞内才能生长繁殖、在寄主细胞外不能繁殖。因此，滤过性病毒在食品中呈惰性状态，不能繁殖。滤过性病毒能通过直接或间接的方式由排泄物传染到食品中。携带病毒的食品加工者可导致食品的直接性污染，而污水则常导致食品的间接性污染。食品中有些滤过性病毒在烹调过程中被钝化，有些滤过性病毒在干燥过程中被钝化，不论怎样，应该避免食品被滤过性病毒污染。

食品中常见的滤过性病毒有肝炎病毒以及一些与肠炎有关的病毒。近年来，人兽共患病毒病也逐渐增多，如猪水疱病病毒、狂犬病病毒、口蹄疫病毒、朊病毒等。总之，随着病毒学的发展，人们对病毒通过食品带给人类的不安全因素的认识也会增多，为保证食品的安全性，对病毒要给予应有的重视。

（2）引起食源性疾病的病毒

病毒在食品上的残存。病毒粒子不仅在自然环境，如土壤、水、空气中存在，甚至在一些物品和金属仪器上也可存在，其存在时间的长短与病毒种类和污染程度有关。病毒性疾病既可以通过食物、粪便感染，还可以通过衣物、接触、飞沫等传播。

一些海洋生物在具有病毒的水中生活时，可将病毒粒子吸收到体内。有研究者对贝类浓缩肠道病毒的情况进行了研究，结果显示贝类浓缩海水中肠道病毒的浓度可高达900倍，如食用此种贝类，毫无疑问，会引起病毒病。因此，在一般的情况下食用毛蚶、牡蛎、蛏子、蛤蜊等水生动物时，食前一定要反复冲洗，漂养1～2 d，使其吐净污泥和不洁的污物及病毒；烹调时要充分加热，烧熟煮透；进食时应多加醋、姜末、大蒜等调味品。如果该地区已有病毒病发生，则不要食用附近水域的贝类，因为病毒的数量过多，很难彻底消灭。另外，诺瓦克病毒和类诺瓦克病毒是极微小的病毒，常引发非细胞性肠胃炎，这种病多见于儿童。病毒可通过沙拉、烤饼和鸡肉三明治等传播。诺瓦克病毒和类诺瓦克病毒的预防和控制与甲肝基本相同。

（3）控制预防措施

控制预防措施关键在于消灭污染源并切断传播途径。针对甲肝病毒等的传染特点，控制和预防的具体措施有：

① 保持食品加工作业区域清洁，消灭污染源。

② 搞好个人卫生，勤洗手。

③ 减少手与食品直接接触。

④ 确保贝类食物的清洁卫生。

⑤ 食品要煮熟，不吃半生不熟的食品，避免吃生海鲜。

5.2.1.6 寄生虫污染

寄生虫的种类很多，其形态和生理特征并不相同。根据它们在动物分类系统中的地位，主要有原虫（属于原生动物门）、蠕虫（属于扁形动物门、线形动物门、棘头动物门和环节动物门）。根据寄生虫在寄主体内的发育阶段，可分为终寄主（寄生虫在其体内能发育到成虫或有性生殖阶段）和中间寄主（寄生虫的幼虫阶段或无性生殖阶段），有的寄生虫可有多个寄主，以人或动物为寄主的寄生虫可诱发人畜共患病，损害人体健康。另外，还可通过携带寄生虫的肉类或肉制品传给人类、引起疾病。所以，寄生虫是食品卫生检验的重要项目，与食品安全关系密切的以蠕虫中的寄生虫最为常见，如吸虫、绦虫、线虫等。

寄生虫是一类专门从其寄主体内获取营养的有机体。有些寄生虫通过受感染寄主排泄的含有寄生虫及寄生虫卵的排泄物污染食品和水源而传播，也有些寄生虫在食用畜禽体内寄生一段时间后，由食用者摄入体内。防止寄生虫由排泄物传播到食品的方法很多，具体包括：食品加工中保持良好的个人卫生，适当处理人类排泄物，不用未经处理或处理不充分的污水浇灌农作物。充分蒸煮食品能消除原料中的寄生虫，冷冻或在特殊情况下进行盐腌也可以消灭食品中的各种寄生虫。食品中常见的寄生虫有囊虫、旋毛虫、弓形虫等。

囊虫是猪带绦虫的幼虫，又称囊尾蚴。人如果吃下未经煮熟含囊尾蚴的猪肉，即受感染，进入人体的囊尾蚴可逐渐发育成为成虫，长期寄生人肠内，此时人患绦虫病，并成为绦虫宿主。当人患绦虫病时，幼虫易在人体内寄生。幼虫进入肠壁，通过血液循环可达全身并在肌肉、皮下组织、脑、眼等处寄生。预防绦虫病的措施是加强肉品卫生检验，不吃未彻底煮熟的肉类，加强粪便管理，防止牲畜食入人粪或人粪污染的饲料和饮水。

旋毛虫是一种很细小的线虫，一般肉眼不易看出，多寄生于猪、狗、猫和鼠体内，是一种常见的病原体。其寄生的主要部位为腹肌、舌肌和心肌，以腹肌最为常见。人吃了未彻底烧熟煮透的带有旋毛虫的病肉后可患病，患者会出现恶心、呕吐、腹泻、高烧、肌肉疼痛，甚至使肌肉运动受到限制。如幼虫进入脑脊髓，还可引起脑膜炎症状。人患旋毛虫病在临床诊断和治疗上均较困难。因此，应做好预防工作，要加强肉品的卫生检验。

弓形虫病原体是一种人畜共患原虫性疾病。人、狗、猫、牛、鼠和鸭等都能感染。此类病国外报道较多，尤其是猪患弓形体病已成为肉品卫生中令人关注的问题。病猪经解剖可见肠系膜淋巴结肿大，呈桃红色。据报道，可疑肉须经冷冻处理，即 -15 ℃下冷冻 3 d，-10 ℃下冷冻 5 d 后再食用。

5.2.1.7 有害动物污染

对食品有害的动物包括壁虱、昆虫、鼠类等。它们不仅使食品受到危害，而且通过接触食品使病原微生物传播，还有的直接危害人体，构成食品卫生问题。此外，它们还将动物性异物混入食品中，造成食品不卫生。

（1）壁虱类

壁虱在谷粉、豆粉类、糕点、乳酪、乳粉等食品中繁殖，使食品受到损害而变质。当湿度在75%以上、食品中含水量在13%以上时，壁虱才能繁殖。因而壁虱污染易发生在高温多湿的5—9 月。

食品中发现的壁虱超过 100 种，特别重要的有粉虱类和跗线螨科两种。粉虱类体长 0.3 ~ 0.6 mm，乳白色，体软。最普通的是腐食酪螨，生长在谷物、奶酪、干鱼、乳粉中，有时也经人的尿、粪便、痰等排出。粗脚粉螨、小麦跗线螨等时常生长于米、麦中。砂糖壁虱多出现在砂糖、豆酱中。河野脂螨多出现在干鱼制品中。跗线螨类体长 0.1 ~ 0.2 mm，是极小型的壁虱。麦跗线螨也可在食品中发现。

壁虱和人的皮肤接触可引起皮炎，吸入还可引起变态性支气管哮喘。

壁虱的防治方法主要有：

a. 食品要密封包装，防止壁虱侵入。

b. 使食品中含水量降至 10% 以下，于防潮的容器内保存，使用干燥剂。

c. 70 ℃加热可杀灭壁虱。

d. 食品进行冷冻可杀灭壁虱，冷藏时壁虱可残存而不繁殖。

e. 食品仓库等可用壁虱杀虫剂氯化苦、溴钾化物、二硫化碳等熏蒸。

（2）昆虫类

能够污染食品的昆虫有多种，其习性和危害也多种多样。其主要危害是使食品受到损害、损耗、变质和沾染病原微生物。

① 蝇类。蝇类为双翅目昆虫，其种类很多。家庭中最常见到的有苍蝇、肉蝇、粪蝇、黑蝇等大型蝇类和在蔬菜、水果中发现的果蝇、蚤蝇等小型蝇类。食品中可发现于蝇类的幼虫，而成虫则发现于厕所、贮肥场、畜舍、禽舍、垃圾场。它们在粪便和污物及食具间飞来飞去，传播经口传染病和引发细菌性食物中毒的病原菌。

② 蜚蠊。蜚蠊是直翅目昆虫。最普通的是褐色的德国小蠊。大型的有黑蜚蠊、美洲大蠊、日本蜚蠊等。白天蜚蠊隐藏在屋内的缝隙和暗处，夜间则出来活动危害食品。还

可出入于不清洁的场所，附着于粪便和其他污物上后，再污染食品、食具，和蝇类一起传播经口传染病及引发沙门氏菌食物中毒。

③ 其他昆虫类。鞘翅目中很多的小甲虫类在食品中繁殖，使贮藏的谷物、糕点、干物等受到损害。谷类中出现谷象虫类污染，干鱼类中出现木鱼虫类污染。

鳞翅目中的小型蛾类也是食品的害虫，经常见到的是损害谷类的谷蛾，损害干鱼、毛皮等的织网衣蛾，谷物、糕点等中出现的粉斑螟蛾等。

齿虫目中的粉茶蛀虫、古茶蛀虫发现于其他谷类中。总尾目的蠹虫类也损害谷类，对紫菜略有损害。

昆虫类的防治主要包括：

a. 了解昆虫的习性，制定防除措施。

b. 为防除苍蝇、蜚蠊类，应彻底清除操作室、食品存放处等地的垃圾和污物，保持清洁，使这些昆虫无处可居。

c. 厕所、储粪处要加盖，防止蝇类出入。

d. 过去广泛采用的杀虫剂 DDT、BHC 等含氯药剂对人体有毒性，要禁止使用。杀虫剂可采用低毒性有机磷剂 DDVP、有机磷杀虫药、马拉硫磷、杀螟松等。去除蜚蠊类可采用残效性较低的有机磷剂杀螟松。对幼虫通常使用乳剂杀虫剂，对成虫使用粉剂，散布时要注意不要散落在食品上。

（3） 鼠类

① 鼠的种类及病害。通常侵入室内、作为食品卫生防护对象的鼠类有沟鼠、角鼠、鼷鼠。沟鼠体型较大、体重 300 ~ 400 g。角鼠体型较小，体重约 250 g。鼷鼠体型极小，体重约 50 g。

鼠类夜间活动，吃毁食品和农作物，咬坏器物、房屋。其粪便、尿还可污染食品，传播经口传染病和引起食物中毒（如沙门氏菌食物中毒）。被鼠咬伤易感染鼠咬病，老鼠携带的跳蚤可传播鼠疫、出疹热等。

② 灭鼠法主要包括：

a. 从根本上调查鼠类生息的环境，杜绝其出现。家庭住房、操作室的结构要使老鼠难于侵入。食品要保存在老鼠进不去的容器、橱柜中。

b. 室内灭鼠剂可采用香豆素系慢性出血毒剂。该药作用慢，连续食用数天，可引起脏器内出血而致死。其他还有鼠特灵剂、黄磷剂、砷剂等速效灭鼠剂。还要考虑防止灭鼠剂对人畜的危害。

c. 可用圈套等捕鼠器。

d. 仓库、船舶等要密闭。可用氰酸、溴甲烷、氯化苦等熏蒸消毒。

5.2.1.8 天然毒素污染

自然产生的毒素包括各种植物、动物和微生物所产生的各种化学物质。

天然毒素是指生物本身含有的或者是生物在代谢过程中产生的某种有毒成分。前面已介绍过细菌和霉菌产生的毒素，下面主要介绍在动植物中存在的天然毒素。一些动植物本身含有某种天然有毒成分或由于贮存条件不当形成某种有毒物质。这些动植物被人食用后都可能产生危害。自然界常见的天然毒素有河鲀毒素、组胺、麻痹性贝类毒素等。

（1）河鲀毒素

河鲀毒素是河鲀所含的有毒成分。它是一种无色针状结晶，微溶于水，对热稳定，煮沸、盐腌、日晒均不被破坏。河鲀的肝、脾、肾、卵巢、卵子、睾丸、皮肤以及血液、眼球等都含有河鲀毒素，其中以卵巢最多。河鲀毒素主要作用于神经系统，阻碍神经传导，可使神经末梢和中枢神经发生麻痹。

预防：由于河鲀毒素耐热，需在 120 ℃、20 ~ 60 min 条件下才可被破坏，一般烹调方法很难将毒素去除。因此最有效的预防方法是避免食用来源不明的野生河鲀，确保所购河鲀源自农业农村部备案的河鲀鱼源基地。

（2）组胺

组胺是组氨酸的分解产物，因此组胺的产生与鱼类所含组氨酸的多少有直接关系。一般海产鱼类中的青皮红肉鱼，如师鱼、竹夹鱼、金枪鱼等都含有较多的组氨酸。当鱼体不新鲜或腐败时，污染鱼体的细菌如组胺无色杆菌，特别是莫根变形杆菌所产生的脱羧酶，就使组氨酸脱羧基形成组胺。在温度为 15 ~ 37 ℃、pH 为 6. 0 ~ 6. 2、含盐分为 3% ~5% 的条件下，最适于组氨酸分解形成组胺。一些青皮红肉鱼（如沙丁鱼）在 37 ℃放置 96 h，产生的组胺可达 1. 6 ~ 3. 2 mg/kg。一般认为，人摄入组胺含量超过 100 mg（相当于 1. 5 mg/kg 体重）时，即可引起中毒。其预防方法主要是防止鱼肉腐烂变质。

（3）麻痹性贝类毒素

麻痹性贝类毒素中毒是由于食用某些贝类如贻贝、蛤类、螺类、牡蛎等引起的，中毒特点为神经麻痹，故称为麻痹性贝类中毒。贝类之所以具有毒性，与海水中的藻类有关。当贝类食入有毒藻类如膝沟藻科的藻类后，其所含有毒物质即进入贝体。这种有毒物质经分离、提纯，得到白色、溶于水、耐热、易被胃肠道吸收的毒素，称之为雪卡毒素，这是一种分子量较小的非蛋白质毒素。该毒素耐热，其罐头被加热至 116 ℃也只能去除 50% 的毒素，因此一般烹调方法不能将此类毒素破坏。

（4）其他天然毒素

其他天然毒素的来源、名称和预防措施见表 5 –2。

表 5 –2　一些天然毒素的来源和预防措施

毒素	来源	预防措施
甲状腺素	动物甲状腺	加强兽医检验，屠宰时去净甲状腺
龙葵素	发芽马铃薯	马铃薯存于干燥阴凉处，食用时挖去芽眼削皮、蒸煮时加醋
皂素，植物血凝素	豆角	煮熟豆角，煮透直至失去原有绿色
类秋水仙素	鲜黄花菜	食用干黄花菜，鲜的需用水浸泡或开水烫后，去水炒煮食用
银杏酸，银杏酣	白果	去皮加水煮熟后，弃水食用，勿食生白果或变质的白果

5.2.1.9 转基因食品的危害

随着生物技术的发展，转基因食品也陆续出现，如转基因的大豆、玉米、番茄、马铃薯、鱼、牛肉等。转基因食品具有产量高、营养丰富、抗病虫害和在不利气候条件下可获得好收成等优点，具有良好的发展前景。在有些国家，如美国和英国等，转基因食品具有一定的市场。但在另一些国家则持否定态度，如西欧有人担心美国推出的转基因玉米可能含有一种抗生素基因，危害食用者的安全，还担心转移到玉米中的基因会扩散到周围环境甚至人畜体内，产生环境和健康问题。美国曾发现一种转基因大豆可诱发食用者出现过敏反应。有研究者指出，许多基因，特别是从细菌中提取的基因都有可能诱发过敏反应。欧洲一些国家规定，基因工程食品应在食品标签上注明。这也反映了目前人们对转基因食品的安全性问题，了解和研究得还很不够，其安全性有待进一步研究确证。

5.2.2 化学性污染与人体健康

随着生活水平的提高，化学药品、化学试剂被广泛使用，食品的化学污染问题也越来越引起人们的关注。食品中化学物质的残留可直接影响到消费者身体健康，因此，降低食物化学污染程度和防止污染物随食品进入人体是提高食品安全性的重要环节之一。有毒的化学物质污染食物常引起很多危害，包括常见的食品化学性中毒。许多化学制品不允许用于食品中，而有些可限量使用。当这些化学物质的剂量超过一定程度时，就可能导致化学中毒。化学性污染的主要来源有环境污染物、农药残留、兽药残留、食品添加剂等，下面将分别介绍其对食品的污染及其与人类健康的关系

5.2.2.1 环境化学污染物

环境污染是人类活动所引起的环境质量下降，而对人类及其他生物的正常生存和发展产生不良影响的现象。人类的食物及原料多来自环境，因此环境污染也是影响食品安全性的重要因素之一。环境污染所造成的食品安全性问题，主要发生在动植物的生产过程中。通常天然的动植物食品原材料本身很少含有有害物质，但在这些动物、植物的生长过程中，环境污染物质进入或积累在个体中，从而进入人的食物链，对食品的安全性造成影响。在食品的生产、加工、储存、分配和制作过程中，也可能存在影响食品安全性的环境污染因素，引发食品的安全性问题。

(1) 大气污染

大气污染是人类活动向大气排放的污染物或由其转化成的二次污染物使大气中的浓度达到有害程度的现象。大气污染物的种类繁多，理化性质复杂、毒性也各不相同。对农作物能够造成危害的大气污染物种类也很多，如 SO_2、Cl_2、HCl、氟化物、NO_x 和粉尘等。长期暴露在污染空气中的动、植物，由于体内和体外污染物增多，可造成其生长发育不良或受阻，甚至发病或死亡。人类食物来自动、植物，因而大气污染也影响到了食品的安全性。

① 氟化物污染。氟化物主要来自以含氟化合物做原料的化工厂、铝厂、钢铁厂和磷肥厂等工业企业，此外，火山活动也是大气中氟的来源之一，氟具有在生物体内积累的特点，植物体内的氟比空气中氟的浓度高百万倍以上。农作物可直接吸收空气中的氟化物，大部分氟化物通过叶片上的气孔进入体内。受污染的工厂四周土壤、地表水、牧草和农作物的含氟量都较高。受氟污染的农作物除会使污染区域的粮菜的食品安全性受到影响外，氟化物还会通过禽畜食用牧草后进入食物链，对动物性食品造成污染。氟在人体内的积累引起的最典型的疾病是氟斑牙和氟骨症，表现为牙齿黄斑、骨增大、骨质疏松、骨的生长速率加快等。

② 沥青烟雾污染。沥青烟雾为一种红黄色的烟尘，产生于大规模的筑路及利用沥青做原料或燃料的工厂。其化学成分复杂，除含碳粒外，还含有许多有机化合物，如苯酚、萘和多环芳烃类的3，4－苯并［*a*］芘等致癌物质。沥青烟雾污染的农作物，常常会沾染一层发黑的、发黏的物质，给农作物带来严重的危害。受沥青烟雾污染的农作物，不能直接食用。同时也不应在沥青制品如油毡、公路上晾晒农产品、食品，以防受到沥青中有害物质的污染。

③ 酸雨污染。酸雨通常指 pH 小于5.6 的酸性降雨、降雪或其他形式的酸沉降。酸雨对农作物、林业、建筑物、渔业以及人体健康都会带来严重危害。酸雨对水生生态系统的影响是使淡水湖泊和河流酸化，影响鱼类的繁殖。另外，瑞典、加拿大和美国的研究结果显示，酸雨地区内鱼的含汞量很高，鱼和淡水湖泊中含汞量的增加，会通过食物链对人类健康产生间接的有害影响，酸雨对陆生生态系统也带来潜在的危害，土壤酸化，土壤中的锰、铜、铅、汞和锌等元素转化为可溶性化合物，使土壤溶液中重金属浓度增高，通过淋溶转入江、河、湖、海和地下水，引起水体中金属元素浓度增高，通过食物链在水生生物以及粮食和蔬菜中积累，给食品安全性带来影响。

④ 3，4－苯并［*a*］芘污染。3，4－苯并［*a*］芘具有致癌性，而且还是一种间接的致突变物。3，4－苯并［*a*］芘会对农作物的生长环境造成污染。3，4－苯并［*a*］芘可以通过土壤和空气进入植物体内。因此，农作物是处于双重污染的威胁之下，从而对食品安全造成了很大威胁。粮食等农产品在干燥过程中会受到3，4－苯并［*a*］芘的污染。粮食烘干是为了降低粮食水分，防止在储存过程中发生霉烂。我国在采用机械烘干粮食作业中，有的是用煤或稻壳燃烧产生烟道气与空气混合直接和高水分粮食接触，以降低粮食水分。由于燃料燃烧不完全，烟道中含有3，4－苯并［*a*］芘，从而对粮食造成污染。不同燃料燃烧产生的烟道气对粮食的污染程度不同。粮食与烟道气接触时间不同，3，4－苯并［*a*］芘污染程度也不同，接触时间越长，污染越严重。食品在烟熏过程中也会受到3，4－苯并［*a*］芘污染。某些食品经烟熏处理后，能够耐贮，而且还带有特殊的香味。所以，不少国家和地区都有用烟熏贮藏食品和食用烟熏食品的习惯。冰岛人的胃癌发病率居世界首位，原因是常年食用过多的熏鱼。特别是用木材烟火熏鱼，可使鱼中3，4－苯并［*a*］芘含量高达 11.5～78 μg/kg，而未经烟熏的鱼，3，4－苯并［*a*］芘含量一般仅有 1 μg/kg。

⑤ 二噁英。二噁英（Dioxin）是非人为生产、没有任何用途、伴随存在于各种环境介质中的一类持续存在的污染物，其毒性极高，目前共发现 210 多种此类化合物，其中

包括75种氯代二苯并二噁英（PCDDs）和135种多氯代二苯并呋喃（PCDFs）。在工业国家，环境中的二噁英主要来自城市固体垃圾焚烧、含氯化学品的杂质、纸浆漂白和汽车尾气的排放等。人体接触90%以上的二噁英是通过膳食接触的，而动物性食品是其主要来源。PCDDs与PCDFs对食物的污染主要是由农田里各种沉积物引起的，废弃的溢出物、淤泥的不恰当使用，奶牛、鸡和鱼食用污染饲料，食品加工以及氯漂白剂的使用、包装材料的迁移等都会给食物带来二噁英污染。由于PCDDs与PCDFs的脂溶性及其在环境中的稳定性极强，由含氯化学品生产与使用、固体垃圾的焚烧、造纸时的漂白过程等造成的环境污染，大多在水体中通过水生植物、浮游动植物、鱼类、鹅鸭等家禽这一食物链过程，在鱼体和家禽及其蛋中富集。同时，由于大气的流动，飘尘中的PCDDs与PCDFs沉降至地面植物上，污染蔬菜、粮食与饲料。动物食用污染的饲料也造成PCDDs与PCDFs的蓄积。因此，鱼、家禽及其蛋类、肉类等成为主要污染的食品。伴随着工业化进程，食品包装材料发生改变。许多软饮料及奶制品采用纸包装，纸张在氯漂白过程中产生的PCDDs与PCDFs，可以发生迁移造成食品污染。

（2）水体污染

水体污染引起的食品安全性问题主要是通过污水中的有害物质在动、植物中累积而造成的。污染物质随污水进入水体以后，能够通过植物的根系吸收并向地上部分以及果实转移，使有害物质在作物中积累。同时也能进入水生动物体内并蓄积。水体污染对于陆生生物的影响主要通过污水灌溉来实现，污水灌溉会引起农作物中有害物质含量增加。在我国，绝大部分污水未经处理就用于农田灌溉，污染物超标，已达到影响食品品质进而危害人体健康的程度。

① 酚类污染物。酚的种类很多，在化学上凡是芳烃和羟基直接连接的化合物都叫酚。酚类污染物来源很广，焦化厂、城市煤气厂、炼油厂和石油化工厂都能够产生大量的含酚废水，而且浓度高。酚对植物的影响表现为：低浓度酚可促进农作物生长，而高浓度酚则抑制其生长。酚在植物体内的分布是不同的，一般茎叶含量较高，种子含量较低，不同植物对酚的积累能力也有差别。研究表明，蔬菜中以叶菜类较高，其排列顺次是：叶菜类>茄果类>豆类>瓜类>根菜类。酚在作物中累积，会影响农作物产品的品质。用含酚的污水浇灌的黄瓜，具有苦涩味，且其含糖量比清灌的黄瓜低10.4%。用含酚污水浇灌的糙米，蒸出的米饭具有酚味。污水中的酚对鱼类也会产生影响。低浓度时能影响鱼类的洄游繁殖，高浓度时能引起鱼类的大量死亡。水体中酚的浓度达0.1～0.2 mg/L时，鱼肉会有酚味。酚主要通过水体进入食物链从而影响食物的安全性，因此，应该尽量减少污水灌溉和污水养殖。

② 氰化物。氰及其化合物来自电镀、焦化、煤气、冶金、化肥和石油化工等排放的工业废水，具有强挥发性，易溶于水，有苦杏仁味，剧毒，0.1 g即可使人致死。含氰污水灌溉时，蔬菜中的氰残留量随灌水浓度的增高而增大，但其残留率一般不足万分之一。而且，氰在蔬菜内消失明显，一般在48 h之后其含氰量即可降到清灌时的含氰水平。根据我国规定，在灌溉水中，含氰0.5 mg/L以下，对作物、人畜安全。世界卫生组织规定鱼的中毒限量为含游离氰0.03 mg/L。

③ 石油。石油的工业废水来自炼油厂。石油废水不仅对作物的生长产生危害，还会

影响食品的品质。高浓度石油废水灌溉农田，生产的稻米煮成的米饭有汽油味，花生榨出的油也有油臭味，生长的蔬菜（萝卜）也有浓厚的油味，这种受到石油废水污染而生产的食品，人食用后会感到恶心。石油废水中还含有致癌物 3，4－苯并［a］芘，这种物质能在灌溉的农田土壤中积累，并能通过植物的根系吸收进入植物，在植物中积累。研究表明，用未处理的含石油 5 mg/L 的炼油废水灌溉农田，土壤中 3，4－苯并［a］芘比一般农田土壤高出 5 倍、最高可达 20 倍。石油废水能对水生生物产生较严重的危害。高浓度石油能引起鱼虾死亡，特别是幼鱼、幼虾，当废水中石油浓度较低时，石油中的油臭成分能从鱼、贝的鳃黏膜侵入，通过血液和体液迅速扩散到全身，当石油浓度达到一定水平时使鱼虾产生石油臭味，降低食用价值。

④ 芳香烃。芳香烃是指苯及其同系物，工业上，化工、塑料、橡胶、制药和印刷等行业会产生含苯的废水和废气，特别是炼焦和石油废水中芳香烃含量很高。苯影响人的神经系统，严重中毒能麻醉人体失去知觉，甚至死亡；轻则引起头晕、无力和呕吐等症状。含苯废水浇灌农作物，对食品食用安全性的影响在于它能使粮食、蔬菜的品质下降，而且在粮食蔬菜中残留，不过其残留量较小，用含苯 25 mg/L 的污水灌溉庄稼，小麦的残留在 0.10～0.11 mg/kg，扁豆、白菜、西红柿、萝卜等蔬菜在 0.05 mg/kg 左右。尽管蔬菜中苯的残留率较低，但蔬菜的品质下降，如用含苯 25 mg/L 的污水灌溉的黄瓜淡而无味，涩度增加，含糖量下降 8%，并随着废水的浓度增加，其涩味加重。虽然苯在作物体内的残留量不高，但是用作灌溉的污水苯含量不能超标。我国规定，灌溉污水中的苯含量不能超过 2.5 mg/L，否则不得用于灌溉。

⑤ 重金属。污灌中重金属污染是引起食品安全性问题的原因之一。矿山、冶炼、电镀、化工等工业废水中常含有大量重金属物质，如汞、镉、铜、铅、砷等，未经过处理的或处理不达标的污水灌入农田，会造成土壤和农作物的污染。不同作物对重金属吸收累积不同，蔬菜对重金属的吸收累积量最高，其次是小麦和玉米，果类最低。水体中重金属对水生生物的毒性，不仅表现为重金属本身，而且重金属可在微生物作用下转化为毒性更大的金属化合物，如汞的甲基化。另外，生物还可从环境中摄取重金属，经过食物链的生物放大作用，在生物体内实现成千万倍富集，再通过食物进入人体，可造成慢性中毒。20 世纪 50 年代，在日本水俣市出现的水俣病就是工厂排出的含汞废水污染所致。汞通过食物链的富集，在鱼体内的浓度比原来污水中浓度高出 1～10 倍，居住在该地区的人们长期食用高汞的鱼类和贝类，导致汞在人体中大量积累，引发了破坏中枢神经的水俣病。

(3) 土壤污染

土壤污染是指人类活动产生的有害物质进入土壤的量超过土壤本身的自净能力，使土壤的成分、性质发生变化。土壤污染的发生途径首先是农田施肥、农药施用和污灌，污染物质进入土壤，并随之积累。其次，土壤作为废物（垃圾、废渣和污水等）的处理场所，使大量的有机和无机的污染物质进入土壤。再次，土壤作为环境要素之一，大气或水体中的污染物质通过迁移和转化，进入土壤。土壤污染的特点是进入土壤的有害物质迁移的速度较缓慢，污染达到一定程度后，即使中断污染源，土壤质量也很难复原。

① 土壤中酚、氰残留对作物的影响。含酚污水和含酚的固体废物都是引起土壤中酚

残留的原因。与含酚废水对作物的影响不同的是，土壤中残留酚能维持植物中较高水平的酚积累，并且植物中的酚残留一般随土壤中酚的含量增大而增大。

② 土壤中无机污染物对植物的影响。无机物在土壤中不像有机物那样易分解、降解，除一些易溶性的元素外，大多易在土壤中残留积累，尤其是重金属。无机物的危害不像有机物那样急性发作，而是慢性蓄积性发生，即在土壤中积蓄到一定程度后，显示出危害。土壤中常见的无机污染物包括镉、铅、砷、汞、铬等。

③ 化肥。农业化肥一般包含一种或多种植物所需要的主要营养元素。氮肥的绝大部分是氨的衍生物，如硝酸铵、硫酸铵及尿素等。氮肥的大量不合理使用带来了土壤硝酸盐污染。生长在施用化肥土壤上的作物，可以通过根系吸收土壤中的硝酸盐。但由于作物对硝酸盐的吸收往往不充分，致使大量的硝酸盐蓄积于作物的叶、茎和根中，这种积累对作物本身无害，但却对人畜产生危害。磷肥大部分为磷酸盐，主要成分是氟磷灰石。磷肥中除含铜、锰、硼、铂、锌等植物营养成分外，还含有砷、镉、铬、氟、汞、铅和钒等对植物有害的成分。因此，长期施用磷肥会引起土壤的镉、铅积累，带来作物中镉、铅含量的增高。

④ 垃圾。随着社会的发展，人口的不断增加，城市垃圾在数量和种类上日益增加且日趋复杂化。垃圾污染影响食品安全，表现在两方面：其一为垃圾本身对食品的污染；其二为垃圾的利用，如垃圾堆肥对农作物产品的不利影响。垃圾堆肥中含有一部分重金属，施用于农田后会造成土壤污染，使生长在土壤中的农作物籽粒中重金属含量超过食品卫生标准。

(4) 放射性污染

放射性污染的主要来源是现代核动力工业生产。人工裂变核素的广泛应用，使人类环境中放射性物质的污染增加，此外，一些国家的核试验也成为放射性污染的另一来源。环境中放射性物质的存在，最终将通过食物链进入人体。

① 食品中放射性物质的来源及危害。动植物组织中天然放射性物质含量很低，一般认为基本不会影响食品的安全。而核试验、核动力工业生产所产生的放射性裂变产物则会在环境中积累并通过食物链进入人体，影响食品的安全性。

一般来说，放射性物质主要经消化道进入人体（其中食物占94% ~95%，饮用水占4% ~5%），而通过呼吸道和皮肤进入的较少。环境中的放射性物质，大部分会沉降或直接排放到地面，导致地面土壤和水源的污染，然后通过作物、水产品、饲料、牧草等进入食品，最终进入人体。而各种放射性物质经食物链进入人体的转移过程，会受到诸如放射性物质的性质、环境条件、动植物的代谢情况和人的膳食习惯等因素的影响。

② 辐照食品的安全性。辐照食品能杀灭对食品保藏或卫生方面有害的微生物和病虫害，以便保藏，并提供不经高温处理而保持新鲜状态食品的效果。然而，剂量过大的放射线照射食品也会给食品安全带来以下几方面的问题：

a. 有害物质的生成。经过照射处理的食品是否生成有害成分或带来有害作用的问题，特别是慢性病害和致畸的问题。

b. 营养成分的破坏。经照射处理的食品，食品中的大量营养素和微量营养素都受到影响，蛋白质、脂肪、碳水化合物和纤维素被破坏或变性，存在营养价值降低的问题，特别是对维生素 A、维生素 E、维生素 K 以及维生素 C 的破坏，同时也涉及感官的变化。

c. 致癌物质的生成。关于多脂肪食品经照射后生成过氧化物和放射线引起化学反应产生的游离基等，有是否生成致癌性或致癌诱因性物质的问题。截至目前，实验研究的结果使研究者对辐照食品的致癌性有了一致的看法，食品在推荐和批准的条件下接受辐射时，不会产生危害水平的致癌物。

d. 食品中的诱导放射性。经过照射处理的食品，由于处理过程中不与放射源直接接触，所以，一般不会沾染放射性物质，但是否带有放射能，即感生放射性的危险性问题，曾引起很大的关注。事实上，被人食用的食品都具有一定的放射性，且放射性水平的变化相差很大。对照射食品使用的放射线要求穿透能力大，以便使食品深处均能受到辐照处理，同时又要求放射能诱导性小，以避免被冲击的元素具有放射性。目前主要使用的食品放射线有 γ 射线和 X 射线等。不能排除照射在某一能级时，放射能有被诱导的可能性。从食品辐射采用的射线和使用的放射剂量看，现在认为诱导放射不会引起健康危害。

e. 伤残微生物的危害。已有实验证实，在完全杀菌剂量以下，微生物出现耐放射性，而且反复照射，其耐性成倍增长。这种伤残微生物菌群的变化，生成与原来微生物不同的有害生成物有可能造成新的危害，这方面的安全性也有待研究确认。

（5）环境激素

20 世纪后期，野生动物和人类的内分泌系统、免疫系统、神经系统出现了各种各样的异常现象。最早发现一些鱼类的生殖器官始终不能发育成熟，雌雄同体率增多，雄性退化，种群退化。类似的现象也在人类身上出现。在世界范围内出现了人类男性生殖系统功能下降，女性乳腺癌、子宫内膜疾病的发病率急剧上升，很多研究认为，这是因为环境中存在一些能够像激素一样影响人体和动物体内分泌功能的物质，这种物质后来被称为“环境激素”。尽管环境激素在环境中浓度极小，但是一旦进入人体和动物体内，可以与特定的激素受体结合，进而诱导产生雌激素，或者进一步与生物体 DNA 特定的片段结合，使 DNA 序列或构象发生变化，干扰内分泌系统的正常功能。已知和怀疑是环境激素的主要是人工合成的化学物质。它们主要用来制造农药、除草剂、染料、香料、涂料、洗涤剂、去污剂、表面活性剂、塑料制品的原料或添加剂、药品、食品添加剂、化妆品等。环境激素也包括天然或合成的激素药物，如雌三醇、雌酮、己烯雌酚、雌二醇等，它们常被用作药物及饲料添加剂。此外还包括来自豆科植物及白菜、芹菜等植物的植物性激素。

环境激素由多种渠道进入人体，其中通过污染食物进入人体是一个最主要的途径，因此环境激素也就成为食物新的不安全因素。

① 目前所发现的环境激素当中有 43 种是农药的成分，如使用较为广泛的拟除虫菊酯类、氰戊菊酯、甲草胺、杀草强、阿特拉津等农药。它们残留在农产品上，被人类直接食用。含有环境激素的牧草和添加激素的配合饲料被畜禽食用，向人类提供含有环境激素的肉、蛋、奶。

② 含有环境激素的生物体死亡以后，经腐败分解，再次进入土壤、水体，通过食物链进入人体。

③ 人们在日常生活中大量使用洗涤剂、消毒剂污染水体，这些物质附着在食物上进入人体。

④ 人类食用豆科植物和某些蔬菜，摄入植物雌激素，改变人体的激素平衡。

⑤ 环境激素一般脂溶性好，微溶于水，在食物链中进行生物浓缩，再进入人体，在脂肪中存留，浓度进一步增大。母亲可以通过胎盘或乳汁把环境激素传给子女。

⑥ 双酚 A 是聚碳酸酯、环氧树脂、聚酚氧的原料，婴幼儿用品很多是塑料制品，有人在聚碳酸酯的塑料奶瓶里倒进开水，水中双酚 A 的含量高达 3.1 ~ 5.5 μg/L。聚苯乙烯主要用于生产一次性餐具，泡发方便面的一次性碗和一次性塑料杯都能溶解出苯乙烯的单体和低聚物。

环境激素是一类新的食物环境污染物。目前，对于环境激素的研究尚处于起步阶段，但是环境激素对人类健康的危害已经逐渐显现出来。因此，环境激素对食品安全性的影响将是今后食品安全研究领域的一个重要内容。

5.2.2.2 农药和兽药的残留污染

在进行食品原料的生产过程中，为提高生产数量与质量，常施用各种化学控制物质，如农药、兽药、饲料添加剂、动物激素与植物激素等。这些物质的残留对食品安全性产生的影响，已成为近年来人们关注的焦点。在美国，由于消费者的强烈反应，35 种有潜在致癌性的农药已被禁用。我国有机氯农药虽已于1983 年停止生产和使用，但由于有机氯农药化学性质稳定、不易降解，在食物链、环境和人体中可长期残留。随之代替的有机磷类、氨基甲酸酯类、拟除虫菊酯类等农药，虽然残留期短、用量少、易于降解，但农业生产中滥用农药，导致害虫抗药性的增强，这又使人们加大了农药的用量，并采用多种农药交替使用的方式进行农业生产。这样的恶性循环，对食品安全性以及人类健康构成了很大的威胁。下面将重点讨论农药残留和兽药残留的安全问题。

(1) *农药残留*

① 农药对食品的污染。农药是防治植物病虫害、去除杂草、调节农作物生长、实现农业机械化和提高农产品的产量和质量的主要措施。合理地施用农药是保证农作物生产、降低农产品的成本和提高经济效益的重要手段。但是由于农药特性、使用方式、剂量以及生物学稀释作用的不同，施用于作物上的农药会产生一定量的残留。残留农药直接通过植物果实或水、大气进入人、畜体内，或通过环境、食物链最终传递给人、畜。

农药在生产和使用中，可经呼吸道、皮肤等进入人体，还可通过大气和饮用水进入人体，而其更主要的是通过食物进入人体。通过食物进入人体的农药量占进入人体总农药量的 90% 左右。

农药污染食品的主要途径有：

a. 农田施用农药。为防治农作物病虫害直接施用农药到食用作物上，在作物上施用的农药一部分黏附在作物的外表，一部分被作物吸收而进入到植株中。内吸性农药，如乙拌磷、内吸磷等残留问题较严重。穿透性强的农药，如甲基对硫磷、对硫磷等，可发生持久性污染。

b. 植物根部吸收。据研究证实，喷洒农药后有 40% ~ 60% 的农药降落在土壤中。

性质稳定的农药，如六六六可以在旱地土壤中残存3年以上，即使停止施药，在这种土地上栽种的农作物仍可吸收土壤中残存的农药。土壤中的农药可通过植物的根系吸收转移至植物组织内部和食物中。土壤中农药污染量越高，食物中的农药残留量也越高，但还受植物的品种、根系分布等多种因素的影响。

c. 生物体内富集。生物富集和食物链是造成某些食品含有较多农药残留的重要原因。生物富集是生物将环境中低浓度的化学物质在体内蓄积达到较高浓度的能力。食物链是指在动物生态系统中由低级到高级顺次作为食物而连接起来的一个生态链条。植物性食品中外皮、外壳和根茎部的农药残留量远远高于可食部分，然而禽畜的饲料主要以食品的皮、壳和根等废弃部分为主，并且禽畜是食物链的最终环节，所以部分农药通过饲料积累在禽畜体内，蛋及乳汁中的农药量较高。农药对水体造成污染后，在水中的清除速度极慢，使水生生物长期生活在低浓度的农药中。水生生物通过多种途径吸收农药，通过食物链可逐级浓缩，尤其是一些有机氯农药和有机汞农药等。这种食物链的生物浓缩作用，可使水体中微小的污染导致水生生物的严重污染，尤其是鱼类和水鸟等体内的农药残留较高。

d. 大气中农药残留。大气中的农药虽然含量很小，但是会随着风向、飘尘和雨水对地面作物、水生生物产生影响，同时通过气流进行远距离扩散污染。

e. 运输和储存中混放。食品在运输中由于运输工具、车船等装运过农药未予清洗以及食品与农药混运，可引起农药的污染。另外，食品在储存中与农药混放，尤其是粮仓中使用的熏蒸剂没有按规定存放，也可导致污染。

② 几种常用农药的污染。

a. 有机氯农药。有机氯农药主要有六六六和滴滴涕，曾因广谱、高效、价廉、急性毒性小而被广泛使用。有机氯农药具有高度的化学、物理和生物学稳定性，半衰期长达数年，在自然界极难分解，并且有机氯农药的脂溶性强，在食品加工过程中经单纯的洗涤不能去除，容易在人体内蓄积，主要表现在侵害肝、肾及神经系统，动物实验证实有致畸、致癌作用。

b. 有机磷农药。目前使用的农药中以杀虫剂为主，占总用量的68%，其中有机磷杀虫剂占整个杀虫剂用量的70%以上。有机磷农药是继有机氯农药以后被广泛使用的一类农药，目前生产使用的至少有60余种，使用的多为高效、低毒、低残留的品种。有机磷农药化学性质不稳定，在自然界中极易分解，污染食品后残留时间较短，所以，慢性毒性较为少见，对人体的危害以急性毒性为主，主要是抑制血液和组织中胆碱酯酶的活性，引起乙酰胆碱在体内大量积聚，导致神经处于过度兴奋状态而出现一系列神经中毒症状，如出汗、震颤、共济失调、精神错乱、语言失常等。

c. 氨基甲酸酯类农药。氨基甲酸酯类是一种高效、低毒、低残留的农药，有西维因、杀灭威、速灭威等，除草剂（如敌草隆等）也属于这类农药。这类农药的特点是对虫害选择性强、作用快、对人畜毒性较低、易被生物降解、在体内不蓄积，因而被认为是理想的有机氯农药取代剂之一。常用的有20多种，其毒性与有机磷类似，也是对胆碱酯酶活性有抑制作用，但与胆碱酯酶不发生化学反应，与胆碱酯酶形成的疏松复合体能迅速分解，而使胆碱酯酶恢复活性，因此中毒症状消失快，无迟发性神经毒性。

d. 拟除虫菊酯类农药。拟除虫菊酯类是人工合成的除虫菊酯，具有高效、低毒、低残留和用量少的优点。目前，国内常用的品种有溴氰菊酯、氯氰菊酯、杀灭菊酯、苯醚菊酯、甲氰菊酯等。拟除虫菊酯的一些优良品种具有低毒、广谱等特点，在对有机磷、氨基甲酸酯出现抗性的情况下其优点更为明显。拟除虫菊酯引起中毒症状可分为兴奋期与抑制期（麻痹期）两个阶段，它主要是对周围神经系统、中枢神经系统及其他器官组织（主要是肌肉）同时起作用。据文献报道，此类药物在体内易被氧化酶系统降解，无蓄积性，所以一直被认为是毒性较低、使用安全的农药，因为杀虫效果好，因此农业上使用广泛，但也会因使用不当或污染食品而引起中毒。

e. 有机汞农药。有机汞农药多为杀菌剂，在土壤中的半衰期为 10 ~ 30 年。我国曾使用过的有机汞杀菌剂有西力生（氯化乙基汞）、赛力散（醋酸苯汞），是高效、高残留毒性的杀虫剂，主要用于浸种和拌种。有机汞残留进入人体后主要蓄积在肾、肝、脑等组织，排除很慢，每天仅排出储存总量的 1%。它也能通过乳汁进入婴儿体内，通过胎盘传给胎儿，引起先天性汞中毒，影响神经系统和智力发育。有机汞农药进入土壤后逐渐被分解为无机汞，可保留很多代，还能转化为甲基汞被植物再吸收。食品中的汞 90% 以上以甲基汞的形式存在，食物经存放、加工、烹调也不易除去其中的汞，因此，我国已于 1969 年禁止使用有机汞农药。

f. 其他杀菌剂。在其他杀菌剂中以苯并咪唑类比较重要，如多菌灵、托布津、甲基托布津等，托布津在植物体内水解为多菌灵而起到杀菌作用，这类农药一般是高效、低毒、广谱。多菌灵在哺乳类动物的胃内均能发生亚硝化反应，形成亚硝基化合物，而对人体产生有害的影响。

g. 除草剂。除草剂的使用很广泛，品种也逐渐增多，目前，使用较多的除草剂有 2，4 – D、二甲四氯、2，4，5 – T 的盐类、酯类及除草醚、西玛津、氟乐灵等。除草剂多数是低毒或微毒的，并且用量少，一年只用一次，又多在农作物发芽出土前施用，所以除草剂被农作物吸收的量很少。除草剂主要通过植物吸收，并进行降解和蓄积，造成对食品的污染。有报道表明除草剂对人体有致突变、致癌作用。

③ 农药残留对人体的危害。

a. 急性毒作用。农药进入人体后，首先进入血液，然后通过组织细胞膜和血脑屏障等组织，到达作用部位，引起中毒反应。短期内摄入大量农药，尤其是有机磷农药，会引起急性中毒。有机磷农药是一种神经毒剂，其毒理作用是抑制体内胆碱酯酶，使其失去分解乙酰胆碱的作用，造成乙酰胆碱聚集，导致神经功能紊乱，出现一系列症状，如恶心、呕吐、流涎、呼吸困难、瞳孔缩小、肌肉痉挛、神志不清等。

b. 慢性毒作用。长期接触农药可以引起慢性中毒。有机磷农药慢性中毒主要表现为血中胆碱酯酶活性显著而持久降低，并伴有头晕、头痛、乏力、食欲不振、恶心、气短、胸闷等，部分病人还有肌束纤颤等症状。有机氯农药慢性中毒主要表现为食欲不振、上腹部和肋下疼痛、头晕、头痛、乏力、失眠、做噩梦等。接触高毒性农药（如氯丹和七氯化茚等）会出现肝脏肿大、肝功能异常等症状。

c. 在人体内蓄积。有机氯农药的脂溶性决定了它们在人体脂肪中的蓄积情况。

d. 对酶类的影响。许多有机氯农药可以诱导肝细胞微粒体氧化酶类，从而改变体内某些生化过程。此外，有机氯农药对其他一些酶类也有一定的影响。艾氏剂或狄氏剂可使大鼠的谷－丙转氨酶和醛缩酶的活性增高。DDT 对 ATP 酶有抑制作用。有机磷农药进入人体后，即与体内的胆碱酯酶结合，形成比较稳定的磷酰化胆碱酯酶，使胆碱酯酶失去活性，丧失对乙酰胆碱的分解能力，造成体内乙酰胆碱的蓄积，引起神经传导生理功能的紊乱，出现一系列有机磷农药中毒的临床症状。

e. 对神经系统的作用。农药对神经系统的作用，主要是通过对有机磷农药的研究获得的。有机磷农药急性中毒，除出现前述常见症状外，还可引起患者中枢神经系统功能失常，出现供给失调、震颤、思睡、精神错乱、抑郁、记忆力减退和语言失常等。

f. 对内分泌系统的影响。农药对机体的免疫功能有一定的影响。主要表现在两个方面：一方面是某些农药可使机体发生致敏作用。这是由于某些有机磷化合物具有半抗原性，它们可与体内蛋白质等结合成为复合抗原，从而产生抗体，使机体发生过敏反应而损害机体健康。另一方面是某些农药本身具有免疫抑制作用。例如，敌百虫可使受试动物的网状内皮系统的吞噬功能下降，从而降低机体的抵抗力。

g. 对生殖机能的影响。农药中含有的某些化学物质，如有机磷和氯氰菊酯，可以对睾丸的生长发育产生不良影响，长期接触这些化学物质，会影响男性精子数量和质量，导致不育。

h. 致畸作用。磷胺、乐果、DDT 等有机氯农药，可通过 PAH 的类雌激素作用，影响下丘脑—垂体—睾丸性腺轴的正常调节作用，导致亲代及子代生殖系统结构功能异常，造成胎儿神经管畸形、内脏畸形等出生缺陷。

④ 农药残留污染的防治措施。农药残留污染的防治是一项复杂的系统工程，需要各部门的大力协作，同时采取的防治措施应该是综合性的和多层次的，主要包括以下方面：贯彻执行我国病虫草害综合防治的方针，尽量减少化学农药的用量；从宏观上调整和优化使用农药的品种结构，选择使用高效、低毒、低残留的化学农药；充分利用科技进步，改善农药使用技术和方法，减少其对人体健康和生态环境的实际危害；加强农药在登记、生产、运输、销售、储存和使用过程中的管理，完善对农药的法制管理；贯彻可持续发展战略，提高全民的环境意识。农药残留污染的防治方法包括农业、生物、化学和物理等类型。

a. 农业防治方法。农业防治是综合防治的基础，在病虫害控制中占有很重要的地位。病虫草害农业防治的主要措施有进行轮作，选用抗病、抗虫作物品种，合理施肥、用水和加强田间管理等。

适度深耕可为作物提供水、气、固三相协调的土壤环境，有利于幼苗及其根系的生长，这为培养抗逆性强的壮苗创造了条件。此外，耕翻土壤可以除去作物残茬和杂草，继而减少病虫害的寄主和隐匿场所，也可以通过深埋或土壤曝晒而使部分害虫死亡。适度深耕，把土表的杂草及其种子翻至下层，从而减轻了草害，同时又将部分埋在土层的草籽翻至地面，为它们的发芽创造了条件。中耕松土也具有同时完成苗草和诱发杂草的双重作用，因此，中耕一般需要两三次才能有效地控制草害。

选用抗虫、抗病作物品种是实现病虫害综合防治的又一重要农业措施，可以大大减少化学农药的用量。培育抗病、抗虫品种也是作物育种的主要方向之一。经过多年的努力，国内已不断培育出相当多的农作物抗性品种，如抗叶锈、条锈、秆锈三种锈病的小麦品种，抗褐飞虱的水稻品种和抗棉铃虫的棉花品种等。对于某些病虫害，培育抗性品种仍是目前重要的，甚至是主要的防治方法。

良好的营养条件对于培育壮苗、壮株和提高抗虫能力具有重要的意义。为此，首先要施足基肥，配以种肥，做到有机肥与无机肥的合理搭配，氮、磷、钾肥相配合，并施用需要的微量元素肥料。有条件的可进行土壤和作物的营养诊断，做到合理配方使用基肥和指导追肥。在作物生长中、后期慎用氮肥，以免作物群体过大，造成贪青晚熟，为病虫害发生创造良好的环境条件。使用的有机肥需要堆沤腐熟，以杀死其中的虫卵、病菌和草籽，园艺场最好使用工厂化堆制的精制有机肥。

b. 生物学防治方法。生物学防治方法包括利用天敌、使用生物农药以及转基因的方法来防治病虫草害，都能减少化学农药的用量和减轻农药污染。

害虫天敌指的是害虫的寄生性、捕食型生物和病原菌。利用天敌防治病虫草害的优点是无污染、对人畜安全、可减少化学农药的用量。当前不断发展的设施农业，其封闭和半封闭的作物生长环境为生物治虫提供了更易控制的条件。然而，天敌防治需要有规模饲养天敌的设施和技术，并且单靠天敌，不易把害虫和草害控制在生态经济损失阈值以下，需要有其他防治的手段相配合。

生物农药包括生物化学农药和微生物农药两类。

生物化学农药必须符合以下两个条件：对防治对象没有直接的毒性，而只有调节生长、干扰交配或引诱等特殊作用；必须是天然化合物，如果人工合成，其化学结构必须与天然物相同，但异构体比例允许有不同。按此定义，属于生物化学农药的有信息素、激素、植物和昆虫生长调节剂、酶四大类。

微生物农药包括自然界存在的用于防治病、虫、草、鼠害的真菌、细菌、病毒和原生动物或被遗传修饰的微生物制剂。按此定义，对防治对象有毒性的植物源农药和转基因作物品种不属于微生物农药。利用病原微生物控制害虫需要具备两个条件：一是微生物对害虫的高度选择性，它是害虫的天敌，对其他生物没有不利影响；二是微生物具有类似农药的效果，在一段时间内能有效地控制害虫。

转基因植物农药是指利用分子生物学和基因工程技术将外源目标基因插入受体植物的基因组，使其遗传组成改变，以达到防治病、虫、草、鼠害的目的而产生的植物农药产品。目前已发现多种抗虫、抗病毒、抗细菌基因和耐除草剂的基因。植物农药只是转基因作物的重要一类，此外还有属于改良农作物品质、增加抗逆性的转基因作物，其培育目的是增加某些氨基酸含量，改变淀粉或脂肪的组成，增加耐盐、抗旱、抗寒能力。当前种植的植物农药主要有两类：一是抗虫植物，二是耐除草剂作物，而抗病毒、抗病菌的作物种植面积较小。

c. 化学防治方法。在目前的农药生产条件和技术水平下，化学防治方法仍然是防治病、虫、草、鼠害的重要手段，在一般情况下，它是综合防治的重要组成部分。总的来说，使用化学农药为主要的防治方法，是因为它具有一些明显的优点。在病虫草害达到或超过经济阈值时，化学防治是最好的应急措施。化学农药具有广泛的防治谱，使用灵活方便。但化学防治的缺陷也是明显的，大量使用增加了病、虫、草对农药的抗性，对生态系统的组成部分也产生了不利的影响，污染了环境和农产品，并对人体健康产生危害。这一切要求我们正确地评估化学防治在综合防治中的作用和地位，强调化学农药的控制使用和合理使用。

d. 物理学防治方法。在农药生产中使用的防治病、虫、草害的物理方法有：糖浆诱杀害虫、灯光诱杀害虫、人工捕杀害虫；人工和机械除草、人工去除病叶和病株；在蔬菜生产中使用灰色塑料薄膜、银膜避蚜、黄板避蚜、使用冷纱覆盖隔离；进行高温处理种子杀菌、高温闷棚灭菌；控制人员进出，减少操作接触感染等。

⑤ 农药污染食品的处理。农产品经过一系列加工过程（水洗、削皮、烹饪）后，最终产品中的农药残留量是非常低的，不同加工对农药残留的降低产生不同的影响，但有些加工方法反而会使残留农药进一步浓缩或转移，甚至产生比母体化合物更毒的代谢物。以下介绍具体加工过程对农药残留的影响。

a. 洗涤。在去除农药残留方面，洗涤是极为关键的一步，但洗涤作用的强弱与农药残留部位、残留时间、农药的极性以及洗涤方式和强度密切相关。

如果是残留在作物、蔬菜和水果表面，水溶性比较强的农药，通过水洗基本上可以排除掉，但有些农药是内吸性、脂溶性的，或由于残留时间过长，农药转移到表面蜡质层或更深处，就不易通过水洗除掉。研究发现，用水洗残存在稻米上的农药，如敌敌畏、甲基毒死蜱、马拉硫磷、杀螟硫磷和溴化物等，可以除掉61.8%～99%的有机磷农药，敌敌畏被彻底洗掉，而溴化物通过水洗仅除掉49%。

热水和烫漂处理比冷洗更有效，加入含表面活性剂的洗洁精和某些酶类后效果更佳。烫漂可以除去花椰菜上82%～87%的甲胺磷残留。用95 ℃、2%的盐水漂洗3 min可以除掉花茎甘蓝上几乎全部的甲胺磷和95%以上的克百威。用65 ℃、2%的盐水水洗水果可以除掉全部的久效磷。温度升高可提高农药的水溶性，从而更容易洗掉农药，但洗涤时间的长短对农药残留影响并不大。

以上情况说明，水洗对去除农药残留是非常有效的，但必须视情况，特别是农药的水溶性而定。

b. 去壳、削皮和清理。大多数农药残留主要集中在作物的外层、果皮和蔬菜的外层叶，因此通过去壳、削皮清理可以去除大部分农药残留。在谷粒的外层和富类脂层即麦麸、细糠中有丰富的农药残留。有关研究发现，麦麸的农残是麦粒中的3.4～3.9倍，因此麦粉中农残与出面率密切相关。对有机磷农药来说，90%出面率与粗面粉含有相同的农残量，82%出面率则含一半，75%出面率仅含25%，60%出面率则仅为10%。但低出面率的面粉中，氯菊酯含量有时更高一些，这可能与氯菊酯进一步渗透到谷粒中有关。水果经削皮后几乎除掉了全部的农药残留，除去外层叶的莴苣、白菜等可以大大降低或除掉蔬菜中的农药残留，如马铃薯用敌敌畏、氯苯胺灵、毒死蜱和除虫菊酯处理，大于99%的残留可通过削皮除掉。

c. 挤汁、制果酱。果汁或葡萄发酵汁中的残留量主要与果皮、果肉和果汁之间农药分布的特性有关，高水溶性的农药在很大程度上分布于果汁中，而亲脂性农药则易吸附在果皮、果渣中及果酱或果渣副产物中。因此，含有一定比例的脂性残留物，通过滤清作业，如离心或过滤，其残留可以进一步降低。在美国，大约60%的苹果加工成果汁、果酱，结果发现没有一个果汁样中的残留超过 3 mg/kg，只有一个果酱样中的 1，1 – 二甲基乙酰肼的残留超过 0.017 mg/kg。挤汁过程中农残的转移与采样时间有关。杀扑磷在碱性或强酸性介质中降解非常快，而在中性条件下比较稳定，弱酸条件下稍微降解，可以认为橘子汁或桃子汁是酸性介质，pH 小于 4，因此，杀扑磷在橘子汁或桃子汁中的降解比较快。

d. 干燥。干燥过程对农残的降低与农药的种类、干燥方式有关，因为干燥过程造成样品的质量降低，很可能增加农药残留的浓度（假设干燥过程对农药残留无降解作用）。但结果表明，干燥过程对农残的影响因农药的种类而异。在干燥过程中，水果的平均质量从 46 g 降到 8.6 g，如果加工过程对农药残留不产生影响的话，那么样品的农药残留浓度会增加。但有实验表明，乐果和福美锌的残留加倍，而杀螟硫磷的残留消失，氧乐果的残留保持不变。这与其物理化学性质，特别是与农药的蒸气压有关。福美锌的蒸气压非常低，可以忽略不计。而氧乐果的蒸气压为 3.3 MPa（20 ℃），乐果的蒸气压为 1.1 MPa（22.5 ℃），杀螟硫磷的蒸气压为 18 MPa（20℃）。由此可以看出，蒸气压高的农药容易挥发掉，而蒸气压低的农药不易挥发掉。又如，在小麦加工过程中发现，烘烤仅使少量的除虫菊酯和烯虫酯农药残留损失。不同的干燥方式（太阳晒干和热炉烘干）对农药残留的影响不同，这可能与不同农药对太阳光的敏感程度不同有关。太阳晒干对降低伏杀硫磷和乙烯菌核利残留来说更为有效，而热炉烘干对降低异菌脲和腐霉利残留更为有效。

e. 烹调。煮、炸、煎、烤等烹饪过程对农药残留的影响因农药、食品的种类而异。残存在食品中的农药不仅通过加热挥发、分解，而且有可能产生更毒的代谢物，同时也受食品本身成分的影响，因而在加工过程中，农药可能被结合或转移到某一成分中。不同温度对农药的降解不同，温度越高，降解程度越大。另外，农药的水溶性与去除率也有关，水溶性越高，残留量降低程度越大。在煮沸过程中，农药残留还与煮沸时间有关。随煮沸时间的增加，食物中的农残量逐渐减少。

农药残留在加工过程中的变化是一个十分复杂的过程，因为在实际生活中对产品的加工和制备过程是连续的。国内外多次对市场上的蔬菜、水果进行了抽样调查，发现大多数含有农药残留的蔬菜或水果经过加工处理，农药残留水平非常低。在诸多的影响因素中，最本质的影响因素是由农药的理化性质决定的。

（2）兽药残留

① 兽药对食品的污染。为预防和治疗家畜、家禽、鱼类等的疾病，促进其生长，大量投入抗生素、磺胺类和激素等药物，造成了动物性食品中的兽药残留问题，尤其在饲养后期、宰杀前施用，药物残留更为严重。一些研究者认为，动物性食品中的某些致病菌，如大肠杆菌等，可能由于滥用抗生素造成该菌抗药性提高从而可形成新的抗药菌株。将抗生素作为饲料添加剂，虽有显著的增产、防病作用，但却导致了这些抗生素对人类的医疗效果越来越差。尽管世界卫生组织呼吁减少用于农业的抗生素种类和数量，但由于兽药产品给畜牧业和医药工业可带来丰厚的经济效益，要把兽药纳入合理使用轨道并非易事，因此，兽药的残留是目前及未来影响食品安全性的重要因素。

根据联合国粮农组织和世界卫生组织食品中兽药残留联合立法委员会的定义，兽药残留是指动物产品的任何可食部分所含兽药的母体化合物及（或）其代谢物，以及与兽药有关的杂质。所以兽药残留既包括原药，也包括药物在动物体内的代谢产物和兽药生产中所伴生的杂质。

为了提高生产效率，满足人类对动物性食品的需求，畜、禽、鱼等动物的饲养多采用集约化生产。然而，这种生产方式带来了严重的食品安全问题。在集约化饲养条件下，由于密度高，疾病容易蔓延，致使用药频率增加。同时，由于改善营养和防病的需要，必然要在天然饲料中添加一些化学控制物质来改善饲喂效果。这些饲料添加剂的主要作用包括完善饲料的营养特性、提高饲料的利用效率、促进动物生长和预防疾病、减少饲料在贮存期间的营养物质损失以及改进畜、禽、鱼等产品的某些品质。这样往往造成药物残留于动物组织中，对公众健康和环境具有直接或间接危害。

动物危害防治用药和饲养添加剂用药存在许多区别，对食品安全性的影响也不尽相同。动物的治疗、预防用药一般是间断的、个别的，而作为饲料添加剂的用药是持续的、普遍的、累积量大的，并且目前往往是在畜产品上市前才停用。我国动物性食品中兽药残留量超标主要有以下几个方面的原因：使用违禁或淘汰药物；不按规定执行应有的休药期；随意加大药物用量或把治疗药物当成添加剂使用；饲料加工过程受到污染；用药方法错误，或未做用药记录；屠宰前使用兽药；厩和粪池中含兽药。

② 影响食品安全的主要兽药。对人畜危害较大的兽药及药物饲料添加剂主要包括抗生素类、磺胺类、呋喃类、抗寄生虫类和激素类等药物。

抗生素类药物是饲料添加剂的一大类。尽管使用抗生素作为饲料添加剂有许多副作用，但是由于抗生素饲料添加剂除防病治病外，还具有促进动物生长、提高饲料转化率、提高动物产品的品质、减轻动物的粪臭、改善饲养环境等功效，所以，事实上抗生素作为饲料添加剂已很普遍。常用的治疗用抗生素主要品种有青霉素类、四环素类、杆菌肽、红霉素、新霉素和林可霉素等。常用饲料药物添加剂有盐霉素、马杜霉素、黄霉素、土霉素、金霉素、潮霉素、伊维菌素、庆大霉素和泰乐菌素等。由于抗生素应用广泛，用量也越来越大，所以不可避免会存在残留问题。我国在抗生素生产过程中产生的菌丝体都或多或少地被用作食用动物饲料添加剂。据不完全统计，1996 年国内共使用青霉素发酵菌丝体 2 万 t、四环素类抗生素发酵菌丝体 3.4 万 t、大环内酯类抗生素发酵的菌丝体 3 000 t。如此大量的未被允许作为饲料添加剂的抗生素及其产生菌的菌丝体应用于食用动物，对生态环境、食用动物及人群中细菌的耐药性无疑会造成很大影响。

磺胺类药物是一类具有广谱抗菌活性的化学药物，被广泛应用于兽医临床。磺胺类药物根据其应用情况可分为三类，即用于全身感染的磺胺药（如磺胺嘧啶、磺胺甲基嘧啶、磺胺二甲基嘧啶）和用于肠道感染、内服难吸收的磺胺药物及用于局部的磺胺药（如磺胺醋酰）。磺胺类药物残留问题的出现已有 50 余年时间了，并且在近几十年内磺胺类药物残留超标现象很严重。磺胺类药物大部分以原形态自机体排出，在自然环境中不易被生物降解，从而容易导致再污染，引起兽药残留超标。已证明，猪接触排泄在垫草中的低浓度磺胺类药物后，猪体内便可测出此类药物残留超标。

激素是由机体某一部分分泌的特种有机物，可影响机体机能活动并协调机体各个部分的作用，促进畜禽生长。人们在 20 世纪发现激素后，激素类生长促进剂在畜牧业得到广泛应用，但由于激素残留不利于人体健康，产生了许多负面影响，许多种类现已被禁用。我国农业农村部规定，禁止所有激素类及有激素类作用的物质作为动物促进生长剂使用，但在实际生产中违禁使用者还很多，给动物性食品安全带来很大威胁。激素的种类很多，化学结构差别很大，可从两个方面进行划分：按化学结构可分为固醇或类固醇（主要有肾上腺皮质激素、雄性激素、雌性激素等）和多肽或多肽衍生物（主要有垂体激素、甲状腺素、胰岛素、肾上腺素等）两类。按来源可分为天然激素和人工激素。人工合成的激素一般较天然激素效力更大。合成激素有雄性激素、孕激素、十六亚甲基甲地孕酮以及己烯雌酚、乙雌酚、甲基睾酮等。

呋喃类药物有抗菌作用，常应用于猪和鸡的饲料中，用来预防疾病，促进生长。主要应用的有硝呋烯腙和呋喃唑酮（痢特灵）。

苯并咪唑类药物是重要的抗寄生虫药物，主要有左旋咪唑、噻苯达唑、丙硫苯咪唑等，这类药物在兽医临床和动物饲料中被广泛使用。有机砷是猪和禽类的重要生长促进剂，主要作用于生长早期，后期肥育阶段应用效果不佳。有机砷预防鸡球虫病与猪痢疾也有显著疗效。

除抗生素外，许多人工合成的药物有类似抗生素的作用。化学合成药物的抗菌驱虫作用强，而促生长效果差，且毒性较强，长期使用不但有不良作用，而且有些还存在残留与耐药性问题，甚至有致癌、致畸、致突变的作用。化学合成药物添加在饲料中主要用于防治疾病和驱虫等方面，也有少数毒性低、副作用小、促生长效果较好的抗菌剂作为动物生长促进剂在饲料中加以应用。

③ 兽药残留对人体的危害。人们食用残留兽药的动物性食品后，虽不表现出急性毒性作用，但人如果经常摄入低剂量的兽药残留物，在经过了一定时间后，残留物可在人体内慢慢蓄积而导致各种器官的病变，对人体产生一些不良反应，主要表现在以下六方面：

a. 毒性作用。人长期摄入含兽药残留的动物性食品后，药物不断在体内蓄积，当浓度达到一定量后，就会对人体产生毒性作用，如磺胺类药物可引起肾损害，特别是乙酰化磺胺在酸性尿中溶解度降低，析出结晶后损害肾脏。

b. 过敏反应和变态反应。经常食用一些含低剂量抗菌药物残留的食品能使易感的个体出现过敏反应。这些药物包括青霉素、四环素、磺胺类药物及某些氨基糖苷类抗生素等。它们具有抗原性，刺激机体内抗体的形成，造成过敏反应，还可引起休克，使机体短时间内出现血压下降、皮疹、喉头水肿、呼吸困难等严重症状。

c. 细菌耐药性。细菌耐药性是指有些细菌菌株对通常能抑制其生长繁殖的某种浓度的抗菌药物产生了耐受性。经常食用低剂量药物残留的食品可使细菌产生耐药性，在某些情况下，经常食用含药物残留的动物性食品，动物体内的耐药菌株可通过动物性食品传播给人体，当人体发生疾病时，就给临床上感染性疾病的治疗带来一定的困难，而耐药菌株感染往往会延误正常的治疗过程。耐药因子的转移是在人体内进行的，但至今为止，具有耐药性的微生物通过动物性食品移入人体而对人体健康产生的危害的问题尚未得到解决。

d. 菌群失调。在正常条件下，人体肠道内的菌群由于在多年共同进化过程中与人体能相互适应，如某些菌群能抑制其他菌群的过度繁殖，某些菌群能合成B族维生素和维生素K以供机体使用。过多应用药物会使这种平衡发生紊乱，造成一些非致病菌的死亡，使菌群的平衡失调，从而导致长期的腹泻或引起维生素的缺乏等反应，对人体造成危害。

e. “三致”作用。苯并咪唑类药物是兽医临床上常用的广谱抗蠕虫病的药物，可持久地残留于肝内并对动物具有潜在的致畸性和致突变性。1973—1982 年先后发现了丁苯咪唑对绵羊的致畸作用的病例，多数为骨骼畸形胎儿。1975—1982 年先后发现苯咪唑、阿苯达唑和苯硫苯胺酯有致畸作用，同时铬硝呔唑通过 Ames 试验证明有很高的致突变性，因此这类物质残留无疑会对人产生潜在的危害。有报道说，喹乙醇也有致突变作用。另外，残留于食品中的克球酚、雌激素也有致癌作用。

f. 激素作用。激素类物质虽有很强的作用效果，但也会带来很大的副作用。人们长期食用含低剂量激素的动物性食品，由于积累效应，有可能干扰人体的激素分泌体系和身体正常机能，特别是类固醇类和 β - 兴奋剂类在体内不易被代谢破坏，其残留对食品安全威胁很大。人们通过食用含低剂量激素的动物性食品，不断接触和摄入动物体内的内源性激素。一般情况下，摄入人体内的动物内源性激素，由于其口服活性低，因而不可能有效地干扰消费者的激素机能，但也不可忽视。

④ 控制动物性食品中兽药残留措施。动物性食品中药物残留引起人们的变态反应对公众的危害性远比其他环境污染物和影响食品安全性的其他因素所产生的危害性要小，但这不等于说就可以忽略而不考虑。因为兽药残留具有潜在的危害性，对一些变态原性物质非常敏感的人群，其危害就更严重。因此，政府应加强药物的合理使用规范，严格规定药物休药期和制定动物性食品药物的最大残留限量（MRL），加强监督检测工作，同时建议消费者采用合适的食品食用方式，可通过烹调加工、冷藏等加工方法减少食品中的兽药残留。如世界卫生组织估计肉制品中的四环素类兽药残留经加热烹调后，5 ~ 10 mg/kg 的残留量可减低至 1 mg/kg。氯霉素经煮沸 30 min 后，至少有 85% 失去活性。

我国已建立了兽药的审批制度，但是在审批的规范程序中对食品安全性的考虑还有许多需要完善的地方，美国制定的兽药审批原则与程序具有一定的参考价值。除了加强兽药的安全管理，加速开发并应用新型绿色安全的饲料添加剂来逐渐替代现有的药物添加剂或减少致残留的药物或药物添加剂的使用，是解决目前动物性食品安全问题的一项重要举措，也是兽药发展的一大趋势。目前已开发的具有应用潜力的安全饲料添加剂主要有微生态制剂、酶制剂、酸化剂、中草药制剂、天然生理活性物质、糖萜素、甘露寡糖、大蒜素等。

5.2.2.3 食品添加剂的使用

(1) 食品添加剂的概念

由于世界各国对食品添加剂的理解不同，因此其定义也不尽相同。

按联合国食品添加剂法典委员会（CCFA）的规定，食品添加剂的定义为：被有意识地加入食品中，以改善食品的外观、风味、组织结构和储藏性能的营养物质。食品添加剂不以食用为目的，也不作为食品的主要原料，并不一定有营养价值，而是为了在食品的制造、加工、准备、处理、包装、储藏和运输时，因工艺技术方面（包括感官方面）的需要，直接或间接加入食品中以达到预期目的，其衍生物可成为食品的一部分，也可对食品的特性产生影响。食品添加剂不包括“污染物质”，也不包括为保持或改进食品营养价值而加入的物质。

根据《中华人民共和国食品安全法》（2015 年修订）的规定，食品添加剂是指为改善食品品质和色、香、味以及为防腐、保鲜和加工工艺的需要而加入食品中的人工合成或者天然物质，包括营养强化剂。添加剂既不是食品中原有的成分，也不一定具有营养价值，但必须对人体无害。在我国，食品营养强化剂也属于食品添加剂的范畴。

（2）常见食品添加剂

随着食品工业的发展，人们食用的食品品种越来越多，追求的色、香、味、形、营养等质量越来越高，随食品进入人体的添加剂数量和种类也越来越多。食品添加剂按其来源、功能、安全性评价的不同等来分类。按来源，食品添加剂可分为天然食品添加剂和化学合成食品添加剂两类。在食品添加剂的各种分类方法中，按功能、用途的分类方法最具有实用价值，如为了延长食品的保质期、防止食品腐败变质的物质，即防腐剂；改善食品的感官性质，赋予食品颜色的物质，即着色剂；为了使食品加工和原料处理能够顺利进行，会用到一些食品加工助剂；为保持和提高食品的营养价值以及其他特殊需要而加入食品中的各类食品添加剂等；在食品加工厂中直接或间接使用的化学试剂，包括润滑剂、清洁剂、消毒剂、油漆和涂料等。在日常生活中，普通人常摄入的几十种食品添加剂见表 5 - 3。因此食品添加剂的安全使用极为重要。

表 5 - 3　各种食品中使用的食品添加剂

食品	添加剂类型	添加剂品种
主食	品质改良剂	过氧化苯甲醛、过硫酸铵、溴酸剂、酶制剂、半胱氨酸、羧甲基纤维素钠
	乳化剂	硬脂酰乳酸钙、甘油脂肪酸酯、蔗糖脂肪酸酯、山梨糖醇肝脂肪酸酯
	抗氧化剂	二丁基甲苯（BHT）、丁基羟基茴香醚（BHA）
	膨松剂	碳酸氢钠、碳酸氢铵
	着色剂	合成、天然着色剂
	香料	茴香
	防腐剂	丙酸钙，丙酸钠
	营养强化剂	维生素 A、维生素 B_1、维生素 B_2
豆腐	凝固剂	氧化钙、氧化镁、硫酸钙、葡萄糖酸 - δ 内酯
	品质改良剂	聚磷酸钠、甘油脂肪酸酯、蔗糖脂肪酸酯
	消泡剂	硅酮树脂
火腿香肠	发色剂	亚硝酸钠、硝酸钠
	发色助剂	烟酸酰胺、抗坏血酸钠、赤藻糖酸钠
	增味剂	L - 谷氨酸钠、5′ - 肌苷酸钠、琥珀酸钠
	防腐剂	山梨酸及其盐类
	营养强化剂	维生素 A、维生素 B_1、维生素 B_2

续表

食品	添加剂类型	添加剂品种
酱油	调味剂	氨基酸类、酵母抽提物
	防腐剂	对羟基苯甲酸酯、苯甲酸及其盐类
方便面	抗氧化剂	BHA、BHT
	调味剂	谷氨酸钠、鸟苷酸钠、5′-肌苷酸钠
	增稠剂和稳定剂	瓜尔胶、卡拉胶、单甘油酯、双甘油酯
冰激凌	乳化剂	甘油脂肪酸酯、蔗糖脂肪酸酯、山梨糖醇酐脂肪酸酯
	稳定剂	明胶、海藻酸钠、羧甲基纤维素钠
	香料	合成香料、天然香料、植物浸膏
	着色剂	β-胡萝卜素
	甜味剂	糖醇类、罗汉果甜味剂

(3) 食品添加剂的毒性与危害

食品添加剂的绝对用量虽然只占食品的千分之几或万分之几，但添加剂的种类在日益增多，使用范围也越来越广。在日常生活中，我们每天都要吃饭、喝饮料、食用零食等，在日常消费大量食品的同时也摄入了多种食品添加剂。食品添加剂的安全问题，直接影响人类健康。食品添加剂对人体的毒性概括起来有致癌性、致畸性和致突变性，这些毒性的共同特点是要经历较长时间才能显露出来，即对人体产生潜在的毒害，这也就是人们关心食品添加剂安全性的原因。如动物试验表明，甜精（乙氧基苯脲）除引起肝癌、肝肿瘤、尿道结石外，还能引起中毒。另外，动物试验表明，大量摄入苯甲酸会导致肝、胃脏严重病变，甚至死亡；大量摄入对羟基苯甲酸酯类将影响发育；过量摄入亚硝酸盐产生的亚硝基化合物具有致癌作用。

有时食品添加剂自身毒性虽低，但由于抗营养因子作用，以及食品成分或不同添加剂之间的相互作用、相互影响，就可能生成意想不到的有毒物质。几乎所有的食品添加剂都有一定的毒性，只是程度不同而已，有的食品添加剂具有特殊的毒性。另外，食品添加剂具有叠加毒性，即两种以上的化学物质组合之后会有新的毒性产生。食品添加剂表现出来的叠加毒性比想象的要多得多。食品添加剂的一般毒性和特殊毒性均存在叠加毒性，当它们与其他化学物质如农药残留、重金属、PCBs 等一起或同时摄入，会使原本无致癌性的化学物质转化为致癌性的物质。因此，除重视添加剂在原料、加工过程、最终加工和烹饪为成品的食品安全性问题外，同时更要充分调查和研究从食物摄入体内开始到消化道内生成的有害物质的病害性以及叠加毒性问题。食品添加剂也是造成儿童过激行为的原因。针对有些孩子有过激行动、易激动、常伴有暴力等异常行为，目前美国有研究认为是水杨酸、着色剂、香料等食品添加剂造成的。

(4) 食品添加剂的安全使用

随着科学技术的发展，人们对食品添加剂的认识逐渐深入，一方面已将那些对人体有害，对动物有致癌、致畸作用，并有可能危害人体健康的食品添加剂品种禁止使用；另一方面对那些存疑的品种则继续进行更严格的毒理学检验，以确定其是否可用和许可使用时的适用范围，最大使用量与残留量，以及其质量规格、分析检验方法等。我国目前使用的食品添加剂都有充分的毒理学评价，并且符合食用级质量标准，因此只要其使用范围、使用方法与使用量符合食品添加剂使用卫生标准，一般来说其使用的安全性是有保证的。

食品添加剂使用标准是提供安全使用食品添加剂的定量指标，包括添加剂的品种、使用目的、范围以及最大使用量（或残留量）。我国政府从 20 世纪 50 年代开始，对食品添加剂实行管理。1973 年成立“食品添加剂卫生标准科研协作组”，开始有组织、有计划地管理食品添加剂。我国根据食品添加剂的特殊情况还制定了一系列法规，如 1986 年 12 月我国国家标准局批准了《食品添加剂使用卫生标准》（GB 2760—1986）和《食品添加剂卫生管理办法》，1986 年 11 月卫生部颁发了《食品营养强化剂使用卫生标准（试行）》和《食品营养强化剂卫生管理办法》。此后，经多次修订，我国于 2024 年发布了《食品安全国家标准—食品添加剂使用标准》（GB 2760—2024）。以上这些标准的颁布大大加强了我国食品添加剂的有序生产、经营和使用，保障了广大消费者的健康和利益。食品添加剂卫生监督需要通过检测和法律法规并行的方法进行监督，《中华人民共和国食品安全法》是一种强制手段。

5.2.3 食品加工技术与人体健康

食品生产过程就是从原料到成品的全过程。根据食品加工方式的不同或原料的性质和成品要求的不同，食品的生产要经过各种不同的加工工艺，采用不同的技术，如清洗、去皮、冷冻、干燥、加热、脱水、发酵、煎炸、烘烤、盐渍、罐藏、包装等，最终制成成品。食品的生产需要经过多个环节，这些环节可能会对食品造成污染，影响食品的安全性。因此，我们必须了解不同食品生产加工过程中可能造成食品污染的物质来源和性质，从制定合理的工艺流程着手，根据不同食品的特点，制定严格的生产工艺和卫生管理制度，采取合理的控制措施，才可能更好地避免食品在加工过程中受到污染。

5.2.3.1 食品加工过程中的污染

食品加工过程中常见的污染来源有以下几个方面。

（1）生物性污染

生物性污染是食品加工过程中最常见的污染现象，主要是指食品在加工过程中被细菌、病毒、霉菌及其毒素、昆虫、寄生虫和虫卵等多种生物污染。食品加工中生物性污染的主要途径除原料被污染外，还可能来自不洁的容器，从业人员不洁的手，空气中的尘埃，未经消毒或消毒不彻底的设备、包装材料、地面、其他不洁物品等。

（2）重金属污染

在食品加工过程中造成食品铅、砷、汞等重金属污染的途径主要有：加工用水被重金属污染，错误使用工业级添加剂，加工所用的金属机械、容器、管道等设备中有重金属的迁移，使用不符合卫生要求的包装材料中有重金属和有害物质的溶出和迁移，不合理使用化学消毒剂等。

（3）热分解产物

食品加工中温度过高或方法不当时，往往会通过食物成分的热反应产生一些对人体有害的物质，如食品蛋白质中的谷氨酸、色氨酸等发生热分解产生对黏膜有强烈刺激作用的杂环胺类物质；高温还会使油脂发生或促进自身氧化而产生过氧化物和低分子分解产物，同时高温油脂还产生二聚体、三聚体、羧基、环氧基及其他有害物质等，这些物质除能使油脂颜色变深外，还对人体有不同程度的急慢性毒性；食物直接与明火接触或与灼热的金属表面接触烹调（如火烤、煎、炸），容易产生一类具有致突变性和致癌性的化学物质等。

（4）苯并［*a*］芘和亚硝胺的污染

苯并［*a*］芘是一种由五个苯环构成的多环芳烃，许多动物实验和流行病学资料表明其与人类某些癌症的发生有着十分密切的关系，主要产生于各种有机物如煤、柴油、汽油、原油及香烟的不完全燃烧。食品在烟熏、烧烤或烘焙等制作过程中产生的苯并［*a*］芘，主要是由于食品中的脂肪在高温条件下发生热聚合反应而形成以及燃料不完全燃烧产生的苯并［*a*］芘直接接触食品而造成污染。

在食品加工过程中，亚硝胺污染的主要途径为：腌制菜时使用的粗制盐中含有硝酸盐，可被细菌还原成亚硝酸盐，同时蛋白质可分解为各种胺类，两者合成亚硝胺；使用食品添加剂亚硝酸盐直接加入鱼、肉中作为发色剂，在适当条件下，均可合成亚硝胺。可见亚硝胺的污染主要发生在腌制菜和腌制肉中。不同种类的 N－亚硝基化合物在毒性上相差很大，其急性毒性主要是造成肝脏的损害，慢性毒性主要为致癌性。

5.2.3.2 杀菌和抑菌技术

近年来在食品工业中，杀菌和抑菌技术有了很大的发展，但在使用这些方法时仍有可能出现安全问题。杀菌一般分为加热杀菌和冷杀菌。

（1）加热杀菌

① 高压蒸汽灭菌。一般认为，121 ℃，15～120 min 的杀菌强度就可杀死所有的微生物（包括细菌芽孢）。但因食品的种类不同，一般不采用统一的灭菌条件。有些食品在经过高温后，色泽、口味上会有变化，所以采用较低的杀菌强度，使之达到商业无菌的状态，但此种灭菌方式并不能保证完全杀灭其中所有的芽孢，有可能造成细菌的繁殖而使食品变质，甚至引起食物中毒。

② 巴氏消毒法。巴氏消毒法指采用低于 100 ℃的温度杀死绝大多数病原微生物的一种杀菌方式，目的是杀灭病原菌的营养体，如传统消毒牛奶的方法就属此类。此法不能杀死一些耐热菌和芽孢。因此，一些耐热菌在条件成熟时易生长繁殖引起食物的腐败，有的能产生毒素，引起食物中毒。

（2）冷杀菌

① 药剂杀菌。药剂杀菌指采用化学药物杀灭微生物的方法，这种方法主要用于设备及场地的杀菌。设备上的大量有机物可能会在微生物表面形成保护层，妨碍药剂与微生

物的接触、使其杀菌能力下降。此外，杀菌剂还受 pH 等条件的影响。因此，杀菌效果在很大程度上受到制约，而且其本身对人体有害，有可能造成食品的二次污染。

② 紫外线。紫外线主要用于空气、水及水溶液、物体表面杀菌。紫外线只能作用于直接照射的物体表面，对物体背后和内部均无杀菌效果；对芽孢和孢子作用不大。此外，如果直接用紫外线照射含脂肪丰富的食品，会使脂肪氧化产生醛或酮，形成安全隐患。

③ 臭氧。臭氧杀菌是近几年发展较快的一种杀菌技术，常用于空气杀菌、水处理等。但是臭氧有较重的臭味，对人体有害，故对空气杀菌时需要在生产停止时进行，对连续生产的场所不适用。

④ 辐射杀菌。辐射杀菌的机制是使用 γ 射线、X 射线和电子射线等照射后，使核酸、酶、激素等钝化，导致细胞生活机能受到破坏、变异或细胞死亡。尽管一些实验证明摄入辐照后的食品对人体无害，但目前仍无证据证明长期服用高剂量照射食品对健康无害。WHO（世界卫生组织）认为 10 000 Gy 以下的辐照剂量是安全的，但有实验证明在培养基灭菌实验中，10 000 Gy 辐照还不能达到完全杀菌的要求。因此，具有杀菌作用的辐射剂量用于食品可能导致安全性问题。有资料显示，经辐照的肉和鱼，可能仍残留有形成芽孢的 E 型肉毒梭菌。此外，经较高剂量处理后，非病原菌可能会变异为病原菌或使病原菌的毒性提高。另外，高脂鱼类用辐射处理，可能会引起肉毒毒素的产生。剂量过大的放射线照射食品所产生的变化，因食物的种类、品种及照射的条件不同，在食品中有可能生成有害成分和微生物变性，所带来的种种危害是不容忽视的。

⑤ 膜分离技术除菌。采用不同孔径的膜，可将细菌、病毒、内毒素、孢子等从被处理物质中分离除去，以达到杀菌的目的。这种杀菌方式既保留了目的产物的天然活性，又能保证被处理物中绝对无菌，是当今被广泛应用的一种先进的冷杀菌方法。

5.2.3.3 食品腌渍和烟熏

(1) 食品腌渍

食品腌渍是让食盐或食糖渗入食品组织内，降低其水分，提高其渗透压，借以有选择地控制微生物的活动和发酵，抑制腐败菌的生长，从而防止食品腐败变质，保持它们的食用品质的一种方法。这种方法是某些食品行业为防止食品腐败，加强食品安全性的常用手段。

正常腌渍的产品，因盐度、酸度较高，一般不适宜肠道致病菌生长。但是，如果腌渍过程中条件控制不当，或储存、运输、销售过程中不注意卫生，均可致微生物污染，导致大量有害微生物如大肠杆菌、霉菌、丁酸杆菌、酵母菌等的生长繁殖，造成腌渍产品质量下降、变酸甚至败坏。

腌渍时食盐用量要足，一般为 15% ~20%，每层都需加盐且要均匀，防止腌不透造成食物腐烂变质或者产生亚硝酸盐，引起食物中毒。如某卫生防疫站检测民间食用的腌制菜，亚硝酸盐含量高达 652. 5 mg/kg。腌制菜中检出具有强致癌作用的亚硝胺也已被一些研究报告证实。要阻止腌制菜中亚硝胺的合成，主要从降低亚硝酸盐含量和减少胺类物质入手，最重要的措施是防止微生物污染及制品败坏。

腌制菜中的亚硝酸盐含量普遍高于同品种的新鲜蔬菜。腌制菜在腌渍过程中，一般都有亚硝峰现象，即亚硝酸盐含量随腌渍时间呈“低—逐渐升高至峰值—再回落”的变化。峰值出现的时间与食盐浓度、温度、酸度、糖量、微生物污染等因素有关，一般为 7 ~ 15 d。腌制菜必须腌熟腌透，待峰值回稳后，方可食用或进入下一道加工工序。

制酱和低盐发酵型酱腌菜的菌种应定期鉴定，防止污染和变异产毒。使用新菌种必须经卫生部门指定的机构鉴定，证明不产毒素方能使用。

（2）食品熏制

熏制食品是将盐腌食品用植物性燃料烟熏或液熏而成。熏烟或熏液中虽有少许防腐物，但防腐效果有限，主要还是靠食盐、脱水及肠衣防污染等防腐保藏。

熏制肉品的烟气主要是由硬木不完全燃烧而产生的，而硬木在燃烧过程中会产生种类繁多的烃的热解产物，主要是多环烃类，这类物质多是有害或有毒的，如苯并［*a*］芘和二苯并［*a*，*h*］蒽都属于强烈的致癌物。由于烟气中存在以上有毒物质，而一般肉品在加工过程中又需要直接与烟气接触才能达到熏制目的，因此，肉制品不可避免地就被污染了，使成品中含有一定量的多环烃类致癌物，尤其是浓烟熏制，污染更严重。这样就给消费者带来一定的危害，常见的就是导致胃癌。据报道，喜食烟熏制品的人比一般人易患胃癌，如冰岛人喜食烟熏的肉或鱼，该国的胃癌死亡率竟居世界第三位。因此，在熏制食品的加工中应设法对烟气中的有害成分加以控制。

对烟熏制品中有害成分的控制，最有效、最直接的方法就是尽量避免肉品与火焰、燃料或烟气的直接接触，减少污染可能，切断污染来源，降低或避免熏制品中的有害成分。具体方法有以下几种，一是隔离保护法：使用肠衣等物理方法进行过滤，以除去或减少有害物质。二是外室生烟法：把生烟室与烟熏室分开，将生成的熏烟用棉花或其他材料过滤后再引入烟熏室熏制肉品，这样可大大降低烟气中的有害成分。此两种方法虽能很大程度地降低熏烟中有害成分的含量，但并不能完全避免，尤其是苯并［*a*］芘等一些致癌物仍有存在。若能使用液态烟熏法，则可去净有害、有毒物质，无致癌危险。三是使用烟熏液，这是目前较先进的熏制方法，比天然烟熏有不少优点，最主要的就是可避免因烟熏而产生的有害成分，食用安全性更高，是熏制业必然的发展趋势。液态烟熏制剂一般是由硬木干馏制成并经过特殊净化。最常用的方法是在开始蒸煮前对食品进行喷洒。如山楂核烟熏液就是一种优质烟熏液。此外，控制熏烟温度也可有效控制有害物质的生成量，最好温度在 300 ℃以下。

5.2.3.4 食品脱水及干燥技术

（1）食品脱水

食品脱水是一种人们普遍应用的食品保藏方法，主要是将食品中水分降至微生物生长繁殖所必需的水平以下，例如细菌为 10% 以下，酵母为 20% 以下，霉菌为 16% 以下。如以水分活性（a_w）表示，则在 0.6 以下，一般微生物均不易生长繁殖。食品脱水时所用的温度一般均较低，往往不能破坏其中酶的活性。为了破坏其活性经常在脱水之前进行预煮，即采用热水或蒸汽将食品加热到70 ℃、时间1～3 min，称为漂烫；或用0.13%亚硫酸及其盐类处理，通过所产生的二氧化硫将食品中的氧化酶破坏。脱水食品在保存时应加以密封，有时以惰性气体填充包装，或将食品压紧，减少与空气的接触。脱水食品的保藏期限还受周围环境因素的影响，如空气的相对湿度等。因此，脱水食品应存放在干燥冷暗处。

（2）食品干燥

在食品工业中干燥技术发展极为迅速，且应用面越来越广泛。近年来为了使食品中具有某种特殊功能，添加生物活性物质已是发展趋势。生物活性物质一般对极端环境（如干燥）较为敏感，故需要研究开发一些新的干燥技术。空气对流干燥、滚筒干燥、真空干燥、冷冻干燥、泡沫干燥等技术的应用已经十分普及，但是这些技术均存在着一些安全问题。

一些传统干燥的方法利用自然条件进行干燥（如晒干和风干），此方法主要缺点是干燥时间长，并且很容易受到外界条件的影响，特别是遇到阴雨天气时产品容易霉烂；选择地点不当时，会沾染灰尘、碎石以及众多腐败微生物，造成食品的污染。采用机械设备干燥会大大降低污染，但是有可能出现安全问题。静态干燥时，可能存在切片搭叠而形成的死角；动态干燥时，干燥速率加快，对于一些内阻较大的物料干燥至一定程度时，由于其内部水分扩散较慢，干燥速度会降低，干燥时间延长。这样食品中的酶或微生物不能得到及时的抑制，可能引起食品风味和品质发生变化，甚至变质，这在油脂含量较高的食品中显得尤为突出。

近年来逐渐得到广泛应用的真空冷冻干燥技术，而由于机械设备方面存在着一些不足，如因为隔板温度的不均一而造成食品的干燥程度不均一，使食品局部水分活度过高，有可能引起微生物的生长。同时由于冷冻干燥的食品复原很快，所以必须进行适当的包装（在包装中注入氮气）以防止其吸收空气中的水分和氧气，从而影响食品的贮存稳定性。

5.2.3.5 蒸馏技术

蒸馏技术在食品加工中也是常采用的方法之一，一般用于提取或纯化一些有机成分，如酒精、甘油、丙酮及某些萃取过程中的溶剂回收等生产工艺均采用该技术。在蒸馏的过程中，由于高温及化学酸碱试剂的作用，产品容易受到金属蒸馏设备溶出重金属离子的污染。同时，由于设备的设计不当或技术陈旧，蒸馏出的产品可能存在副产品污染的问题，比较典型的例子就是酒精生产过程中的流出物有甲醇、杂醇油、铅的混入。

5.2.3.6 发酵技术

食品的发酵技术在食品中的应用越来越广泛，但发酵过程中形成的有些副产品或因不适当工艺而形成的有毒物质会危害人体健康。主要有如下几方面的安全性问题：

① 发酵生产中会不同程度地产生一些对人体有危害的副产品，如酒精发酵过程中形成的甲醇、杂醇油等。

② 一些酵母可用来生产单细胞蛋白，但是酵母培养中核酸的含量占固形物的7%～12%，过多食用核酸可能会对人体产生危害。

③ 发酵工艺控制不当，造成染菌或代谢异常，有可能在发酵产品中引入毒害性物质。

④ 某些发酵菌种如曲霉等在发酵过程中，可能产生某些毒素，危害到食品的安全。

⑤ 某些发酵添加剂本身就是有害物质，如在啤酒的糖化过程中为降低麦汁中花色苷的含量、改善啤酒的口感而添加的甲醛溶液，在糖化的煮沸过程中如不能将甲醛排除干净，则会危害啤酒消费者的健康。

⑥ 通气发酵设备的空气过滤器是非常关键的部位，因为在发酵过程中需要不断地把无菌空气补入发酵液。如果空气过滤器发生问题，会使空气污染，造成发酵异常。

⑦ 发酵罐的涂料受损后，罐体自身金属离子的溶出会造成产品中某种金属离子的超标，严重时会使产品产生异味。酱油生产中常出现铁离子的超标，大多是由于罐体中的铁离子溶出造成的。

5.2.3.7　清洗技术

在食品加工过程中，对设备和容器的清洗和消毒不可避免地会用到洗涤剂和消毒剂，而洗涤剂和消毒剂在使用中可能会产生危害，其原因如下：配制的化学药品对人体有害；配制过程中所采用的化学药品发生性变，由无毒的化学药品在环境（如高温高压、强酸强碱等）的影响下变成有毒物质；由于使用不当带来的危害；清洗剂对设备腐蚀，造成设备使用寿命缩短，同时也存在着安全隐患，因此耐压设备的清洗不要使用加热的高浓度次氯酸钠。

综上所述，即使在发达国家，各种食品加工技术都存在不同程度的安全问题，进一步完善食品加工的技术、正确地使用各种加工技术，解决其中的安全隐患问题日趋重要。

5.2.4　包装材料污染与人体健康

食品包装是食品业的重要组成部分。食品包装的作用主要是保护食品质量和卫生，不损失食品的原始成分和营养，方便贮运，促进销售，提高货架期和商品价值。随着人们生活水平的日益提高，对包装的要求也越来越高，包装材料也逐渐向安全、轻便、美观、经济的方向发展，另外人们也越来越关注食品包装材料的安全性问题。20世纪60年代随着塑料包装的盛行，带来了包装材料中有机化学物质进入食品的问题，如聚苯乙烯，其单体苯乙烯可从塑料包装进入食品。当采用陶瓷器皿盛放酸性食品时，其表面釉料中所含的铅就可能被溶出，随食物进入人体而造成对人体的危害。现代包装给消费者提供了高质量的食物，同时也使用了种类更多的包装材料，如玻璃、陶瓷、金属（主要是铝和锡）、木制品（木质纸浆、纤维素），以及塑料等。食品包装材料品种和数量的增加，在一定程度上给食品带来了不安全因素。

包装材料直接和食物接触，很多材料成分可迁移进食品中，这一过程一般称为“迁移”，可在玻璃、陶瓷、金属、硬纸板、塑料包装材料中发生。常用的食品包装材料和容器主要有：纸和纸包装容器，塑料和塑料包装容器，金属和金属包装容器，复合材料及其包装容器，组合容器，玻璃陶瓷容器，木制容器和其他麻袋、布袋、草、竹等包装物。纸、塑料、金属和玻璃已成为包装工业的四大支柱材料。对于食品包装材料安全性的基本要求就是不能向食品中释放有害物质且不与食品中成分发生反应。来自食品包装中的化学物质称为食品包装污染物，这个问题越来越受到人们的重视和注意，并在很多国家已经作为研究热点。下面就纸、塑料、金属、玻璃和陶瓷等包装材料对食品安全性的影响作介绍。

5.2.4.1 纸类包装材料

纸和纸板作为包装材料历来占据了主导地位。在某些发达国家曾一度大力发展塑料包装，但后来人们逐渐认识到塑料制品等人工合成包装材料对环境造成的危害是极其严重的，故人们主动放弃塑料制品，开始重新使用纸制品，这就导致了纸和纸制品应用范围越来越广泛。根据不同纸类包装材料的性能，应用在食品、轻工、化工、医药等各个领域，可为这些行业提供销售包装和运输包装。虽然纸制品具有优异的包装性能，但是其安全性也引起了人们的重视。纸类包装材料的安全性主要存在两方面的问题：

① 加工处理时，特别是在纸制品的加工过程中，通常有一些杂质残留下来，如纸浆中的化学残留物（包括碱性和酸性两大类），纸板间的黏合剂、涂料和油墨等若处理和使用不当均可以污染食品，轻则造成产品中出现异味，重则会将某些有毒物质渗透到食品中。

② 由于包装用纸和纸制品直接与食品接触，故不得采用废旧报纸和社会回收废纸为原料，不得使用荧光增白剂或对人体有害的化学助剂。但在实际生产中还是有很多厂家出于经济利益考虑而使用不合规范的上述材料。

5.2.4.2 塑料包装材料

塑料是以一种高分子聚合物树脂为基本成分，再加入用来改善性能的各种添加剂为辅料制成的高分子材料。它广泛用于食品的包装，取代了玻璃、金属和纸类等传统包装材料，成为目前食品销售包装最主要的包装材料。塑料制品存在着如下安全问题：

① 塑料树脂的安全问题。用于食品包装的大多数塑料树脂材料是无毒的，但它们的单体分子却大多有毒性，并且有的毒性较强，有的已被证明为致癌物，例如聚苯乙烯树脂中的苯乙烯单体对肝脏细胞有破坏作用；丙烯腈塑料的单体是强致癌物，在一些国家禁用该种材料。

② 塑料添加剂的安全问题。塑料添加剂一般包括增塑剂、稳定剂、着色剂、油墨和润滑剂等，以上添加剂均不同程度的有一些毒性，在加工时应该慎用。

5.2.4.3 金属包装材料

由于金属包装材料的高强度、高阻隔性及加工使用性能的优良，在食品包装中占有非常重要的作用，成为食品包装的四大支柱材料之一，在包装材料中仅次于纸和纸制品而居第二位。金属包装材料及制品存在的安全问题如下：

① 由于金属包装材料及制品的化学稳定性能较差，不耐酸、碱，尤其对酸性食品敏感。因此，用金属包装的酸性食品放置一定时间后，涂层溶解，使金属离子析出，影响产品的质量。

② 由于金属材料的阻隔性优于其他材料，故放置一定时间后包装内部处于无氧或少氧的状态，所以厌氧或兼性厌氧的微生物有增殖的可能。特别是含高动物蛋白质类的食品，应注意肉毒杆菌的存在，它产生的毒素不耐热，但是其毒力比氰化钾大万倍以上。

5.2.4.4 玻璃包装材料

食品包装用的玻璃主要是钠－钙－硅系玻璃，其中约80%的玻璃容器为瓶和罐。一般大口瓶用于盛装粉状、粒状、膏状或块状食品，小口瓶用于盛装液体类食品。玻璃材料本身不存在安全性问题，但这类包装材料一般循环使用，在使用过程中瓶内可能存在异物和清洗消毒剂的残留。

5.2.4.5 陶瓷包装材料

在食品行业中，陶瓷包装的使用是一种传统的方法，有着悠久的历史。主要容器有瓶、罐、缸、坛等，用于酒类、调味品以及传统食品的包装。陶瓷包装容器的安全问题主要是由陶瓷表面釉层中重金属元素铅或镉的溶出对人体健康造成的危害。

5.3 食品安全管理与控制

食品安全问题已成为政府、企业和消费者日益关注的焦点，也是国际贸易的重要壁垒之一，食品安全性已成为当今影响广泛而深远的社会问题。加强对食品安全性的管理控制，既是社会进步的需要，也是人民健康的保证。历史的经验和国内外的发展形势都说明，确保食品的安全性必须建立起完善的社会管理体系。

5.3.1 食品安全性管理

确保食品生产和供应中的安全性是食品生产者、供应者、管理部门的共同责任，应通过完善的国家立法及地方或部门法规明确规定相应的职责。消费者有权获得安全无害的食品，拒绝不安全食品。严禁生产、供应、销售含有危害因子及在正常食用条件下可能引起健康损害的食品。严禁食品生产、加工、保藏过程中违反规定，滥用、超量使用农药、兽药、添加剂及其他有毒、有害化学品。一切农用化学品及其他用于食品加工、保藏、制作的化学品在推向市场前必须提供其对食品安全无害的科学依据，获准应用许可。管理部门应制定每种化学品用于不同农作物或家畜家禽的安全使用量、使用规程及残留标准。对滥用化学品引起消费者健康损害的，应予追究责任。当然，任何立法必须有执法的有效配合才有意义。

随着农业和食品行业的发展，农药、兽药、食品添加剂和饲料添加剂的种类、用量迅速增多，使用范围急速增长，在缺乏有效管理的条件下，这种形势会愈演愈烈，而加强药物管理则是一项根本对策。加强药物管理的核心问题是建立适合我国情况的化学品风险评估和风险管理制度。风险评估一般包括危害物确认、剂量反应评价、风险评定等几个不同的步骤。做好这些工作显然必须基于具体条件下的相应数据。通过风险评估风险管理最终目的就是要确保消费者对特定化学品的摄入量低于某种允许水平，从而将可能引起的风险降至最低。风险管理还要求进行定期的食品安全性检验，收集有关化学品的资料，及时向消费者传达有关饮食的风险信息等。

食物携带病原体致病，特别是肉、蛋、奶类及其制成品受微生物侵害引起致病，至今困扰着生活于现代文明中的消费者，而且风险呈上升趋势。从更广泛的环境角度考察，这一公共卫生问题可看作是一个环境问题。因为食品中许多重要的致病菌如肉毒杆菌、弯曲杆菌、李斯特菌、沙门氏菌等普遍存在于自然界，如农场、牧场、水源、饲料、家畜、野生动物、人体、厩肥及其他腐生环境中，并可在适当条件下在人工环境中滋生、爆发、蔓延。控制这类病害对食品和人体的侵害，不可能只采取消灭某一处病原体的方法，而必须考虑在整个环境循环或食物链的各个环节上，控制、减少病原体的数量和侵染机会，这也就是要从农场、牧场到餐桌的整个食物环境进行全过程控制。全过程控制是通常称之为危害分析关键控制点（HACCP）系统的核心，即通过对生产过程的控制来达到食品质量和安全性的控制。为此要对生产全过程进行监测，并要确定这一过程中的主要问题，即找出对最终产品的安全性有影响的关键环节，改善操作管理，加强预防。

现代食品安全性问题的出现，在很多情况下固然与生产条件不佳、生产过程不规范、管理不善等有关，但根本问题则是受短期、局部的目标和利益驱使，采取了某些违背生态规律、破坏自然资源的生产技术，造成恶果。如为片面追求生产效益而滥用化肥农药，生产出的瓜、菜、水果淡而无味，营养成分含量低，硝酸盐等有害成分高，并且因农作物易感染病虫害而使用农药越来越多，最终结果是产品的质量和安全性降低。过度依赖化学品支持的农业与畜牧业，在农业生态环境恶化、生产成本上升、消费者安全性意识提高的情况下，面临着改变经营策略和生产技术的挑战。这正是现代可持续的农业技术或绿色生产技术成为当今技术进步重要趋势的原因。我国绿色食品生产的出现和发展，有望为改善我国食品的安全性做出贡献。

在市售食品多渠道来源以及食品中可能的危害因子因时间、地点而多变的条件下，通过生产、加工等过程的监测与管理还不能保障食品的安全可靠。加强食品市场管理，建立食品市场检验制度，是政府管理部门可能和必须进行的另一项保护消费者的重要措施。这对于加强瓜果蔬菜的农药污染控制、畜产品中寄生虫危害及超量兽药残留的控制，以及对于各种伪劣掺假加工食品的控制都有重要意义。加强这方面工作的法制、法规建设和执法力度，以及相应的食品标准制定，已成当务之急。随着国际食品贸易种类数量的日益增多，相应的进出口食品检验问题也凸显起来。

食品安全性问题是涉及人类发展和食品供应的重大社会问题，它作为人类面临的挑战，其重要性早在1992年FAO（联合国粮农组织）和WHO联合召开的罗马国际营养大会上得到了确认。把食品安全作为一个完整目标纳入国家的社会经济可持续发展的目标体系之中是明智之举。加强保障食品安全性的国家体制有利于减少社会的医药卫生开支，提高劳动者身体素质和劳动生产率，加强国内生产食品在国外市场上的竞争能力，促进社会安定和对外开放。国家要制定关于食品安全性的政策和行动计划，制定并不断完善食品立法，强化食品质量和安全性控制系统，加强对食品从业人员、监督检验人员和分析人员进行有关食品安全性的专业培训。

对食品生产、加工、流通、销售全过程的食品安全性问题进行监督、检查、管理、执法，是为了保护消费者的利益。国际经验一般认为，一个有效的食品控制系统由三部分组成：行政部门、监督检验部门和分析实验室。由国际组织设立的食品规范委员会，在食品安全性方面已制定的一系列标准、指南和建议，为建立有效的食品控制系统提供了与国际接轨的基本要求与标准，可作为我国有关决策的参考。

在市场经济和贸易全球化的条件下，包括不少有害化学品在内的大量农用、兽用、食品工业用的化学品，从工业化国家涌入发展中国家在所难免。它们在促进食品生产数量和质量提高的同时，也带来了安全性的隐患。目前，工业化国家对食品生产系统中化学品应用的控制越来越严。许多被本国禁用或限用的农用化学品，有可能到发展中国家找出路，或倾销产品，或转移技术，或抢占市场。在技术、管理相对滞后的情况下，滥用农药而损害食品安全性，追求利润而不顾人民健康，将构成对社会的严重危害。

我们要鼓励采用有利于环境和食品安全性的生产技术，阻止有害物质进入人类食物链。生态环境是人类世世代代赖以为生的食物链的基础，但是，人口增长和经济发展对生态环境的污染、毒化和破坏却愈演愈烈。一个社会、民族或国家如不能意识到并有效制止对其生存基础的掠夺性破坏，则只能面临自我毁灭的境地。

生产者、经营者和社会管理部门应认真对待食品安全性信息的反馈，及时改进生产和管理，提高社会责任感和应变能力。消费者有权知道食品生产、流通全过程中关于食品安全性的真实情况，并参与改善食品安全性的控制管理。大众媒体应以客观的、准确的、科学的信息服务社会，维护社会安定，推动社会进步。食品标签、食品广告、食品报道必须纳入严格的法制管理轨道。

5.3.2 HACCP 与食品安全控制

HACCP 是危害分析关键控制点（hazard analysis critical control point）英文名称的缩写，是由食品的危害分析（HA）和关键控制点（CCP）两部分组成的一个系统的管理方案。HACCP 质量保证系统是世界上公认的有效保证食品安全卫生的质量保证系统。HACCP 是一个确认、分析、控制生产过程中可能发生的生物、化学、物理危害的系统，不同于传统的最终产品检验系统，它是对生产过程各环节的全过程控制。HACCP 由七个基本原则组成：危害分析、确定关键控制点、确定关键限值保证控制点受控制、确立监控关键控制点的措施、确立纠偏措施、确立有效的原始记录保存措施、建立审核措施，即通过对某一点或某一步骤或某一程序的有效控制来防止、去除或减少食品的危害性，所有被确认的关键控制点都有相应的有效措施来保证。HACCP 系统以对人体健康危险性研究为依据并运用科学系统的方法来评估和控制食品的生产、采集、加工、储备、销售和食用过程，覆盖从食品最初的生产者到最终消费者的每个环节，以确保食物在食用时是安全的，是对健康无任何潜在危害的。

HACCP 作为一种与传统食品安全质量管理体系截然不同的崭新的食品安全保障模式，它的实施对保障食品安全具有广泛而深远的意义。在 HACCP 实施下的良好食品质量可显著提高食品安全的水平，更充分地保障公众健康；可提高公众对食品安全体系的认识、并增强自我卫生和自我保护的意识；使公众更加了解食品企业所建立的食品安全体系，对社会的食品供应和保障更有信心。此外，良好的公众健康对提高大众生活质量、促进社会经济的良性发展具有重要意义。

HACCP 的实施将使政府在提高和改善公众健康方面发挥更积极的影响，并将改变传统的食品监管方式，使政府从被动的市场抽检，变为政府主动参与企业食品安全体系的建立，促进企业更积极地实施安全控制的手段。将政府对食品安全的监管，从市场转向企业，将减少政府在公众健康上的支出，使资金能流向更需要的地方。从另一方面来说，政府的参与将更能提高公众对食品供应的信心，增强企业竞争力。

5.3.3 GMP 与食品安全控制

良好的操作规范（good manufacturing practice，GMP）是由美国首创的一种保障产品质量的管理方法，它特别注重在生产过程中实施对食品卫生安全的管理。GMP 是一种具体的品质保证制度，其宗旨是使食品厂在制造、包装及储运食品等过程中，有关人员、建筑、设施、设备等设置及卫生制造过程质量管理均能符合良好的生产条件，防止食品在不卫生条件下或可能引起污染或品质变坏的环境下操作，减少生产事故的发生，以确保食品安全卫生和质量稳定。其工作规范的重点是：确认食品生产过程中的安全性；防止毒物、异物、微生物污染食品；双重检验制度。

简要地说，GMP 要求食品生产企业应具备良好的生产设备、合理的生产过程、完善的质量管理和严格的检测系统，确保其最终产品的质量（包括食品安全卫生）符合法规要求。为保证食品的安全性、提高食品质量、食品工厂的日常卫生管理是很重要的。

GMP 是在从原料到产品的整个食品制造过程中，为了充分进行卫生和质量管理，排除不卫生食品，确保食品的高质量而制定的，这与以产品抽样检查为中心的质量管理制度大不相同。由此看来，GMP 既是食品制造规范，又是制造食品所必须遵循的技术标准。GMP 是发达国家食品质量管理的先进方法和成功经验，也是保证食品卫生质量的关键。我国的食品企业卫生规范，相当于国外广泛应用的 GMP 管理方法。我国 GMP 的颁布和实施对食品卫生法的进一步贯彻执行、保证食品安全卫生、加快改善食品厂的卫生面貌、实现卫生管理标准化和规范化等，以及保障人民健康都起到了积极的作用。截至 2025 年 3 月，我国已累计发布食品安全国家标准 1 660 项，包含 2 万多项指标，涵盖全部 340 余种食品类别。《食品安全国家标准　食品生产通用卫生规范》（GB 14881—2013）的主要内容包括：范围，术语和定义，选址及厂区环境，厂房和车间，设施与设备，卫生管理，食品原料、食品添加剂和食品相关产品，生产过程的食品安全控制，检验，食品的贮存和运输，产品召回管理，培训，管理制度和人员，记录和文件管理等。

5.3.4 食品安全管理制度

食品质量与安全关系到人类的健康、社会的稳定和经济的发展。因此，各国政府纷纷采用各种技术和法律手段以提高食品安全管理水平，对影响食品质量与安全的因素进行有效监控。目前，美国、日本、欧盟等均已建立了较为完善的国家和地区食品质量安全监督管理体系，从而保证了政府监管有力，国民能够享受到安全、卫生的食品供应。我国也已初步建立了食品安全管理体系并发挥了重要作用。

5.3.4.1 美国食品安全管理制度

美国负责食品安全监管的联邦协调组织有美国农业部、食品与药物管理局和美国国家环保局。这些部门主要按食品类别进行分工监管，并与各州地方政府一起形成美国的食品安全监管体系。食品与药物管理局负责保护消费者免于掺假的、不安全的和除了食品安全检验局规定领域之外的贴有虚假标签的食品。并负责监管各州际贸易中出售的国产及进口食品，包括带壳的蛋类食品，但不包括肉类和家禽、瓶装水、酒精含量低于7%的葡萄酒饮料；农业部下设的食品安全检验局负责国内生产与进口的肉、禽、蛋制品及相关产品安全的监管；美国国家环保局负责监管农药和饮用水，保护公众健康和环境免遭农药引起的风险，并负责提出更加安全的灭虫方法；农业部下设的动植物健康检验局管制水果、蔬菜和其他植物，防治动植物有害物和疾病；商业部下属的海洋和大气管理局负责监管鱼类和海产品；财政部下设的酒、烟与火器管理局负责监管含酒精饮料，但不包括酒精含量低于7%的葡萄酒饮料；各州与地方政府负责其司法管辖区域内的所有食品。其他很多机构和行政部门，如美国卫生部的疾病控制预防中心和全国卫生研究所，农业部下设的农业研究局、产品销售局、经济研究局、粮食检验包装储存管理局和联邦谷物检测局，国家海洋渔业局等都在食品安全调查、教育、预防、监督和处理突发事件方面肩负职责。

美国实行食品安全机构联合监管制度，建立了联邦、州和地方政府既相互独立又相互协作的食品安全监督网，在地方、州和联邦全面监督食品的生产与流通。各市、县卫生局，各州卫生机构以及联邦政府的许多部门和机构，都雇用食品检查员、微生物学家、流行病学家及其他食品科学家，对食品安全实施持续深入的监管。地方、州和联邦法律、准则及其他法令对这些监管人员的权限有明确规定。联邦所有具有食品安全质量监督职能的机构都不具有促进贸易的职能，从而保证食品安全质量监督工作免受国家和部门经济利益的影响和干扰。

5.3.4.2 日本食品安全管理制度

日本于2003年通过了食品安全基本法，在内阁成立了食品安全委员会，专门对农林水产省和厚生劳动省的食品安全管理工作进行协调。日本食品安全管理体制有其自身的特点，即按照食品从生产、加工到销售流通等环节来明确有关政府部门的职责。该模式的缺点在于按环节分工容易造成各管理部门衔接不好，出现监控真空。

农林水产省主要负责国内生鲜农产品生产环节的安全管理，农业投入品（农药、化肥、饲料和兽药等）产、销、用的监督管理，进口农产品动植物检疫，国产和进口粮食的安全性检查，国内农产品品质和标识认证以及认证产品的监督管理，农产品加工中HACCP方法的推广，流通环节中批发市场和屠宰场的设施建设，消费者反映和信息的搜集沟通等。

厚生劳动省主要负责加工和流通环节食品安全的监督管理。包括组织制定农产品中农药、兽药最高残留限量标准和加工食品卫生安全标准，对进口食品的安全检查，国内食品加工企业的经营许可，食物中毒事件的调查处理，流通环节食品（畜、水产品）的经营许可和依据食品卫生法进行监督执法以及发布食品安全情况。

农林水产省和厚生劳动省之间既有分工，又有合作。例如，农药、兽药残留限量标准的制定工作由两个部门共同完成。在市场抽查方面，两个部门各有侧重。厚生劳动省负责执法监督抽查，对象是进口产品和国产产品，其抽查结果可以对外公布并作为处罚的依据。农林水产省只抽检国产农产品，旨在调查分析农产品生产过程中的安全性，并对日本农林规格（JAS）认证产品进行符合性检查，以便及时指导生产者生产优质安全的农产品，增强消费者对农产品安全的信心，促进农产品销售。

5.3.4.3 欧盟食品安全管理制度

欧盟对食品安全管理特别重视，尤其是2000年“疯牛病事件”等事件后，欧盟各成员国政府对现行的管理体制和机构设置进行了反思和改革。2000年欧盟食品安全白皮书中，提出建立一个独立的食品管理机构负责食品安全问题。该议案于2001年通过立法，2002年欧盟食品安全管理局正式开始行使职能。

（1）欧盟食品安全管理局的职责

① 管理委员会负责确保管理局行之有效的运作，其人员结构和选拔程序非常严格，其目的是确保欧盟食品安全管理局拥有一个独立的管理委员会。

② 咨询论坛协助行政主任开展工作，15个成员方（现为27个成员方）分别派出1名代表组成咨询论坛，有助于确保建立一个链接各国科研机构的高效率网络，作为形成有关潜在风险的信息交流和知识积累的机制。

③ 专门科学小组由独立的科学专家组成，分别负责食品添加剂、调味品加工辅料和与食品相接触物质的小组；负责用于动物饲料的添加剂产品或物质的小组；负责植物卫生、植物保护产品及其残留物的小组；负责转基因生物的小组；负责饮食产品营养和变应性的小组；负责生物危险的小组；负责食品链污染的小组；负责动物卫生与福利的小组。

④ 科学委员会负责总体协调，确保各个专门的科学小组的意见保持一致。欧盟食品安全管理局的基本职责与美国的食品与药品管理局不同，它不具备制定规章制度的权限，但将负责监督整个食品链，根据科学的证据做出风险评估，为政治家制定政策和法规提供信息依据。

（2）其在食品安全管理工作中主要采取的措施

① 紧急风险的识别。通过建立一套监控程序来系统地搜索、收集和处理数据信息，在其任务的范围内识别紧急风险。如果有信息表明将可能产生严重的紧急风险，管理局可以要求成员国、其他区域机构及委员会为它提供附加信息。成员国、有关的区域机构和委员会需要将其所有的相关信息回复给管理局并寄出它们所拥有的所有信息。

② 建立快速预警系统。为了快速识别直接或间接影响人类健康的有关食品领域内的风险，由成员国、委员会和管理局形成一个快速识别网络系统。如果网络成员中出现了任何来自食品和饲料所带来的直接或间接的对人类健康安全严重影响的信息，该信息将被快速预警系统识别并使委员会得知，委员会迅速将信息传递给网络中的各成员国。管理局将对该信息补充有关的科学和技术信息，以便各成员国采取适当的风险管理行动来保护公众健康。成员国在快速预警系统下可以采取禁止市场产品流通、收回或召回食品或饲料以及必要的快速行动，并迅速通知委员会。当在快速预警系统监管下的食品运抵第三国，委员会将为第三国提供适当的信息。

③ 对紧急事件制定应对措施。当有明显的证据证明食品极有可能包含对人类健康、动物健康和环境带来风险的因素，并且该风险未能被成员国充分识别，委员会可以根据情况采取如下措施：终止该产品的使用和流通、停止从第三国的任何地方进口该食品。

5.3.4.4 中国食品安全管理制度

我国总体的食品安全管理体系是逐步提高的，从1949年至今，我国部级以上机关所颁布的有关食品安全方面的法律、法规、规章、司法解释以及各类规范性文件等多达千余篇。特别是1995年10月30日《中华人民共和国食品卫生法》实施以来，出台了一系列法规、标准，建立了一批专业的执法队伍，有关部门也颁布了一些相关的规定和管理办法，促进了食品合格率总体不断上升。然而随着市场经济的不断发展和食物链中新的危害不断出现，我国的食品安全管理体系还是存在不少有待解决的问题。

第一，我国食品安全标准体系滞后。与国外相关食品安全标准相比，我国的食品安全标准不仅种类少，而且很多标准限值制定过低，以致引发诸多国际贸易纠纷。截至2009年，国际食品法典委员会（CAC）已制定了8 000多个国际食品标准、3 274个农药残留限量、1 005个食品添加剂的安全评估。在这些方面，我国的国标与国际标准仍存在较大差距，如肉类食品中的己烯雌酚（一种环境激素），欧盟规定的最高残留限量是0.001 mg/kg，而我国国标是0.25 mg/kg，相差250倍。此外，我国农产品质量标准中只涉及62种化学污染物，而联合国粮食及农业组织已公布的相关限制标准达2 522项，美国则多达4 000余项。这种国内与国际食品标准不接轨的情况，也严重影响到了我国食品和农产品的出口贸易。

第二，我国食品安全标准有交叉、重复，也有空白。我国食品相关标准由国家标准、行业标准、地方标准、企业标准等4级构成，而各类食品标准又分散于农业、质监、卫生等六七个部门，无公害农产品、绿色食品、有机农产品、“QS”质量安全等制度繁多、多种标准在市场上往来冲突，缺乏协调机制。有的产品有几个标准并且检验方法不同、含量限度不同，致使某些标准难以执行。还有不少标准标龄过长，而且标准中关于卫生质量要素的技术要求与指标规定都不同程度地与国际标准存在一定差距，标准的科学性和可操作性也亟待提高。

第三，国家开展食品安全执法监督的基础和依据，稍有欠缺都会造成执法监督空隙，导致负面效应。《中华人民共和国食品卫生法》的施行，也无法体现从农田到餐桌的全程管理，留下了许多执法空隙和隐患，正因为这些标准存在多头监管，实际上就造成了“谁都管不好”的局面，容易出现一些监管的“真空地带”，出了问题，又互相推诿。对于出现的食品安全问题，不能及时处理，而且该处理的不处理，或以罚代管，这样并不能触及违法者的根本利益，他们很快就会重操旧业。故监管和处罚不力，也是导致食品中毒事件频频发生和假冒伪劣食品屡禁不止的重要原因之一。

为解决以上问题，2009 年 2 月 28 日，第十一届全国人大常委会第七次会议通过了《中华人民共和国食品安全法》，2013 年 5 月 6 日，第十二届全国人大常委会第九次会议初次审议了《中华人民共和国食品安全法（修订草案）》。2015 年 4 月 24 日，新修订的《中华人民共和国食品安全法》（简称《食品安全法》）经第十二届全国人大常委会第十四次会议审议通过。新版《食品安全法》共十章，154 条，于 2015 年 10 月 1 日起正式施行。新版《食品安全法》具有以下特点：

第一，建立了最严监管制度。

（1）完善统一权威的食品安全监管机构。终结了“九龙治水”的食品安全分段监管模式，从法律上明确由食品药品监管部门统一监管。

（2）建立最严格的全过程的监管制度。新法对食品生产、流通、餐饮服务和食用农产品销售等环节，食品添加剂、食品相关产品的监管以及网络食品交易等新兴业态等的监管进行了细化和完善。

（3）更加突出预防为主和风险防范。新法进一步完善了食品安全风险监测、风险评估制度，增设了责任约谈、风险分级管理等重点制度。

（4）建立最严格的标准。新法明确了食品药品监管部门参与食品安全标准制定工作，加强了标准制定与标准执行的衔接。

（5）对特殊食品实行严格监管。新法明确特殊医学用途配方食品、婴幼儿配方乳粉的产品配方实行注册制度。

（6）加强对农药的管理。新法明确规定，鼓励使用高效低毒低残留的农药，特别强调剧毒、高毒农药不得用于瓜果、蔬菜、茶叶、中草药材等国家规定的农作物。

（7）加强风险评估管理。新法明确规定通过食品安全风险监测或者接到举报发现食品、食品添加剂、食品相关产品可能存在安全隐患等情形，必须进行食品安全风险评估。

（8）建立最严格的法律责任制度。新法从民事和刑事等方面强化了对食品安全违法行为的惩处力度。

第二，设置罚则确保“重典治乱”。

（1）强化刑事责任追究。新法对违法行为的查处上做了一个很大改革，即首先要求执法部门对违法行为进行一个判断，如果构成犯罪，就直接由公安部门进行侦查，追究刑事责任；如果不构成刑事犯罪，才由行政执法部门进行行政处罚。此外还规定，行为人因食品安全犯罪被判处有期徒刑以上刑罚，则终身不得从事食品生产经营的管理工作。

（2）增设了行政拘留。新法对用非食品原料生产食品、经营病死畜禽、违法使用剧毒高毒农药等严重行为增设拘留行政处罚。

（3）大幅提高了罚款额度。比如，对生产经营添加药品的食品，生产经营营养成分不符合国家标准的婴幼儿配方乳粉等性质恶劣的违法行为，新法规定最高可以处罚货值金额30倍的罚款。

（4）对重复违法行为加大处罚。新法规定，行为人在一年内累计3次因违法受到罚款、警告等行政处罚的，给予责令停产停业直至吊销许可证的处罚。

（5）非法提供场所增设罚则。为了加强源头监管、全程监管，新法对明知从事无证生产经营或者从事非法添加非食用物质等违法行为，仍然为其提供生产经营场所的行为，规定最高处以10万元罚款。

（6）强化民事责任追究。新法增设首负责任制，要求接到消费者赔偿请求的生产经营者应当先行赔付，不得推诿；同时消费者在法定情形下可以要求10倍价款或者3倍损失的惩罚性赔偿金。此外，新法还强化了民事连带责任，规定对网络交易第三方平台提供者未能履行法定义务、食品检验机构出具虚假检验报告、认证机构出具虚假的论证结论，使消费者合法权益受到损害的，应与相关生产经营者承担连带责任。

第三，规定食品安全社会共治。

（1）行业协会要当好引导者。新法明确，食品行业协会应当加强行业自律，按照章程建立健全行业规范和奖惩机制，提供食品安全信息、技术等服务，引导和督促食品生产经营者依法生产经营。

（2）消费者协会要当好监督者。新法明确，消费者协会和其他消费者组织对违反食品安全法规定，损害消费者合法权益的行为，依法进行社会监督。

（3）举报者有奖还受保护。新法规定，对查证属实的举报应当给予举报人奖励，对举报人的相关信息，政府和监管部门要予以保密。同时，参照国外的“吹哨人”制度和公益告发制度，明确规定企业不得通过解除或者变更劳动合同等方式对举报人进行打击报复，对内部举报人给予特别保护。

（4）新闻媒体要当好公益宣传员。新法明确，新闻媒体应当开展食品安全法律、法规以及食品安全标准和知识的公益宣传，并对食品安全违法行为进行舆论监督。同时，规定对在食品安全工作中做出突出贡献的单位和个人给予表彰、奖励。

第四，强化互联网食品交易监管。

（1）明确网络食品第三方交易平台的一般性义务，即要对入网经营者实名登记，要明确其食品安全管理责任。

（2）明确网络食品第三方交易平台的管理义务，即要对依法取得许可证才能经营的食品经营者许可证进行审查，特别是发现入网食品经营者有违法行为的，应当及时制止，并立即报告食品药品监管部门。对发现严重违法行为的，应当立即停止提供网络交易平台的服务。

（3）规定消费者权益保护的义务，包括消费者通过网络食品交易第三方平台，购买食品其合法权益受到损害的，可以向入网的食品经营者或者食品生产者要求赔偿，如果网络食品第三方交易平台的提供者对入网的食品经营者真实姓名、名称、地址等不能提供的，要由网络食品交易平台提供赔偿，网络食品交易第三方平台提供赔偿后，有权向入网食品经营者或者生产者进行追偿，网络食品第三方交易平台提供者如果做出了更有利于消费者承诺的，应当履行承诺。

第五，强化企业主体责任。

（1）要求健全落实企业食品安全管理制度。提出食品生产经营企业应当建立食品安全管理制度，配备专职或者兼职的食品安全管理人员，并加强对其培训和考核。要求企业主要负责人对本企业的食品安全工作全面负责，认真落实食品安全管理制度。

（2）强化生产经营过程的风险控制。提出要在食品生产经营过程中加强风险控制，要求食品生产企业建立并实施原辅料、关键环节、检验检测、运输等风险控制体系。

（3）增设食品安全自查和报告制度。提出食品生产经营者要定期检查评价食品安全状况；条件发生变化，不再符合食品安全要求的，食品生产经营者应当采取整改措施；有发生食品安全事故潜在风险的，应当立即停止生产经营，并向食品药品监管部门报告。

第六，强化地方政府属地管理责任。

（1）强化食品安全保障能力。针对一些地方不重视食品安全工作，食品安全监管能力不足的问题，新法提出县级以上人民政府要将食品安全工作纳入本级国民经济和社会发展规划，将食品安全工作经费列入本级政府财政预算，加强食品安全监管能力建设。

（2）实行食品安全管理责任制。新法要求上级人民政府要对下一级人民政府和本级食品安全监管部门的工作做出评议和考核。

（3）强化对小作坊、食品摊贩等监管。新法要求省级人大或省级人民政府制定食品生产加工小作坊和食品摊贩等的具体管理办法。按照《中华人民共和国立法法》的规定，法律规定明确要求有关国家机关对专门事项做出配套具体规定的，有关国家机关应当自法律施行之日起一年内做出规定。

（4）强化责任追究。新法强化了地方政府的食品安全责任追究，要求对不依法报告、处置食品安全事故，或者对本行政区域内涉及多环节的区域性食品安全问题未及时组织进行整治，未建立食品安全全程监管工作机制和信息共享机制等情形，设立了相应的行政处分。

未来我国在食品安全管理制度上还应做出以下完善及补充：

① 建立健全《食品安全法》的配套法制法规体系。依据食品安全治理的需要，为了解决新《食品安全法》在实施过程中出现的各种各样的问题，保证《食品安全法》的全面顺利实施，我国各级政府及其相关职能部门在清理调整旧规章制度的同时，要加紧《食品安全法》配套法规制度的制定工作。建立健全多层级、多种类的包括了质量检验、行政执法、卫生监督、监测预警等的综合性食品安全法律法规配套保障体系。根据我国《中华人民共和国宪法》《中华人民共和国地方各级人民代表大会和地方各级人民政府组织法》以及国务院发布的《法规、规章备案规定》，食品安全法规有国务院制定的国家级行政法规和地方性行政法规两种。食品安全地方性法规是指省、自治区、直辖市以及

省、自治区人民政府所在地的市和经国务院批准的较大的市的人民代表大会及其常务委员会根据本行政区的食品安全情况和实际需要，在不与宪法、法律、行政法规相抵触的前提下按法定程序所制定的地方性食品安全法规的总称。在《食品安全法》配套法规体系的建设中，国家各级食品安全监管部门要坚持实事求是，树立以人民为中心的发展理念，遵循习近平总书记提出的“四个最严”指示精神，依据最新《食品安全法》，对原有的所有食品卫生安全配套管理办法、暂行规定等部门规章及其他规范性文件进行及时修改，并制定出高效、合理、全面的新的食品安全法规制度。

② 理顺监管体制，明确监管职责。在以前的《食品卫生法》中，虽然规定国务院卫生部门主要负责全国范围的食品卫生监督管理工作。但对食品卫生管理的部署是：由国务院有关部门在各自的职责范围内负责食品卫生管理工作，这一部署显得有些笼统，没有具体的管理办法和管理综合手段。现行的《食品安全法》针对食品安全的管理工作特别规定实行分段管理，并最终实现了食品的全过程监管。在分段管理的前提保障下，国务院成立了专门的食品安全委员会。全国各级食品安全治理的相关职能部门必须坚持以中央食品安全委员会为中心，在其领导下负责各自行政区域内的各项食品安全治理工作，行使法律所赋予的权力、依法办事，履行职责，保障食品安全的各项管理工作得以健康、有序、持续进行，在实际操作中，卫生行政部门承担食品安全综合协调职责，质量监督管理部门负责整个食品行业的生产环节的监管，工商行政管理部门主要负责流通环节的监管，食品药品监管部门负责餐饮服务环节的监管。

③ 建立健全食品安全应急法律法规体系。目前，我国关于食品安全恶性突发事件的法律和法规尚不完善。一旦发生严重的食品安全突发事件，首先应该考虑的就是与之相对应的法律法规，如果没有这些法律法规，那么就会失去最佳的应急救治机会。要针对不同品种、性质的食品及其行业领域，制定对应的法律法规，如针对生物性食品安全危害，制定《生物性食品安全危机应急条例》；针对化学性食品安全危害，制定《化学性食品安全危机应急条例》；针对物理性食品安全危害，制定《物理性食品安全危机应急条例》等。同时还要制定出《食品安全突发事件紧急状态法》，一旦发生了某种食品安全恶性突发事件，可以首先通过《食品安全突发事件紧急状态法》宣布和实施针对该种食品的安全紧急状态，再依据相对应的应急法规，最大限度地减少生命财产的损失。

④ 食品安全治理的法治化。食品安全应急法制是静态的法律制度，是人们对食品安全突发性事件进行管理和处置的准则和依据。制定并实施食品安全事件应急法制的目的就是为了实现应对食品安全危机事件治理的法治化。具体说来，一方面，“食品安全危机应急法制”是实现食品安全治理法治化的前提和先决条件，没有食品安全治理的法制化，就没有食品安全治理的法治化，它们之间有着紧密的承接关系。另一方面，食品安全治理的法治是“食品安全治理法制”的有力保障。没有食品安全治理应对的法治，食品安全治理的法制就是一个空壳。从食品安全治理的法制化到食品安全治理的法治化，是一个复杂而艰难的系统工程。政府、社会公众或其他社会主体都是该工程的子系统或者子系统中的主要构成要素。总之，只有在完善的食品安全治理法制的规范下，才能保证食品安全治理法治化的实现，才能保障食品安全治理的各项工作顺利进行，并最终实现保障人身健康安全的目标。

思考题

1. 简述食品生物性污染和化学性污染的主要类型及危害。

2. 分析食品加工过程中可能存在的食品安全问题。

3. 简述由食品包装材料污染造成的健康危害。

4. 分析对比国内外食品安全管理制度的异同，并展望未来食品安全管理制度的发展趋势。

第6章 室内空气污染与人体健康

现代人平均有80%以上的时间是在室内度过的，城市中的老人、儿童等则可能有高达95%的时间生活在室内，因此室内空气环境质量的好坏直接影响着人们的身体健康。一个人每天需要1 kg食品、2 kg饮用水，但所需空气则为15 kg，室内空气质量对人的健康保障、舒适感受和工作学习效率尤为重要。

在经历了18世纪工业革命带来的“煤烟型污染”和19世纪石油和汽车工业发展所带来的“光化学烟雾污染”之后，现代人正经历以“室内环境污染”为标志的第三污染时期。室内污染物可能达数千种，室内污染也被称为现代城市的特殊灾害。国际上已经把室内空气污染列为对公众健康危害最大的环境因素。

6.1 室内空气污染概述

6.1.1 室内环境和室内空气污染

6.1.1.1 室内环境和室内空气质量

室内环境（indoor environment）主要是指居室内环境。从广义上讲是人类生存和活动的重要场所，包括办公室、会议室、教室、医院等室内环境，宾馆、饭店、图书馆、候车室等公共场所，火车、轮船、飞机等交通工具。据美国国家环保局的一项调查显示，对居民经水、食品和呼吸途径日摄入的有毒化学物质及致癌物进行监测及调查，对于大多数被检测的污染物来说，对人体暴露量的主要贡献是室内空气，这充分说明室内空气质量与公众健康的关系极为密切。随着我国经济的迅速发展和人们生活水平的提高，城市高级写字楼的大量涌现以及建筑装修水平的不断升级，各种新型电器设备和中央空调系统的普及，影响室内环境空气的污染因素也不断增多。

室内空气质量（indoor air quality，IAQ）的概念是20世纪70年代后期在一些西方国家出现的。当时出于节约能源的考虑，建筑物的密闭性大大提高，由此带来室内通风率不足，致使室内空气污染事件频频发生。一些人出现头痛、干咳、皮肤干燥发痒、头晕恶心、注意力难以集中和对气味敏感等症状，被称为“致病建筑综合征”，这种状况在很多国家都有发生，各发达国家在这方面都有过惨痛的教训，使人们开始深入研究和探讨室内空气质量对人类健康的影响、污染物及其来源以及可行的解决途径。

室内空气质量的定义经过了多次演变。最初，人们把室内空气质量几乎完全等同为一系列污染物浓度的指标。近年来，人们认识到这种纯客观的定义已经不能完全涵盖 IAQ 的内容。于是，对室内空气质量的定义进行了不断发展，在 1989 年召开的国际室内空气质量讨论会上，丹麦哥本哈根大学的一位教授提出：质量反映了满足人们要求的程度，如果人们对空气满意，就是高质量；反之，就是低质量。英国建筑设备工程师学会（CIBSE）认为：如果室内少于 50% 的人能察觉到任何气味，少于 20% 的人感觉不舒服，少于 10% 的人感觉到黏膜刺激，并且少于 5% 的人在不足 2% 的（评估）时间内感到烦躁，可认为此时的室内空气质量是可接受的。这两种定义的共同点都是将室内空气质量完全变成了人们的主观感受，这是达到可接受的室内空气质量的必要而非充分条件。由于有些气体，如氡、一氧化碳（CO）等没有气味，对人也没有刺激作用，不会被人感受到，却对人体危害很大，因而仅用主观来判断室内空气质量是不够的，必须同时引入可接受的室内空气质量标准。

6.1.1.2 室内空气污染

在现代社会中，人的工作生活大部分是在室内进行的，由于室内引入能释放有害物质的污染源或室内环境通风不佳，室内空气有害物质无论是从数量上还是种类上都不断增加，并引起人的一系列不适应症状，称为室内空气受到了污染，因此，从环境污染对人体健康的影响来看，室内环境质量比室外环境质量显得更为重要。

6.1.2 室内空气污染的来源和种类

6.1.2.1 室内空气污染的来源

室内空气污染物的来源包括以下几方面：

① 建筑和装饰材料，及其释放的氡、甲醛和挥发性有机化合物等。

② 各种燃料燃烧、烹调油烟及吸烟产生的 CO、NO_2、SO_2、可吸入颗粒物、甲醛、多环芳烃等。

③ 家用化学品产生的各种化学性污染，各种杀虫剂、空气清新剂、清洗剂等。

④ 家用电器和某些办公用品产生的电磁辐射和臭氧等。

⑤ 中央空调和家用空调器带来的室内军团菌、霉菌和其他生物污染。

⑥ 人体呼出的废气，汗液；通过咳嗽、打喷嚏等喷出的病毒、细菌等生物污染物。

⑦ 室内用具产生的化学性和生物性污染，如在被褥、地毯中滋生的尘螨等，塑料制品等产生的化学污染物。

⑧ 从室外进入室内的污染，主要是大气中的工业废气、汽车尾气等，垃圾场的气味污染，恶劣天气的沙尘污染、花粉污染等，通过门窗和换气装置进入室内。

6.1.2.2 室内空气污染的种类

随着我国人们生活水平的提高，家用燃料的消耗不断增加，大量能够挥发出有毒有害物质的建筑、装饰材料和家用化学品、消费品进入家庭，使室内有害物质的种类和数量明显增多，加重了室内空气污染。现代建筑物多为密闭型，室内空调系统中恒定的湿度、温度宜于微生物繁殖。为节省能源，有的楼宇和家庭降低通风量，导致含有毒有害的化学物质、细菌及病毒的空气在室内循环，进一步增加了人体对污染物的接触量。

根据国家《室内空气质量标准》（GB/T 18883—2022），室内空气污染物质按性质区分，大致可以划分为四类。

（1）化学污染

室内化学污染主要来自包括建筑、装饰装修材料和家具、化妆用品、厨房燃料燃烧和室内化学用品释放或排放出来的包括氨、氮氧化物、硫氧化物、碳氧化物等无机污染物，以及甲醛、苯、二甲苯等在内的有机污染物。据统计，已发现的室内空气化学污染物有 500 多种，其中挥发性有机化合物达 307 种。环境烟草烟雾的成分更为复杂，目前已鉴定出 3 000 多种化学物质，含大量的有毒有害物质和致癌物。

目前人类使用的化学物质多达数十万种，并不断有新的合成化学物质出现。因此，这类污染物是环境的主要污染来源，对人体健康的威胁最大，影响面最广。目前我国城乡公共场所和家庭中的主要污染是化学性污染，常见的有化学性有害气体包括甲醛、苯、氨和挥发性有机物等污染物。

（2）放射性污染

室内放射性污染主要是氡、钍、镭等放射性核素造成的放射性污染。主要来自从建筑和装饰装修材料，还有由石材制成的成品，如大理石、洁具、地板等。放射性物质氡污染目前是我国建筑污染的主要问题，一些家庭装饰装修也可以产生，其已经被列入国家民用建筑工程室内环境污染控制指标。

（3）物理性污染

室内物理性污染主要包括噪声、室内灯光照明不足或过亮、电磁辐射（紫外线、微波）、电离辐射（各种放射性物质）等，造成对人体健康的危害。室内环境中的物理性污染来自两个方面：一方面是室外环境进入室内的污染；另一方面是室内环境自身的污染，如室内环境的装饰、陈设、家具、照明、色彩等，如果设计和安装不合理，人们长时间在室内生活和工作，都可能造成对人体健康的伤害，其成为危害人体健康的室内环境物理性污染。

另外，一些室内环境中的物理性指标，不应该称为污染，但是，也是与人们健康息息相关的，比如室内温度、湿度、新风量等。目前，也有一些专家把物理性污染与放射性污染合并为一类，统称为物理性污染。

（4）生物性污染

室内空气生物性污染是影响室内空气质量的一个重要因素，主要包括细菌、真菌（包括真菌孢子）、花粉、病毒、生物体有机成分等。室内生物性污染对人类的健康有着很大危害，能引起各种疾病，如各种呼吸道传染病、哮喘、建筑物综合征等。室内环境监测中心调查，由室内空气中螨虫引起的过敏性皮炎患者竟占 50% 左右。2019 年底发生的“新冠疫情”再一次提醒人们，室内生物性污染正在危胁着人们的健康！目前国外一些发达国家和地区，人们的生活质量提高以后，对室内环境的生物性污染更加重视。

6.1.3　室内空气污染的特点

室内空气污染物来源广泛、种类繁多，对人体的危害程度大，室内空气污染有自身的特点，主要表现在以下几个方面。

（1）影响范围广

室内环境空气污染不同于特定的工矿企业环境空气污染，室内环境包括居室环境、办公室环境、交通工具内环境、娱乐场所环境和医院疗养院环境等，故所涉及的人群数量大，几乎包括所有年龄组，所以室内环境空气污染影响范围就相当广泛。

（2）接触时间长

人一生中至少80%的时间是在室内度过的，当人们长期暴露在有污染的室内环境中时，污染物对人体的作用时间也就相应地增加了。

（3）污染物浓度高

很多室内环境特别是刚刚装修完毕的室内环境，污染物从各种装修材料中释放出来的量较大，并且在通风换气不充分的条件下污染物不能被排放到室外，大量的污染物长期滞留在室内，使得室内污染物浓度很高，严重时室内污染物浓度可达到室外的几十倍。

（4）污染物种类多

室内空气污染有物理性污染、化学性污染、生物性污染、放射性污染等，特别是化学性污染，其中不仅有无机物污染如氮氧化物、硫氧化物、碳氧化物等，还有更为复杂的有机物污染，其种类可达到上千种，并且这些污染物又可以重新发生作用产生新的污染物，它们常常是同时综合作用于人体。

（5）污染物排放周期长

对于从装修材料中释放出来的污染物如甲醛，尽管在通风充足的条件下，它还是能不停地从材料孔隙中释放出来的。有研究表明甲醛的释放可达十几年之久，而对于放射性污染其危害的时间则更长。接触者多数长时间暴露于污染环境中，甚至终身接触。低浓度短时间接触不易对人体健康产生明显影响，但长时间接触对人体健康的潜在危害，则不容忽视。

（6）危害表现时间不一

有的污染物在短期内就可对人体产生极大的危害，而有的则潜伏期很长，如放射性污染，有的潜伏期可达到几十年之久。尤其对于敏感人群（老、弱、病、残、幼，甚至胎儿）和高危险人群（接触某有害因子的机会比其他人多）影响更大。

6.2 室内空气化学性污染与人体健康

室内空气污染主要是人为污染，其中又以化学性污染最为突出。随着人们生活水平的不断提高，各种装饰装修材料、家具和日用化学品等纷纷进入室内，使室内污染物的来源和种类不断增多，致使空气中存在的化学污染物多达数百种。这些污染物存在于室内空气中，每一种污染物的浓度不一、毒性各异，它们对人体健康产生着各种不同的危害，造成各种不良综合征。

6.2.1 室内空气化学性污染的来源

根据社会发展状况和现代化程度的不同，各地的室内污染状况也有所不同。在发达国家，居室内环境的污染以烟草、烟雾、氡造成的放射性污染，以及尘螨、霉菌等生物性污染为主。而在大多数发展中国家，则以燃煤和生物性燃料燃烧以及建筑装修材料造成的化学性污染为主。化学性污染是室内环境的主要污染，室内空气化学性污染的来源主要有：

（1）燃料燃烧污染

目前，我国常用的生活燃料有煤、天然气、煤制气和液化石油气。在农村地区，还有生物燃料，如木材、植物秸秆及粪便等。这些燃料在燃烧时产生多种污染物质，各种污染物在室内不断聚集，构成了室内空气化学性污染的主要污染源之一。家庭取暖、炊事活动都要使用各种燃料，燃料燃烧的产物因燃料的种类而异，主要有 SO_2、CO、NO_x、TSP、PAH 等，煤燃烧还可能产生砷、汞、镉等重金属元素。此外，还有悬浮颗粒物（其中可吸入颗粒物含量较高），这些粒径很小的颗粒物质可以直接沉积在人的呼吸道，危害人体健康。

（2）烹调油烟

我国的烹调方法主要采用高温油炸烹炒等，烹调使用的食用油和食物在高温条件下，发生一系列复杂的反应变化，其中部分分解产物以烟雾的形式散发到空气中，形成油烟雾。烹调油烟是一组混合型污染物，它的成分十分复杂，其组分和毒性与食用油的品种、加工精制技术、变质程度、加热温度、加热容器的材料，以及清洁程度、加热所用的燃料种类、烹调物种类和质量等众多因素有关。有关部门对从居民家庭收集的经常煎炸食物的油烟样品进行分析，共测出 220 多种化学物质，其中主要有醛、酮、烃、脂肪酸、醇、芳香族化合物、酯、内酯、杂环化合物等。这些化合物中包括致癌物以及导致心脑血管疾病的脂肪氧化物等多种危害人体健康的污染物。如在烹调油烟中发现了挥发性亚硝胺等已知突变致癌物。

（3）烟草烟雾

吸烟是产生室内化学性污染的主要来源之一。香烟烟雾的成分复杂，目前已鉴定出的烟雾中的化学物质有数千种。它们以气态或颗粒物的形式散发在室内空气中，主要有NO_2、CO_2、CO、挥发性硫化物、亚硝基化合物、醛类以及尼古丁等。这些化学物质造成室内环境的严重污染，可致病或致癌。香烟烟雾中还含有二噁英等有毒物质，这些物质可能是吸烟易致癌的重要原因。世界卫生组织国际癌症研究中心已将二噁英确定为一级致癌物。

(4) 家用化学品

在现代生活中，几乎不可避免地使用各种家用化学品。如各种洗涤产品、清洁产品、化妆品、皮鞋保护剂、空气清新剂、卫生杀虫剂、除臭剂等都含有挥发性的有机化合物。家用化学品广泛应用于每个家庭中，具有很多特点：a. 使用场所多；b. 种类繁多；c. 成分复杂；d. 适用人群广；e. 暴露途径多样，接触时间长。家用化学品已成为室内有机污染物的主要来源之一，对人体的皮肤刺激尤其是化妆品对皮肤的损伤较为常见，除此之外，人们还可能通过消化道、呼吸道接触化学品释放的有害物质，从而受到伤害。

(5) 建筑材料和室内装饰装修材料产生的室内化学污染

大量的研究表明，室内空气污染的主要来源之一是室内不合格的建筑材料和装饰材料所释放的化学物质。这些化学物质不仅在施工过程中释放，更为重要的是在长期使用过程中缓慢释放，并与人体长期接触。这些化学物质在污染居室空气的同时，不同程度地危害了人体的健康。

随着建筑业的发展以及人们审美观的提高，各种新型的建筑材料和装饰装修材料不断涌现。这些材料中向室内空气中释放着许多挥发性有机物，如甲醛、苯、甲苯、二甲苯、醚、酯类等，是室内空气化学性污染的重要来源。据国家卫生建筑和环保部门进行的室内装饰装修材料抽查发现，有68%的装饰材料可产生有毒有害气体，特别是新装修的住宅、宾馆等场所，室内甲醛浓度都有不同程度的超标。

6.2.2　室内主要化学污染物及其危害

人类各种活动，如燃烧、取暖、烹调，使用各种日用化学品、办公设备，进行各种室内装饰装修、种植花卉，以及人类本身的代谢都会产生诸多化学物质，造成了室内环境的化学污染，给人体的健康带来了不同程度的危害。室内空气中的化学污染物对人体健康的影响具有长期、慢性和多系统危害的特点。

6.2.2.1　典型有机污染物及其危害

(1) 甲醛

甲醛是居室内空气的主要污染物之一，也是污染最严重、最普遍、人们最为关注的污染物，同时是对健康影响最大的污染物。我国因为居室装修质量低劣而进行法律诉讼的事件，多数是由甲醛含量超标引起的。上海一项研究结果显示，装修半年内室内空气甲醛平均含量为0.170 mg/m^3，装修2～3年的含量为0.071 mg/m^3，仍显著地高于未经装修的房间。有装修的公共场所室内空气甲醛的合格率仅 22.7% ~50.0%。装修 6 个月内有 46% 的居住者报告有眼部刺激症状，2 ~3 年内仍有 16.7% 的人有眼部刺激症状，显著地高于无装修房间内的对照人群。经调查，污染物浓度超标的居室和办公室，其住户和职员均不同程度地出现了以下一种或几种症状，如眼睛和上呼吸道受刺激、胸闷、咽干、咽痛、味觉嗅觉减退、头痛、头晕、厌食、疲劳等。

① 甲醛的化学性质。甲醛（HCHO）是一种无色、具有强烈刺激性气味的气体，是一种挥发性有机物。易溶于水、醇、醚，被确认为是有效的杀菌和消毒物质，其浓度为 38% 的水溶液称为“福尔马林”，是医学上常用的防腐剂。工业上甲醛主要用作生产树脂的主要原料，这些树脂主要用作黏合剂。甲醛还具有加强板材的硬度及防虫、防腐的功能，所以被广泛应用于各种建筑装饰材料之中。甲醛是室内空气的主要污染物之一，甲醛可经呼吸道吸收，也可经消化道吸收。

② 室内空气中甲醛的主要来源。室内空气中的甲醛可以来自室外的工业废气、汽车尾气和光化学烟雾，但主要来源还是室内。甲醛在室内主要来源于建筑材料、家具、各种黏合剂涂料、合成织品。

a. 建筑和装饰材料。因为甲醛具有较强的黏合性，还具有加强板材的硬度及防虫、防腐的功能，所以用来合成多种黏合剂。因此，用作室内装饰的胶合板、细木工板、中密度纤维板和刨花板等人造板材中均含有甲醛。目前生产人造板使用的胶黏剂常用以甲醛为主要成分的脲醛树脂，板材中残留的和未参与反应的甲醛会逐渐向周围环境释放，最长释放期可达十几年，是形成室内空气中甲醛的主体。各种人造板、新式家具的制造，墙面、地面的装饰铺设都要使用黏合剂，因而会有甲醛释放出来。

此外，某些化纤地毯、塑料地板砖、油漆涂料等均含有一定的甲醛。此外，我们也要注意一些厂家为了追求高额利润，使用不合格的板材制造的人造板家具，在粘接贴面材料时会使用劣质胶水。如果只图便宜买回这样的家具，可能造成室内空气的严重污染。

b. 生活日用化学产品。研究发现化妆品、清洁剂、杀虫剂、消毒剂、防腐剂、印刷油墨、纸张和纺织化纤等均含有一定量的甲醛，也是室内甲醛的释放源，但比起室内家装建材而言，生活用品中甲醛的释放量就微乎其微了。

c. 燃料和烟草的不完全燃烧。燃料燃烧可产生大量甲醛，厨房内若同时使用煤炉和液化石油气，则甲醛浓度大于 0.4 mg/m^3，厨房内甲醛浓度日变化的峰形与做饭时间相关。香烟烟气中含甲醛 14 ~24 mg/m^3。人们每吸一口烟（约 40 mL）最多可吸入 81 μg 甲醛。

③ 室内空气中甲醛污染对健康的影响。现代科学研究表明，甲醛对人体健康有不良影响，当室内空气中甲醛含量为 0.1 mg/m^3 时就有异味和不适感。美国国家环保局室内空气品质部认为人长期暴露在甲醛释放达到 0.153 mg/m^3 的室内时就会产生不适感；0.5 mg/m^3 时可刺激眼睛引起流泪；0.6 mg/m^3 时引起咽喉不适或疼痛，随着浓度升高还可引起恶心、呕吐、咳嗽、胸闷、气喘，当浓度更高时，还可能引起肺炎、肺水肿等损伤，更甚者会导致死亡。长期接触低剂量甲醛（0.017 ~0.068 mg/m^3）可以引起慢性呼吸道疾病、女性月经紊乱、妊娠综合征，引起新生儿体质降低、染色体异常，甚

至引起鼻咽癌；高浓度的甲醛对神经系统、免疫系统、肝脏等都有毒害，长期接触较高浓度的甲醛会出现急性精神抑郁症。甲醛还有致畸、致癌作用，据流行病学调查，长期接触甲醛的人，可引起鼻腔、口腔、鼻咽、咽喉、皮肤和消化道的癌症。1995 年，甲醛被国际癌症研究机构（IARC）确定为可疑致癌物。甲醛对人体的影响主要是甲醛的刺激、致敏、致突变作用，表现在嗅觉异常、刺激、过敏、肺功能、免疫功能异常等方面，而个体差异很大。甲醛对人体健康的危害主要有以下几方面。

a. 刺激作用。甲醛的主要危害表现为对皮肤黏膜的刺激作用，低浓度甲醛对人体影响主要表现在皮肤过敏、咳嗽、多痰、失眠、恶心、头痛等。甲醛对中枢神经系统的影响是明显的，生活在甲醛浓度为 0. 01 ~ 3. 1 mg/m^3 的人群，有头痛、头晕、失眠症状的人明显多于无甲醛污染的家庭。高浓度吸入甲醛时出现呼吸道严重的刺激和水肿、眼刺激、头痛。

b. 致敏作用。甲醛对人体皮肤有极强的刺激作用，皮肤直接接触甲醛可引起过敏性皮炎、色斑、坏死，吸入高浓度甲醛时可诱发支气管哮喘。低浓度甲醛能抑制汗腺分泌，使皮肤干燥。

c. 致突变作用。高浓度甲醛还是一种致基因突变物质，已有实验证明高浓度甲醛可以导致动物鼻咽癌。

④ 室内空气中甲醛限值。为了改善室内环境，保护居住者的身体健康，近年来，世界上一些国家和地区相继制定了甲醛在室内空气中的质量或建议值。我国《室内空气质量标准》（GB/T 18883—2022），明确规定居室内空气中甲醛的 1 h 平均值不能超过 0. 10 mg/m^3。我国公共场所卫生标准规定，空气中甲醛最高允许浓度为 0. 12 mg/m^3，《居室空气中甲醛的卫生标准》（GB/T 16127—1995）规定居室空气甲醛的最高允许浓度为 0. 08 mg/m^3。

根据住房和城乡建设部颁发的《民用建筑工程室内环境污染控制规范》(2020 年修订）的规定：a. 民用建筑工程使用的各类建筑材料和装修材料必须符合该规范的规定。b. 民用建筑工程及室内装修工程的室内环境质量验收，应在工程完工至少 7 d 以后、工程交付使用前进行，且在民用建筑工程验收时，必须进行室内环境污染物浓度检测，并满足相关规定。c. 民用建筑工程验收时，应抽检每个单体有代表性的房间室内环境污染物浓度，氡、甲醛、氨、苯、总挥发性有机物（TVOC）的抽检量不得少于房间总数的 5%，每个建筑单体不得少于 3 间；当房间总数少于 3 间时，应全数检测。d. 民用建筑工程室内环境中检测甲醛、苯、氨、TVOC 浓度时，对采用集中空调的民用建筑工程，应在空调正常运转的条件下进行；对采用自然通风的民用建筑工程，检测应在对外门窗关闭 1 h 后进行。对甲醛、氨、苯、TVOC 取样检测时，装饰装修工程中完成的固定式家具，应保持正常使用状态。

⑤ 室内甲醛污染防护措施。采取以下措施降低室内甲醛的浓度：a. 改革工艺，降低产品中甲醛的含量或者在产品投入市场以前，先经过烘烤或在室外空旷处放置，使甲醛释放，保证有关建筑和装饰材料符合相应的标准；b. 在进行居室装修时应选择质量较好的材料和家具，包括各种人造板、涂料、油漆等，不能贪图便宜；c. 居室装修以后不要立即入住，有研究表明，木制板材在油漆施工大约 7 d 之后释放的污染物浓度下降且

趋于稳定，油漆等涂料对板材中有毒有害污染物向外释放有一定的抑制和封闭作用，居住时应加强室内通风；d. 怀疑室内有污染时可以请有关部门检测，并进行适当的整改。由于冬季寒冷，居室通风相对不良，因此，正在装修的和已装修入住的家庭更应关注室内空气质量，特别是甲醛的污染。

有关专家提醒：虽然冬季室内温度相应比较低，建筑、装饰和家具产生的有害气体的浓度不是很高，但是由于大家注意保温减少了室内通风换气，特别是一些老人、儿童和体弱者在室内活动的时间增多，室内空气中甲醛、苯、氨和放射性物质氡等污染物质对人体的危害更大，其中甲醛的危害性更突出。因此，消费者应采取一些措施，防止和减少室内甲醛污染。

（2）挥发性有机化合物

VOCs 是挥发性有机化合物（volatile organic compounds）的英文缩写。不同的机构和组织出于不同的管理、控制或研究需要，对 VOCs 的定义也不尽相同。美国材料与试验协会（ASTM）D3960－98 标准将 VOCs 定义为任何能参加大气光化学反应的有机化合物。美国国家环保局对 VOCs 的定义为：挥发性有机化合物是除一氧化碳、二氧化碳、碳酸、金属碳化物、金属碳酸盐和碳酸铵外，任何参加大气光化学反应的碳化合物。WHO 对总挥发性 TVOC 的定义为：熔点低于室温而沸点为 50～260 ℃的挥发性有机化合物的总称。《挥发性有机物无组织排放控制标准》（GB 37822—2019）主要基于能否参与光化学反应来定性：挥发性有机化合物（VOCs）是指参与大气光化学反应的有机化合物，或者根据有关规定确定的有机化合物。按化学结构，VOCs 可分为烷类、芳烃类、烯类、卤烃类、酯类、醛类、酮类和其他化合物等。VOCs 大多具有致癌、致畸和致突变毒性。

① VOCs 的物理和化学性质。VOCs 是强挥发、有特殊气味刺激性、有毒的有机气体，是室内主要的污染物之一，大多具有致癌、致畸和致突变毒性，如氯乙烯、苯、多环芳烃等。多数 VOCs 易燃、易爆，部分 VOCs 对臭氧层有破坏作用。

② VOCs 的来源。室内 VOCs 的来源不仅受室外空气污染的影响，还主要与复杂的室内装饰材料和室内污染源的排放密切相关，室内空气中挥发性有机化合物的来源与室内甲醛类似，且更为广泛，其常见来源主要有以下几种：a. 建筑材料、室内装饰材料和生活及办公用品，如有机溶剂、油漆及含水涂料；b. 家用燃料和烟叶的不完全燃烧，人体排泄物；c. 室外的工业废气、汽车尾气、光化学烟雾等。

③ VOCs 对人体健康的危害。室内空气中挥发性有机化合物浓度过高时很容易引起急性中毒，轻者会出现头痛、头晕、咳嗽、恶心、呕吐或呈醉酒状，重者会出现肝中毒甚至很快昏迷，有的还可能有生命危险。

长期居住在挥发性有机化合物污染的室内，可引起慢性中毒，损害肝脏和神经系统，引起全身无力、瞌睡、皮肤瘙痒等。有的还可能引起内分泌失调、影响性功能，苯和二甲苯还能损害造血系统，以至引发白血病。

经国外医学研究证实，生活在挥发性有机化合物污染环境中的孕妇，其胎儿畸形的概率远远高于常人，并且其有可能对孩子今后智力发育造成影响。同时，室内空气中的挥发性有机化合物是造成儿童神经系统、循环系统、儿童后天疾患的重要原因。

④ VOCs 的控制。室内 VOCs 的控制可采用烘烤法，因高温可加速 VOCs 的挥发。加强通风和使用空气净化器可有效地去除 VOCs。另外，使用活性炭来吸附 VOCs 能取得较好效果。活性炭对浓度在 100 mg/m^3 左右的 VOCs 有较好的净化效果，使用周期在 1 000 h 以上。

（3）苯及苯的同系物

苯、甲苯和二甲苯是室内主要污染物。苯已被国际癌症研究机构确认为有毒的致癌物。

① 苯及苯的同系物的物理和化学性质。苯及苯的同系物甲苯和二甲苯都为无色、有芳香气味、挥发性、易燃的液体。一般情况下很难将三者完全分离，故一般工业中使用的苯都含有相当量的甲苯和二甲苯，工业用甲苯也含有相当量的苯，因此三者常同时存在于生产和生活环境的空气中。苯是一种无色或浅黄色透明油状液体，具有特殊的芳香气味，沸点为 80.1 ℃，易挥发。

② 室内空气中苯及苯的同系物的主要来源。苯作为脂肪、油墨、涂料及橡胶的溶剂。苯可用于制造洗涤剂、杀虫剂、消毒剂等，建筑装饰装修用的各种油漆、涂料和各种黏合剂、稀释剂等。

室内空气中的苯主要来自建筑装饰中使用的化工原材料，如涂料、填料及各种有机溶剂等。一些低档和假冒的油漆、涂料和防水材料，是造成室内空气中苯含量超标的重要原因。特别是在夏季气温高、气压低、湿度大的情况下，如果施工现场房间封闭比较严，室内空气换气率低，可以大大加重苯及其同系物的污染及危害。目前，我国市场上木器漆的主流产品如硝基漆、不饱和聚酯漆（PE）、聚氨酯漆（PU）等均为溶剂漆。这些溶剂漆在形成涂膜过程中，所含的苯及一些毒害性低分子化合物就会释放出来，成为室内空气中芳香烃化合物污染的重要来源。苯可用作溶剂及化工原料，主要用于橡胶、油漆、喷漆、药、合成纤维（涤纶）、塑料、染料、农药、人造革生产及印刷业等，还与汽油混合用作燃料；制鞋业的黏合剂中含苯。甲苯毒性较低，近年来常代替苯作为溶剂及稀释剂，大量地用于橡胶、树脂、油漆、喷漆、油墨等行业；也用于炸药、制药及其他化工生产。二甲苯毒性更低，用作油漆及农药的溶剂，染料、涤纶的原料，苯与甲苯的替代品。因此，人们在日常生活中还有其他接触苯及其同系物的机会。

③ 苯及苯的同系物对人体健康的危害。苯主要以蒸气状态经呼吸道吸入，经皮肤仅能吸收少量，经消化道虽然能完全吸收，但实际意义不大。

a. 急性中毒。由于短时间内吸入大量的苯蒸气所致，主要表现为神经系统症状。轻度中毒时出现眼及呼吸道黏膜的刺激症状，随后出现兴奋或酒醉状态，并伴有头痛、头晕、恶心、呕吐等现象，如即刻脱离现场、对症处理，短期内可恢复；重度中毒还可以出现昏迷、谵妄、阵发性或强直性抽搐、脉细、呼吸浅表、血压下降，可因呼吸或循环衰竭而死亡。

b. 慢性中毒。早期常见神经衰弱综合征，表现为头痛、头晕、记忆力减退、失眠、乏力等，可出现自主神经系统紊乱。造血系统的变化是慢性苯中毒的主要特征，血常规异常以白细胞减少最常见，主要为中性粒细胞数绝对减少，淋巴细胞相对增多；粒细胞中出现中毒颗粒或空泡，提示有退行性变化；随后血小板降低，皮下黏膜有出血倾向；

晚期出现全血细胞减少，即再生障碍性贫血；长期接触高浓度的苯可引起白血病，以急性粒细胞性白血病多见，常继发于全血减少或再障之后。经常接触苯，皮肤可因脱脂变得干燥、脱屑以致皲裂，有的出现过敏性湿疹。

长期接触苯能导致再生障碍性贫血，初期时齿龈和鼻黏膜处有类似坏血病的出血症，并出现神经衰弱样症状，表现为头昏、失眠、乏力、精神萎靡、记忆力减退、思维及判断能力降低等症状。苯对人体的造血功能有抑制作用，会使白细胞和血小板减少，严重时可使骨髓造血机能发生障碍，导致再生障碍性贫血，继而可致贫血、感染、皮下出血等。若造血功能完全被破坏，可发生致命的颗粒性白细胞消失症，并可引起白血病。

c. 生殖、发育毒性。女性对苯及其同系物危害较男性敏感，甲苯、二甲苯对生殖功能亦有一定影响。育龄妇女长期吸入苯还会导致月经异常，主要表现为月经过多、经期延长、周期缩短、经期紊乱、痛经等，初时往往因经血过多或非月经期间出血而就医，常被误诊为功能性子宫出血而贻误治疗。国外研究显示：在整个妊娠期间吸入大量甲苯的妇女，她们所生的婴儿多有小头畸形、中枢神经系统功能障碍及生长发育迟缓等缺陷。研究还发现，苯及其同系物混合物因其分子量低，可以透过胎盘直接作用于胚胎组织，苯还可以自乳汁排出；有研究发现苯作业女工在产后恢复工作的同时，小儿有拒乳现象。

④ 苯及苯的同系物质量标准。我国《室内空气质量标准》（GB/T 18883—2022）中规定室内空气中苯、甲苯、二甲苯 1 h 的平均浓度限值分别为 0. 03 mg/m^3、0. 20 mg/m^3 和 0. 20 mg/m^3。

我国“健康住宅建设技术要点”中也明确提出应对装修材料有害物质进行控制，要求涂料中不得检出苯；溶剂型胶黏剂中苯不能超过 0. 05 g/kg，甲苯和二甲苯不能超过 25 g/kg，水基型胶黏剂中苯不能超过 0. 01 g/kg，甲苯和二甲苯不能超过 1 g/kg。《民用建筑工程室内环境污染控制标准》（GB 50325—2020）中规定，民用建筑工程室内装修时，严禁使用苯、工业苯、石油苯、重质苯及混苯作为稀释剂和溶剂；不应使用苯、甲苯、二甲苯和汽油进行除油和清除旧油漆作业。

⑤ 防治措施。

a. 装修材料的选择。装修中尽量采用符合国家标准的和污染少的装修材料，这是降低室内空气中苯及苯的同系物含量的根本。比如：选用正规厂家生产的油漆、胶和涂料；选用无污染的水性材料。

b. 施工工艺的选择。有的装饰公司在施工中用油漆代替 107 胶封闭墙面，结果增加了室内空气中苯的含量，还有的在涂油漆和做防水时，施工工艺不规范，使得室内空气中苯含量大大增高。

c. 家具的选择。特别要注意布艺沙发和油漆家具的选择，防止由于家具选择不当造成室内苯污染。

d. 装修后的居室不宜立即迁入。居室装修完成后，使房屋保持良好的通风环境，待苯及有机化合物释放一段时间后再居住。

e. 室内空气的净化措施。这是清除室内有害气体行之有效的办法，可选用确有效果的室内空气净化器和空气换气装置，或者经常打开窗户通风，也可以在室内养一些绿色植物。

f. 装修公司的选择。要选择带有绿色环保标志的装修公司，并在签订装修合同时注明室内环境要求，特别是有老人、孩子和有过敏性体质人员的家庭，一定要注意。目前一些绿色装修公司采用了无油漆工艺，使室内有害气体含量大大降低。

g. 加强施工工人的劳动保护工作。对有苯、甲苯和二甲苯挥发的作业，应注意通风换气，以减少工作场所空气中苯对人体的危害。

h. 加强室内环境污染检测。目前室内甲醛、苯、氨、TVOC、氡 5 项指标已经被列入国家建筑装饰工程强制检测项目。如果发现室内空气污染严重，可联系有关专业机构进行室内空气质量检测，可以了解室内空气中有害气体的超标程度，以便采取相应的治理措施。

（4）甲苯二异氰酸酯（TDI）

TDI 是无色透明或淡黄色液体，学名为甲苯二异氰酸酯，是生产聚氨酯材料重要的基础化工材料，主要用于制造聚氨油漆和聚氨酯涂料的固化剂。TDI 对人的皮肤、眼睛和呼吸道有强烈的刺激性，长期接触或吸入高浓度的 TDI 蒸气可引起支气管炎、过敏性哮喘、肺炎、肺水肿等疾病。

① 室内 TDI 的来源。由于 TDI 主要用于生产聚氨酯树脂和聚氨酯泡沫，且具有挥发性，所以一些新购置的含此类物质的家具会释放出 TDI，此外就是含有聚氨酯的家装材料。

据介绍，目前人们生活环境中的 TDI 主要来自以下 3 方面。

a. 室内装饰装修材料。室内装饰装修中使用的聚氨酯类油漆和胶黏剂，还有用作墙面绝缘材料的含有聚氨酯的硬质板材，密封地板、卫生间等处的聚氨酯密封膏，以及一些含有聚氨酯的防水涂料。

b. TDI 是用于制造聚氨酯泡沫塑料的主要原料，聚氨酯泡沫是家庭床垫垫层及复合面料的主要材料，也是沙发中的主要材料。

c. 来自聚氨酯弹性地板材。近年来，这种材料广泛应用于电子机房、宾馆、室内各类球场、体操房、塑胶跑道等体育运动设施以及人行桥路面。

② 对健康的危害。释放出的 TDI 都会通过呼吸道进入人体。尽管室内空气中的浓度不高，但是由于释放期比较长，故对人体是长期低剂量的危害。有消息称，在欧洲一些国家已不再接受含有 TDI 成分的聚氨酯系统的运动跑道。

③ 预防措施。由于生活中的 TDI 主要是在空气中，防止其危害主要是控制其产生的来源。因此，在家庭装饰装修时应选择符合国家标准的油漆和胶黏剂，选择正规厂家生产的床垫和沙发等。此外，就是要经常开窗换气。

6.2.2.2　典型无机污染物及其危害

（1）氨

① 氨的物理和化学性质。氨（NH_3）为无色、有强烈刺激性气味的气体，相对分子

质量为17.03，沸点为-33.5 ℃，熔点为-77.8 ℃，对空气的相对密度为0.5962。氨极易溶于水、乙醇和乙醚。氨的水溶液由于形成一水合氨而呈碱性。

② 室内空气中氨的来源。居室内的氨主要来自建筑施工中使用的混凝土外加剂，特别是在冬季施工过程中，在混凝土墙体中加入以尿素和氨水为主要原料的混凝土防冻剂。这些含有大量氨类物质的外加剂在墙体中随着温度、湿度等环境因素的变化而还原成氨气从墙体中缓慢释放出来，造成室内空气中氨的浓度大量增加。室内空气中的氨也可来自室内装饰材料中的添加剂和增白剂，但这种污染释放比较快，不会在空气中长期大量积存，对人体的危害相应小一些。另外，家具使用的加工木制板材在加压成型过程中使用了大量黏合剂，此黏合剂主要由甲醛和尿素加工聚合而成，它们在室温下易释放出气态甲醛和氨，造成室内空气的污染。

③ 对人体的危害。人对氨的嗅阈为0.5～1.0 mg/m^3，氨通常以气体形式被吸入人体，进入肺泡内的氨，少部分可被二氧化碳中和，余下的被吸收至血液，还有少量的氨可随汗液、尿液或呼吸排出体外。

氨是一种碱性物质，它对接触的皮肤组织都有腐蚀和刺激作用，并可以吸收皮肤组织中的水分，使组织蛋白变性，并使组织脂肪皂化，破坏细胞膜结构。

氨的溶解度极高，所以常被吸附在皮肤黏膜和眼结膜上，从而产生刺激和炎症。氨对动物或人体的上呼吸道有刺激和腐蚀作用，浓度过高时除腐蚀作用外，还可通过三叉神经末梢的反向作用而引起心脏停搏和呼吸停止。

氨气可以麻痹呼吸道纤毛并损害黏膜上皮组织，使病原微生物易于侵入，减弱人体对疾病的抵抗力。氨被吸入肺后容易通过肺泡进入血液，与血红蛋白结合，破坏红细胞的运氧功能。短期内吸入大量氨气后可出现流泪、咽痛、声音嘶哑、咳嗽、痰带血丝、胸闷、呼吸困难，可伴有头晕、头痛、恶心、呕吐、乏力等，严重者可发生肺水肿、急性呼吸窘迫综合征，同时可能发生呼吸道刺激症状。长期接触氨的部分人可能会出现皮肤色素沉积或手指溃疡等症状。

④ 防治措施。冬季建筑施工，应严格限制使用含尿素的防冻剂；装修时应减少采用人工合成板型材（如胶合板、纤维板等）；选用无害化材料，特别是涂料如油漆、墙面涂料、黏合剂应选择低毒型材料。使用装饰材料时，尽量少用或不用含添加剂和增白剂的涂料。氨气是从墙体中释放出来的，室内主体墙的面积会影响室内氨的含量，居住者应根据房间污染情况合理安排使用功能，如污染严重的房间尽量不要用作卧室，或者尽量不要让儿童、病人和老人居住。

（2）一氧化碳

① 一氧化碳的物理和化学性质。一氧化碳（CO）是一种无色、无味、无刺激性的有害气体。相对分子质量为28.0，对空气相对密度为0.967，几乎不溶于水，在空气中不易与其他物质产生化学反应，能在大气中停留2～3年之久。燃烧时火焰为淡蓝色。

② CO的来源。CO为炼焦、炼钢、炼铁、炼油、汽车尾气及家庭用煤的不完全燃烧产物。室内空气中CO来源于家庭烹调中燃料的燃烧、吸烟等人为活动，同时也来源于室外空气进入室内而产生的污染。

CO是燃料不完全燃烧产生的污染物，若没有室内燃烧污染源，室内CO浓度与室外是相同的。室内使用燃气灶或小型煤油加热器，其释放CO量是NO_2的10倍。厨房使用燃气灶10~30 min，CO水平在12.5~50 mg/m^3。由于CO在空气中极稳定，若室内通风较差，CO就会长时间滞留在室内。

③ CO对人体健康的影响。CO是一种血液、神经毒物，可随空气被人体吸入体内，经肺泡进入血液循环并与血红蛋白形成碳氧血红蛋白（COHb），当COHb达8%时，静脉血氧张力降低，冠状动脉血流量增加，从而引起心肌摄取氧量减少，并促使某些细胞内的氧化酶系统停止活动；当CO进入人体时，大脑皮层和苍白球受害最严重，出现头痛、头晕、记忆力降低等神经衰弱症状，并有心前区紧迫感和针刺样疼痛。

CO的毒作用在于它与血红蛋白的亲和力（比氧大240倍），可把血液中氧血红蛋白中的氧排挤出来，妨碍了机体各组织的输氧功能，造成缺氧症。CO浓度为12.5 mg/m^{3}时，无自觉症状；50.0 mg/m^{3}时会出现头痛、疲倦、恶心、头晕等感觉；750 mg/m^{3}时发生心悸亢进，并伴随有虚脱危险，1 250 mg/m^{3}时出现昏睡、痉挛而造成死亡。

CO是一种非蓄积性毒物，它的吸收与排出，取决于空气中CO的分压、血液中的COHb的饱和度（Hb总量中被CO结合的百分比）、接触时间和肺通气量。血液中COHb在平衡状态的饱和度以及达到饱和度的速度，主要取决于空气中CO的浓度。浓度越高，COHb的饱和度越高，到达该饱和浓度的时间越短。当空气中CO浓度为0.007%时，连续接触8 h，COHb饱和度可达11%以上，会出现眩晕、头痛、恶心、疲乏、记忆力降低等中毒症状；当空气中CO浓度达0.5%时，只要20 min，COHb的饱和度就可达70%左右，就会出现脉弱、呼吸衰竭等急性中毒症状，解救不及时，则衰竭致死。这种急性CO中毒常发生在车间事故和冬季家庭取暖时。长期接触低浓度的CO，可影响胎儿的生长发育，损害人的神经系统，降低冠心病、慢性肺病患者的活动能力，危害脑和心血管系统，同时CO还促进胆固醇储量增多、加速动脉粥样硬化，加重心血管病人的缺血等。

（3）臭氧

① 臭氧的理化性质。臭氧（O_3）是氧的同素异形体，为无色有特殊臭味的气体，相对分子质量为48，沸点为-112 ℃，熔点为-251 ℃，对空气的相对密度为1.65。常温下分解缓慢，高温下分解迅速，形成氧气。O_3是已知较强的氧化剂之一，O_3在水中的溶解度较高，是一种广谱高效消毒剂，可作为生活饮用水和空气的消毒剂使用。

② 室内臭氧的来源。室内的电视机、复印机、激光印刷机、负离子发生器、紫外灯、电子消毒柜等在使用过程中都能产生臭氧。室内的臭氧可以氧化空气中的其他化合物而自身还原成氧气，还可被室内多种物体所吸附而衰减。在室内不存在发生源的情况下，室内臭氧主要源于室外。

③ 臭氧的危害。O_3有较高的化学反应性，具有强烈的刺激性，对人体健康有一定的危害，它主要是刺激和损害深部呼吸道，并损害中枢神经系统，对眼睛也有轻度损害作用。此外，O_3还能阻碍血液输氧功能，造成组织缺氧，使甲状腺功能受损，骨骼早期钙化，还可以引起潜在的全身影响，如诱发淋巴细胞染色体畸变，损害某些酶的活性和产生溶血反应等。

（4）二氧化硫

① SO_2的物理和化学性质。SO_2是无色、有刺激性气味的有毒气体。易液化（沸点

是 -10 ℃），易溶于水，它的密度比空气大。SO_2 是一种酸性氧化物，既有氧化性又有还原性（以还原性为主），并且具有漂白性。

② SO_2对人体健康的危害。

a. 对呼吸系统的危害。SO_2 在一定浓度下对呼吸道，特别是对上呼吸道具有强烈的刺激作用，并可影响呼吸功能。其浓度在 0.9 mg/m^3 或大于此浓度时就能被大多数人嗅到，被吸入后，主要对呼吸器官造成损伤，可诱发各种炎症和慢性鼻炎、慢性支气管炎等。吸入高浓度的 SO_2，可引起急性支气管炎、肺水肿，其症状为咳嗽、胸闷、胸痛、呼吸困难，极高浓度时可引起人的窒息死亡。

b. 对大脑皮质机能及人体内维生素代谢的危害。低浓度 SO_2 可使脑电波阻断，光敏感度增加，暗适应受抑制；SO_2 可与血液中维生素 B_1 结合，使体内维生素平衡失调，从而影响机体新陈代谢。

c. SO_2 与其他污染物的联合作用对人体的危害。SO_2 与其他污染物联合作用时，危害远远大于其单独作用。SO_2 吸附在颗粒物上，可进入肺深部，引起支气管哮喘发作；与 CO 或 NO_x 的联合作用可降低 SO_2 的毒性作用阈值；SO_2 与 B*a*P 联合作用时可增强 B*a*P 的致癌作用。

（5）二氧化氮

① NO_2的物理和化学性质。NO_2是红棕色有刺激性气味的气体，密度比空气大、易溶于水、有毒、易液化。NO_2 易和水或碱溶液反应，具有强氧化性。

② NO_2对人体健康的危害。

a. NO_2对呼吸系统的危害。吸入高浓度的 NO_2 可直接引起肺水肿，长期吸入低浓度的 NO_2可引起肺泡表面活性物质的过氧化，损害细支气管的纤毛上皮细胞和肺泡细胞，破坏肺泡组织的胶原纤维，并可发生肺气肿样症状。NO_2能缓慢地溶于肺泡表面的水分中，形成亚硝酸、硝酸，对肺组织产生强烈的刺激及腐蚀作用，引起肺水肿。

b. 对血液及全身的影响。NO_2通过人体的呼吸，通过肺部以亚硝酸根和硝酸根离子的形式进入血液，与血红蛋白结合生成高铁血红蛋白（变性血红蛋白），降低了血红蛋白带氧能力，引起组织缺氧。NO_2 进入血液后，在全身分布，对心、肝、肾，以及造血组织等均有影响。

c. NO_2 与其他污染物联合作用对人体的危害。NO_2 与 SO_2 共存时对健康成人肺功能的损伤有相加作用。NO_2 与 SO_2 共存时可显著降低人体对呼吸道感染的抵抗力，NO_2 与多环芳烃（PAH）共存时，可使多环发生硝基化作用，形成硝基 PAH，很多种类的硝基 PAH 化合物有致突变、致癌作用。

6.2.2.3 颗粒污染物及其危害

颗粒物是空气污染物中固相的代表物，以其多形、多孔和具有吸附性而成为多种物质的载体，成为一种成分复杂、较长时间悬浮于空气中的主要污染物。

室内的悬浮颗粒主要来自室外和生活炉灶以及烟草。颗粒物成分很复杂，除一般尘埃外，还有炭黑、石棉、二氧化硅、铁、铝、镉、砷、多环芳烃类等多种有害物质。室内经常可以测出的有 50 多种。通过人的呼吸，悬浮颗粒将有害物带入人体，可危害人的呼吸系统和引起心血管系统的病变，降低人体免疫功能。

（1）颗粒物的形态和分类

颗粒物可分为液态（雾）和固态（尘、烟），同时存在于空气中，其存在形态、化学成分、密度各异且具有重要的生物学作用。

在颗粒物中，对人体危害更大的是飘尘，而在飘尘中占有 60% 以上的细粒子为 $PM_{2.5}$，尤其值得关注。

（2）飘尘的特性

① 具有强的吸附性。形成表面吸附性很强的凝聚核，能吸附有害气体、金属微粒及致癌性很强的苯并［*a*］芘。

细微粒中有机成分复杂，$PM_{2.5}$中已检出多环芳烃约 47 种，其中萘类物质 13 种，蒽类 8 种、芴类 4 种、苯并［*a*］芘 6 种、菲类 14 种等。其中强致癌的苯并［*a*］芘在 $PM_{2.5}$中浓度很高，尤其在污染严重的采暖期。

细微粒还是细菌和病毒的载体。有机粉尘为空气中细菌和病毒提供了所必需的营养和滋生场所。空气中带菌粒子比单体细菌大得多（为 1 ~ 50 μm），其中多数为数个细菌组成的菌团。而病毒无完整的酶系统，不能独立进行物质代谢，具有寄生性，可附着于粉尘作为生存和传播的媒介。室内空气中微生物浓度在无人时可降至 500 个/m^3，有人时为 3 000 ~ 8 000 个/m^3 或更高。

② 飘尘表面具有催化作用。如 Fe_2O_3 微粒表面吸附 SO_2，经催化作用转变成 SO_3，吸水后转变成 H_2SO_4 危害远远高于 SO_2。例如，在 1952 年伦敦烟雾事件中，在不良的气象条件下，可吸入颗粒物浓度为 4.46 mg/m^3，比平时高 5 倍，SO_2 含量也增高，二者协同作用造成危害极大的严重污染事件。

③ 气溶胶。可吸入颗粒物具有胶体的性质，故又称为气溶胶。它随呼吸进入人体肺部，在肺泡内积累，并可进入血液输往全身，对人体健康危害极大。气溶胶对人体的危害程度主要与其成分、浓度、来源和粒径有关。根据来源，可分为生物（植物及动物）、矿物、燃烧、家庭或个人装饰及放射性气溶胶。植物气溶胶的粒径为 5 ~ 100 μm，如花粉、霉及其他杂物；动物气溶胶的粒径为 0.5 ~ 100 μm，最小为 0.01 μm，如细菌、病毒；燃烧产生的气溶胶，其粒径为 0.01 ~ 1 000 μm，源于燃烧木材及烟草等；家庭或个人装饰产生的气溶胶，粒径分布在 0.1 ~ 1 000 μm；放射性气溶胶，主要是指放射性粒子附着在较大的颗粒上，其中部分颗粒可被吸入肺部。

（3）颗粒物污染的危害

颗粒物按其性质可分为化学性颗粒物和生物性颗粒物（如尘螨、动物毛皮屑，以及室内通风、空调系统引入的细菌等）。随着研究工作的深入，人们逐渐认识到：导致人群患病率增加的主要是可吸入颗粒物，因为这些细小的粒子易于富集空气中的有毒重金属、酸性氧化物、有机污染物、细菌和病毒。它们被吸入人体后，随血液在全身循环，对人体的健康有很大的危害，可导致与心肺功能障碍有关的疾病等。大量的可吸入颗粒物进入肺部对局部组织有堵塞作用，可使局部的支气管的通气功能下降，或使细支气管和肺泡的换气功能丧失。

6.2.2.4 香烟烟雾

（1）香烟烟雾的性质和成分

烟草烟雾是烟草燃烧后形成的一种混合烟气，含3 000多种成分，主要由大量气体和少量颗粒物组成，气体主要有N_2、CO、CO_2、挥发性硫化物、挥发性亚硝胺、酚类、醛类等，颗粒物主要含有尼古丁、焦油、多环芳烃、铀、镉、镍重金属等。

吸烟者呼气中包括主流烟雾进入人体内后的代谢产物和残留的主流烟雾，与侧流烟雾一起形成环境中的二手烟雾，造成近旁不吸烟者被动吸烟。一般情况下，侧流烟雾中的致癌物浓度大大超过主流烟雾中的浓度，含有至少60种致癌物，所以被动吸烟者受害更甚。

（2）香烟烟雾的危害

香烟烟雾是重要的室内污染物。1993年，美国国家环保局（EPA）将香烟烟雾列入"人群A级致癌物"，即任何剂量的暴露都不安全。香烟烟雾可对人的呼吸系统、心血管系统、神经系统、生殖系统、免疫系统等造成严重危害。对女性（并殃及胎儿）和未成年人的危害尤为严重，这些人群大多是二手烟雾受害者。专家们认为，肺癌死亡率的90%，慢性支气管炎死亡率的75%，心血管病死亡率的25%均与吸烟有关。据统计，我国每年有73万人因患与吸烟相关的疾病死亡。

烟草中的尼古丁是烟草中主要的上瘾成分，有剧毒，对人的神经细胞和中枢神经系统有兴奋和抑制作用，人的致死量为40～75 mg，相当于2包香烟中尼古丁总量。多量摄入时可引起呕吐、恶心乃至麻痹和震颤。香烟燃着时会产生多量的自由基，每支烟生成的烟雾中含有约10^{15}个自由基，产生的焦油中含有约6×10^{14}个自由基，其中多数是含氧的羟自由基，还有少量的超氧阴离子自由基和有机自由基。随烟雾吸入人体的自由基可引起体内脂质过氧化，从而破坏细胞内很多重要组成物如线粒体、酶和蛋白质的正常功能，还可引起DNA损伤，染色体畸变和基因结构变化，使正常细胞突变而恶化为癌细胞。

此外，细胞DNA或基因的损伤也是导致人体衰老的重要原因，如长年吸烟的人脸色发黑、声音嘶哑、皮肤干燥并出现各种斑点和皱纹，显示出一种早衰的迹象。

6.2.3 室内空气化学性污染的控制对策

6.2.3.1 制定室内空气质量标准

空气质量标准（IAQ）是空气质量管理过程的基石。世界各国均根据本国的情况，针对不同的化学污染物（如一氧化碳、二氧化碳、可吸入颗粒物、甲醛等）制定了室内空气质量标准或指导限值。

IAQ标准是室内空气质量控制的依据。20世纪70年代起，美国成立了专门机构负责室内环境安全与空气质量，法国成立了室内空气质量监测中心。不少国家投巨资建立了专门用于室内环境研究的受控环境舱，发布了 IAQ 标准和分析标准。

《室内空气质量标准》（GB/T 18883—2022）提出了一套 IAQ 控制指标，这对于进行 IAQ 评价，改善 IAQ 具有重要的意义。

6.2.3.2 加强室内空气质量的监测和监督

定期进行室内空气质量的监测，根据监测数据和室内空气质量标准，进行室内空气质量评价，提出化学污染的控制策略。国家认证认可监督管理委员会根据有关行政法规的规定，对从事室内空气质量检测的机构实行计量认证和管理，促进检测机构能按照 GB/T 18883—2022 要求，配备合适的检测设备和检测人员，准确开展 IAQ 检测工作。为防止不具备条件的检测机构进入室内空气质量检测市场，国家认证认可监督管理委员会还定期向社会公布认可的室内空气质量检测机构、具体检测范围、检测机构规模、能力等信息，供消费者从中择优选取和委托检测。

6.2.3.3 室内污染源控制

控制污染源，是消除或限制向室内释放化学污染物的有效途径。为了促进开发低释放的室内材料或产品，1990 年，美国测试和材料协会（American Society for Testing and Materials, ASTM）提出了测试室内源释放挥发性有机物的指导程序，推荐了用小型人工气候舱测定室内材料或产品中挥发性有机化合物的指导和评价步骤。目的是对室内材料或产品进行分类和标签注册，指导消费者选择无化学污染物释放或低释放的室内材料或产品。

室内材料和产品释放 VOCs 对健康和舒适度影响的评价可分为 5 个主要步骤：① 建立室内材料或产品释放 VOCs 的测量方法；② 暴露评价；③ 收集有关的毒理数据，评价其潜在的健康影响；④ 室内材料或产品释放 VOCs 的感观评价；⑤ 依据释放 VOCs 对健康和舒适度的影响，建立一套规程，对室内材料或产品进行评价和分类，给它们贴标签。

自 1978 年德国发布了第一个环境标志——“蓝色天使”以来，世界上已有 20 多个国家和地区对建筑、装饰材料实行了环境标志。规定在使用说明上除标明性能指标外，还必须标明健康指标。我国也于 2001 年 12 月 10 日颁布了“室内装饰装修材料有害物质限量”等 10 项强制性标准，从源头抓起，控制室内化学污染的产生。

当今的建筑工程质量，不仅仅指工程实体本身的物理特性，室内环境质量应当是工程质量重要的组成部分。对新建民用建筑工程，施工操作的控制是减轻有害物质对环境污染的基础，竣工验收控制是室内环境质量达标的界定措施。因此，民用建筑工程室内环境污染控制必须坚持包括工程勘察设计、建筑材料选择、材料进场检验、施工工艺、室内环境监测、竣工验收等在内的“过程控制”和“控制全过程”，着力从源头上根治室内环境污染。

人的活动是室内颗粒物的主要来源，平时应养成良好的个人习惯，保持个人清洁卫生。禁止在室内吸烟，减少二氧化碳和烟雾的产生量。减少各种喷雾剂、化妆品的使用。地毯易积聚灰尘并成为微生物的滋生地，装修中尽量少采用地毯等材料。

6.2.3.4 加强通风换气，开发室内空气净化新技术

通风是改善室内空气质量的关键。在室外空气质量基本满足 IAQ 要求的情况下，在无空调设施的建筑物内，加强自然通风是一种经济有效的措施。在有空调设施的建筑物内，加大室内新风量，是改善室内环境有效的措施。

澳大利亚制冷、空调和供暖研究所，为可接受的室内空气质量制定了机械通风标准（A. S. 1668－2—1991）。美国也制定了可接受的室内空气质量标准（ANSI/ASHRAE62—1989R），主要涉及增加新风量、保证新风品质和送风效率；重视湿度控制，减少微生物污染；提高空气过滤效率，控制吸入尘浓度；禁止吸烟；对设备及建筑材料提出新的要求等。此外还可采取空气净化措施，降低室内空气中化学性污染。针对污染物种类，常采用过滤、静电、吸附、光催化技术，进行优化组合。日本室内空气净化器的发展非常迅速，其已经开发了用于不同室内场所去除各种化学污染物的空气净化器。

6.3 室内空气负离子与人体健康

6.3.1 空气负离子的形成

长期生活在喧嚣都市的人们，在紧张繁忙的工作之余，大都喜欢到室外，特别是海边、森林或野外等地方去旅游散心，以调节平日工作和生活中的浮躁压抑的情绪。每当置身于野外优美的环境中，呼吸着那里清新的空气时，工作的紧张和生活的压抑顷刻烟消云散，愉悦的心情就随着这新鲜清爽的空气溢满全身，令人悠然舒适、心旷神怡。

现代科学表明，之所以这样的环境能调节情绪，空气新鲜是一个重要方面。所谓空气新鲜，如果只有空气中的氧气含量多，污染物或有害气体含量少是不够的，还应包括负氧离子含量的多少。这是现代人旅游、休闲的新理念，因为负氧离子对人体健康的影响至关重要。

空气离子化是空气中的分子所发生的电荷变化。空气中的各种气体分子，不断受到电离辐射等的作用，使气体分子形成正离子和负离子。气体分子形成的离子称小离子（或轻离子），小离子为悬浮颗粒物吸附，形成质量大的正、负离子，称为大离子（或重离子）。

空气负离子形成的原因很多，有自然形成的，如紫外线、宇宙射线、闪电、瀑布、喷泉、海岸浪花、花卉开放等；有人为因素产生的，如工农业生产中的电弧放电、机械振动、化学反应、激光等。目前我国尚无各种室内环境下完整的空气离子测定数据。表 6－1 是我国不同地方的空气负离子水平。

表 6－1　我国不同地方的空气负离子水平（1980—1986 年）

空气环境	空气负离子浓度/(个/cm^3)	空气环境	空气负离子浓度/(个/cm^3)
瀑布	50 000～100 000	商店	150～200
海滨	700～20 000	影剧院	150～170

续表

空气环境	空气负离子浓度/(个/cm³)	空气环境	空气负离子浓度/(个/cm³)
高山	650~1 200	火车站运输室	100~200
疗养区	400~2 800	火车站候车室	60~170
公园	400~1 000	地下商场	65~170
喷泉	220~67 140	地下矿井	50~700
城市街道	200~600	城市居民住宅	40~300
宾馆	200~300	—	—

资料来源：环境与健康杂志，2000，17（4）：205－207。

6.3.2 空气负离子与环境

空气是人类生存的重要外界环境因素之一。机体与外界环境不断进行着气体交换，机体从空气中吸入生命活动所必需的氧气，并且在代谢过程中产生二氧化碳排入空气中，以维持生命活动。因此，生活环境的空气质量是维护机体正常生理机能的重要条件，空气是否清洁对人体健康将有很大影响。

空气是一种混合物，在某些“催离素”作用下，空气发生电离，形成正、负离子。这些空气正、负离子与荷电及未荷电的污染物相互作用、复合、扩散，进而影响着空气污染物的变化，或作为催化剂在化学反应过程中改变痕量气体的毒性，尤其对小至0.01 μm的微粒、在工业上难以除去的飘尘，亦有明显的沉降去除效果。

空气负氧离子能够改善生态、生活环境，进而加强生物体自身免疫力。负氧离子中的小离子可以捕捉飘浮微尘，使其凝聚而沉淀，从而使空气净化，当浓度达到20 000个/cm³时，空气中的飘尘会减少98%以上，飘尘直径越小，越易被沉淀，所以在含有高浓度负氧离子的空气中，直径1 μm以下的微尘、细菌、病毒等几乎为零，于是创造了对人体没有危害的空气环境。因此可以说，负氧离子的多少是衡量空气是否清新的重要标准之一。在我国已经有人提出把空气负氧离子浓度参数作为衡量旅游度假区空气质量好坏的重要参数，按负氧离子浓度，把旅游度假区空气质量分为三个级别：① 当空气负氧离子浓度均值在1 000～1 500个/cm³时，该旅游度假区空气质量达到清新空气的标准。② 当空气负氧离子标准浓度均值为4 000个/cm³时，该旅游度假区空气质量达到良好标准；当空气负氧离子标准浓度均值为10 000～15 000个/cm³时，该旅游度假区空气质量达到国际一级标准。③ 当景区空气负氧离子浓度达到10 000个/cm³标准时，便有益于人体健康，增强人体免疫力，调节机能平衡，该区域也就具备了吸引众多观光游客的基本条件。

因此，空气负氧离子在改善环境质量、环境污染物的治理方面是一个非常重要的因素，对环境、人类的生存及其健康有着极其密切的关系。

6.3.3 空气负离子与人体健康

随着人类物质生活的提高，人们越来越多地关注健康这个话题。近几年来，各种流行疾病肆虐全球，更是把人类健康、自身机体免疫力等问题推到人类生活的首位。

6.3.3.1 负离子含量与人体健康关系

在自然生态环境中，如同万物生长离不开阳光、空气和水一样，人类健康同样离不开负离子。理论上讲，存在于自然界的负离子与正离子是等量的。而正负离子对人体的健康关系存在着重要的差别及影响，如表 6-2 所示。

表 6-2 正负离子与人体健康的关系

负离子的影响	正离子的影响
活性酸素消失	活性酸素增加
产生弱碱性还原作用	体内酸性化加剧
中和乳酸，消除疲劳	细胞及肌肉组织乳酸增加
细胞活化，自然免疫力增强	过酸化脂质高引起动脉硬化
身体舒适自如	自律神经不协调
恒常性机能提高	激素平衡失调
延缓老化	加快老化
改善失眠和皮肤干燥等症状	引起失眠和皮肤干燥等症状
血液净化，血流畅通	血液浑浊，血流不畅

由于人类无视自然生态的平衡，忽视可持续发展的自然规律，短期行为和功利主义等，人类生存环境的严重破坏，使正负离子比例严重失调。空气中有大量的病毒、细菌、有害物质、有害气体及含有多种成分的尘埃，它们都带正电荷，随空气飘浮在人们周围，是诱发各种疾病的根源。空气中大量对人体有害的物质，唯有负离子能与其相遇、聚合后坠落，使其失去活性。负离子的特殊作用，会使这些情况得到很大改善，当负离子作用于人的生物体时，可以产生强大的效果。负离子的存在会帮助人体恢复到天然的平衡状态。负离子能改善自然生态环境，净化空气；可以调节人类机体内在的生物节律，抑制老化；使肝肾功能、肠蠕动功能活化；使血液、体液的 pH 呈弱碱性，促进体内废物、毒素的排泄；改善脂质、糖代谢；促进吸收消化，产生代谢激素及维生素；活化 NK（自然杀伤）细胞，抑制有害菌、病原菌的增殖，防止感染。在这个意义上，负离子被誉为“人类生命的维生素”。

据环境学家研究，当空气中负离子浓度低于 20 个/cm^3 时，人会感到倦怠、头昏脑涨；当空气中的负离子浓度在 1 000～2 000 个/cm^3，是人体必需的最低含量；空气中的负离子浓度在 2 000～5 000 个/cm^3 时，人就会感到心平气和、平静安定；当空气中的负离子浓度在 5 000～50 000 个/cm^3 时，人就会感到神清气爽、舒适惬意，而且可增加对疾病与细菌等的抵抗力；而当空气中的负离子浓度高达 10 万个/cm^3 以上时，就能起到镇静、止喘、消除疲劳、调节神经等防病治病效果。

6.3.3.2 负离子含量对人体健康的影响

空气负离子具有许多良好的健康效应，被人们誉为“空气维生素”。人们用它作为许多疾病如呼吸系统疾病的辅助治疗手段。有很多的疾患如不良建筑物综合征、空调综合征等都与室内空气中负离子减少有密切的关系。

（1）对中枢神经系统的影响

负离子进入中枢神经系统的途径如下：负离子→肺泡→血液→血脑屏障→脑脊液→中枢神经系统，从而调节中枢神经的兴奋和抑制功能。20 名健康者暴露于浓度为 3×10^5 个/cm^3 空气负离子，同时测定脑电图变化，发现 β 波频率由 10 Hz 上升到 11 Hz，幅度增加 20%。

（2）对心血管系统的影响

① 对血压、血脂、冠心病的作用。负离子作用于单胺氧化酶（MAO），促进氧化脱氨作用，使 5 - 羟色胺、儿茶酚胺、去甲肾上腺素浓度降低，起到降压作用。自然疗养因子——空气负离子，匹配适当的体育运动治疗高脂血症，有着药物治疗难以达到的整体效应。矿泉浴、日光浴、空气负离子等多种疗养因子的综合作用，对高血压、高脂血症及冠心病患者疗效显著，有效率分别为 100% 和 95%。因此经空气负离子等多种疗养因子的综合作用，可促进心血管疾病的康复。

② 对心脏的作用。空气负离子对心脏的作用开始时微弱，以后逐渐增强。人吸入空气负离子可降低心率，增加负离子浓度有一定的镇静作用。

③ 对血液的作用。吸入空气负离子可使血液组分及性质发生变化。负离子还具有增加血液中白蛋白，降低球蛋白，增加血红蛋白、红细胞数，促进血液形态成分与物理特性恢复正常的作用。近年国内也应用空气负离子治疗外周性白细胞减少症，取得了一定的疗效，动物实验表明吸入负离子，动物抗辐射能力增强、外周血白细胞计数增多、肾上腺及脾指数增高。放血使猫缺氧，吸入空气负离子能恢复血液氧化功能、酸碱平衡、维持较高血压、恢复反射活动等。

（3）对呼吸系统的影响

负离子作用于呼吸道黏膜，促进黏膜上纤毛运动，腺体分泌增加，平滑肌兴奋性提高，换气功能增加。正常受试者吸入空气负离子后最大呼吸量（肺活量）增加 0.5 ~ 1.2 L/min，可使机体动脉血氧分压升高，血二氧化碳分压降低。空气负离子对咳嗽、咳痰、气喘的有效率分别为 96%、92%、70%，红细胞数、血红蛋白含量、血清锌和硒含量均较治疗前有显著提高。空气负离子对改善矽肺患者的呼吸系统症状，减轻肺损伤，阻抑硅肺进展有一定作用。此外负离子对于呼吸道、支气管疾病、慢性鼻炎、鼻窦炎等具有辅助治疗作用，且无任何副作用。

（4）对免疫系统的影响

空气负离子能同时提高机体的细胞免疫及体液免疫，增加血中抗体、补体、γ - 球蛋白，提高淋巴细胞增殖能力，对淋巴细胞的存活有益。兔子暴露于空气负离子环境中每天 40 min，组织细胞与巨噬细胞的活性明显增加；暴露在负离子环境中 11 d 后吞噬活性达最高峰，直到 29 d 后其活性仍高于原有水平，使巨噬细胞吞噬率与吞噬指数显著增高。

（5）对内分泌系统的影响

空气负离子有促进各个内分泌腺的分泌功能，如吸入负离子促进动物甲状腺滤泡数目增多、增强摄取碘的作用和重吸收甲状腺素的功能、促进睾丸及卵巢细胞成熟、卵泡数量明显增加。

（6）对代谢的影响

人吸入空气负离子可降低基础代谢和血压，增加肺泡 CO_2 张力，缩短神经肌肉时值。负离子能减少甲状腺功能亢进病人的氧消耗，增加吗啡中毒全身细胞衰竭病人的基础代谢。负离子使人消化机能活动增强，促进小肠蠕动。空气负离子使兔子排氮量增加，促进氮代谢功能，使尿密度降低，增加尿素的排泄。注射甲状腺素的兔子，吸入负离子后，尿中肌酸酐的排泄增多。

（7）对生物氧化的影响

空气负离子作用于细胞内呼吸酶是通过叠氮化钠（一种抑制细胞色素氧化酶的物质）的消长情况来研究的。因叠氮化钠的极稀溶液能抑制气管纤毛的活动。空气负离子可使大鼠肝、脑线粒体的磷酸化呼吸恢复正常，线粒体活化了的磷酸化呼吸是负离子作用的生物靶。空气负离子能限制直接电子传递和改善反向电子传递，有利于机体的生物合成。多数实验表明空气负离子有促进生物氧化的作用。

（8）对听力系统的影响

空气负离子对正常听力显示有降低听阈的作用，预防性吸入一定浓度的空气负离子具有保护听觉器官免遭噪声损害和促进听力恢复的效应。预防性吸入空气负离子可增加耳蜗血流量，改善微循环，因而对保护听力，免遭噪声性耳蜗损伤是有益的。

（9）消毒、杀菌作用

负氧离子（超氧阴离子自由基）生物活性高，在杀菌中起重要作用。负离子使上皮细胞带负电荷，增强对同电荷离子排斥力，使病毒失去对细胞的攻击能力。

（10）负离子对空气中微生物的清除作用

对空气中微生物的清除作用，负离子发生器为70.4%、紫外线灯为69.6%、过氧乙酸为70.2%。因此负离子对空气有较好的净化作用，可用于人员活动状态下的空气清洁方法。

6.3.3.3 增加室内空气负离子的方法

适当增加空气负离子的含量来改善空气质量，理论和实践均证明是行之有效的。室外空气负离子含量较密闭的室内高，适时开窗通风有利于增加室内空气负离子的含量，提高室内空气质量。采用负离子发生器则可以在短时间内增加空气负离子含量，维护室内人群的健康。在室内洒水是一个简单而又行之有效的增加室内空气负离子的方法。因为水在运动喷溅的过程中，通过水分子的撞击，就能产生负离子。养殖一些植物如仙人掌、令箭荷花、昙花、金边虎皮兰等也可增加室内空气负离子含量，这些植物的肉质茎上的气孔白天关闭，夜间打开，在吸收二氧化碳的同时，释放大量的氧气和负离子，从而使室内空气中的负离子浓度和氧气浓度增加。

6.4　室内空气物理性污染及其对人体健康的影响

室内空气物理因素主要包括温度、湿度、风速、照明度、噪声、振动、电离辐射、非电离辐射和悬浮颗粒物等，这些因素与人体健康关系密切。在正常情况下，有些物理因素不但对人体无害，反而是人体生理活动或从事生产活动所必需的。但当物理因素的强度、剂量或作用时间超过一定范围时，就会对机体产生危害。值得注意的是关于非电离辐射污染与健康的问题是近年来的焦点话题之一，研究进展较快。温度、湿度、通风、照明、噪声、振动和悬浮颗粒物，人体容易感知，可直接影响居住者居住环境舒适度和生活质量，严重时引起建筑相关综合征或建筑相关疾病。在这些物理因素中，室内的噪声和振动更应得到重视，因为室内的噪声和振动主要受住区环境影响，住户又无法对住区的噪声环境进行控制。

6.4.1　室内噪声对人体健康的影响与室内噪声控制

6.4.1.1　室内噪声的来源

室内噪声主要来自室外环境噪声辐射和室内声源两方面。

（1）交通噪声

中国环境状况公报显示，我国多数城市生活噪声影响范围大并呈扩大趋势，交通噪声对环境影响最大。全国道路交通噪声等效声级分布在67.3～77.8 dB（A），平均值为71.0 dB（A）。各类城市功能区噪声超标的百分比分别为：特殊住宅区为57.1%，居民、文教区为71.7%，居住、商业、工业混杂区为80.4%，工业集中区为21.7%，交通干线道路两侧为50.0%。近几年公报显示有所改善，但城市机动车辆发展很快，噪声污染依然严重，特别是一些临街、临高架桥的建筑受害更重，昼夜噪声级均超过有关标准的限值。

（2）工业和建筑噪声

一些动力机械、生产机械运行时产生的撞击、摩擦、喷射以及振动等，可产生高强度噪声，如鼓风机为100 dB（A），碎石机为105 dB（A），振动筛约115 dB（A）。建筑施工现场噪声一般都在90 dB（A）以上，如电锯、电刨为90～103 dB（A）。若居室距这些声源较近，必受污染。

（3）社会生活噪声

社会生活噪声是人为活动所产生的除上述噪声之外的噪声，如集市、商场、娱乐场所、公共汽车、旅客列车、人群聚集场所等。据统计，舞厅为78～95 dB（A），卡拉OK厅为85～95 dB（A），迪斯科舞厅为90～120 dB（A），群众集会为75～85 dB（A）。此外，家庭装修的噪声也会令人难以忍受。

（4）家用电器噪声

据检测，家用电冰箱为 30～50 dB（A），洗衣机为 50～70 dB（A），空调机为 50～68 dB（A），电风扇为 55～70 dB（A），电视机可达 60～80 dB（A），家庭卡拉 OK 机、家庭影院也明显增加了居室噪声的污染程度。

（5）公寓楼内的生活噪声

公寓楼内的生活噪声主要包括两方面：一是邻里之间的相互影响，如楼上的碰撞声可达 45～55 dB（A），邻居的音乐、电视声可达 32～45 dB（A），汽车发动机可达 50～60 dB（A）；二是各种公用设施如电梯、水泵、排风机、中央空调等运行时产生的噪声。有的小区将配套设备和社区服务设施布局于建筑物地下或楼顶，噪声可以通过管道、楼板或墙壁传至室内。

6.4.1.2 室内噪声对人体健康的危害

（1）损害听觉功能

1999 年，WHO 提出的关于社会噪声指导性限值指出，不论何种噪声，不论室内室外，长期暴露全天等效 A 声级为 70 dB，就可能导致听力障碍。室内噪声对成人一般不会导致耳聋，但它可以加速听力功能的衰退。室内噪声对于婴幼儿的健康发育有明显影响，不论是体内的胎儿还是刚出世的新生儿，噪声均可损伤其听觉器官，使听力减退或丧失。WHO 估计，全世界噪声引起的听力障碍者有 1.2 亿人之多。

（2）影响语言交流

噪声对语音有掩蔽作用，作用程度受信噪比（S/N）、频谱、室内混响特性、听觉敏锐度、听者的注意力等影响。噪声对语言通信的影响分为对说话者的影响和对听话者的影响。对说话者的影响包括发音强度、频谱、清晰度及说话持续时间等的改变；对听话者的影响包括言语识别率、可懂度的影响。若以 A 声级来评价，对于听力正常的人，S/N 为 6 dB 左右，言语识别率可达 80% 以上；对于理解比较复杂的句子如上课、开会等，S/N 应不小于 15 dB。对于听力障碍者，老年人、语言发育阶段的儿童以及听外语的听话者，噪声对语言识别的干扰作用更显著。

（3）干扰休息和睡眠

噪声对睡眠的影响取决于背景噪声强度、间歇噪声的强度和次数。研究发现，夜间室内等效声级为 30 dB（A）就能干扰睡眠。要想睡得好，背景噪声不应超过 30 dB（A），间歇发生的噪声不应超过 45 dB（A）。噪声对睡眠的影响表现为原发作用和继发作用：原发作用主要有入睡困难、易醒、睡眠阶段和深度改变，还有血压升高、心率加快、节律紊乱、呼吸急促、身体活动增加等；继发作用表现为第二天感到疲倦、四肢无力、情绪低沉、工作效率降低，影响工作和学习。

（4）影响心理

室内噪声对心理方面的影响是明显的，如烦躁、萎靡不振、精神不集中、易怒等。

噪声引起烦躁的程度取决于它的强度、频谱等，还取决于个体的心理状态等非听觉因素。飞行噪声最令人烦躁，其他依次为公路交通噪声、火车噪声。噪声与烦躁的剂量－效应关系比较复杂，同一类型或同一等效声压级噪声因时间、噪声次数、心理状况等的不同而烦躁程度不同。白天的交谈、休闲、听收音机、看电视等，当等效连续声压级小于55 dB（A）时，几乎无人感到烦躁，但在夜间，50 dB（A）即可产生中度烦躁。低频成分为主的噪声，即使小于35 dB（A）仍可引起较大的烦躁概率。

（5）损害心血管系统

目前，我国心血管疾病的发生率越来越高，除了营养、运动、遗传等因素，还与各种应激有关。国内外已有许多噪声引起心血管损害的调查报告，调查表明，噪声可以导致心律变化、心肌结构损伤、心电图异常等，甚至引起心律失常、心肌梗死、冠心病等。

（6）对儿童身心健康的危害

婴幼儿是室内噪声损害的易感人群，他们的身体尚未发育成熟，组织器官娇嫩脆弱，又不具备防护意识。除了对听觉，噪声对儿童智力发育和身体发育都有影响，表现为情绪不安，容易哭喊、吵闹，睡眠不好、消化不良等，还可使体内某些维生素、微量元素、氨基酸等必需营养物质的消耗量增加，引起婴幼儿增重较慢。

6.4.1.3　室内噪声的控制

从技术上看，控制室内噪声的主要措施有：降低噪声源的发声强度，隔声、吸声及个人噪声防护。

（1）降低噪声源的发声强度

降低噪声源的发声强度是控制噪声的主要措施，其关键是准确找出噪声源，对噪声源进行有效控制，选择合适的减振降噪材料，设计合理的减振降噪结构，可有效控制噪声源强度。针对住宅区内配套的供水泵房噪声污染，可考虑其振动形成的结构传声特性，加强减振降噪处理，辅以吸声、隔声处理，安装稳定高效的减振隔离系统；针对室内噪声源的特性，应选择质量好、噪声小的家用电器，严格控制家用电器的音量，或在底座安装橡胶垫片减振。

（2）利用隔声、吸声控制传播途径

对噪声进行隔声、吸声处理，是控制噪声的重要手段。在设计住宅时，通过综合考虑平面布局的防噪、外窗与阳台的设计、隔墙与楼板的隔声与吸声，分户门的隔声，以及室内设备与管道的噪声控制等因素，设计出符合声学特性的绿色住宅。如将天花板棚顶做成微孔吊顶，墙面粘贴粗糙墙纸，地面铺设地毯，安装高效隔声门窗，使用木质家具和布艺窗帘。此外，通过绿色盆栽的方式，可有效对噪声源进行遮挡，是改善室内噪声环境的有效方法之一。

（3）加强营养，改善个人噪声防护能力

长期处于噪声环境中的人，应多补充氨基酸和维生素，这对消除噪声的不良影响有一定效果。实验表明，每天补充 100 mg 的维生素 C，可使肌肉耐力提高，疲劳感减轻。此外，各类粗粮、花生、大豆、水果蔬菜等都有利于减少人体的噪声损害。

6.4.2 居室放射性对人体健康的影响

6.4.2.1 放射性元素及辐射危害

原子核自发地发射出 α、β、γ 等各种射线的现象称为放射性。放射性是由不稳定的原子衰变产生的，某些核素的原子核自发地放出 α、β 等粒子而转变成另一种核素的原子核，或是原子核从它的激发态跃迁到基态时，放出光子（γ 线），这些过程称为核衰变。具有放射性的核素称为放射性核素。放射性物质能自发地产生电离辐射，电离辐射的能量高于非电离辐射，能对人体产生损害。图 6－1 表明了各种射线的穿透能力。

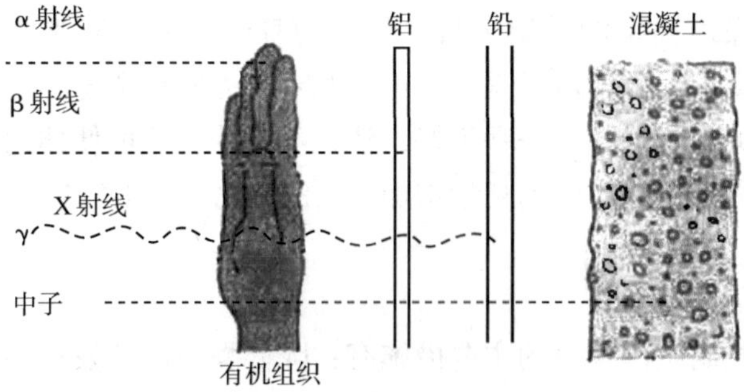

图 6－1　各种射线的穿透能力

1901 年贝可勒尔手持放射性镭去伦敦，当他返回巴黎时，胸部发现了皮肤炎症。居里夫人也曾因手持含镭容器，手指受到烧伤。这就是对放射性物质所致损伤的最早记录。值得一提的是，1908 年前后，镭作为发光涂料用于表盘上，由于涂镭操作女工在工作中摄取放射性物质或受到长期照射，骨组织恶性肿瘤高发。第二次世界大战末期，原子能被用于战争，原子弹爆炸引起的癌症病例至今仍在陆续出现。除此之外，部分国家的铀矿工人由于过分暴露于氡子体中而患肺癌的事实也得到公认。

辐射与人体相互作用会导致某些特有生物效应。效应的性质和程度主要决定于人体组织吸收的辐射能量。从生物体吸收辐射能量到生物效应的发生，乃至机体损伤或死亡，要经历许多性质不同的变化，包括机体组织、器官、系统及其相互关系的变化，过程十分复杂。

自然界存在三种天然放射性系，即铀系（起始元素是 ^{238}U）、锕铀系（起始元素是 ^{235}U）和钍系（起始元素是 ^{232}Th）。自然界中氡的三个同位素，氡（^{222}Rn）、钍射气（^{220}Rn）、锕射气（^{219}Rn）是天然放射系中唯一的气体放射性元素。^{235}U 总是同 ^{238}U 共生，而 ^{232}Th 在一定条件下也同 ^{238}U 共生。在地球的地壳中普遍有 ^{238}U 的存在，因此，氡也是普遍存在的，只是其浓度不同而已。

氡作为一种广泛存在的天然辐射源，与其子体一起对人体产生的辐射剂量，占天然或人工源对人体的辐射总剂量的50%以上。在铀矿开采中，氡是导致矿工肺癌的主要危害，也是导致居民肺癌发生的原因之一。

6.4.2.2　氡的物理和化学性质

氡的原子序数为86，是元素周期表中第六周期的零族元素，属惰性气体族的最后一种元素。氡是一种无色、无味的惰性气体。氡在水中有一定的溶解度，20 ℃条件下，大约有25%的氡溶于水中，即使温度升至100 ℃，还有10%的氡残留于水中。因此，氡广泛存在于岩石缝、地下水、地表水、土壤、空气、天然气等之中。氡是放射性气体，并随时间逐步衰变，形成氡子体，是致癌的主要因素。

氡是一种由岩石和土壤中释放的天然产生的气体，它由地壳中与地球同生自铀衰变而来。氡的渗出率变化范围很大，部分是由于土壤中铀含量的变化相当大。镭的半衰期长，使其具有较大的环境地质迁移能力。溶于水中的镭更是随水到处迁移，并成为迁移的氡源。氡从土壤扩散到室外空气，也通过居室下面土壤的气体运动进入室内空气中。室外空气中氡的含量通常很低，室内空气中的氡无法扩散时可累积到较高浓度。一些地下矿山特别是铀矿山空气中的氡浓度更高。大量事实证明，室内环境氡浓度与土壤（岩石）氡气存在着关联性，特别是三层以下的低层建筑。

6.4.2.3　室内环境中氡的来源

我国曾经存在着严重的氡污染问题。有关部门曾对北京地区公共场所进行室内氡含量调查，发现室内氡含量最高值是室外的3.5倍。

氡虽然都是由镭直接衰变而来的，但不同环境条件有不同的来源。例如，平房室内氡主要来自地基下的岩石、土壤，构造带（特别是新构造带）以及镭水等；而对于三层以上的楼房，氡则主要来自花岗岩等建材。室内环境中的氡可能还来自一些生活用品，如水（特别是直接的地下水）、煤气、燃煤、陶瓷制品和室外氡的侵入等，但它们都相对次要。室内氡的主要来源包括以下几个方面，见图6-2。

（1）地基土壤中析出的氡

在地层深处含有铀、镭、钍的土壤、岩石中，人们可以发现高浓度的氡。这些氡可以通过地层断裂带，进入土壤，并沿着地面或者建筑物的裂缝、建筑材料结合处、管道入室的松动处扩散到室内。

（2）建筑材料中析出的氡

1982年联合国原子辐射效应科学委员会在报告中指出，建筑材料是室内氡的最主要来源，如石块、花岗岩、黏土、砖瓦、水泥、再生水泥及石膏等含有镭的建筑材料，特别是含有放射性元素的天然石材。各种石材由于产地、地质结构和生成年代不同，其放射性也不同。国家质量技术监督局曾对市场上的天然石材进行了监督抽查，从检测结果看，其中花岗岩超标较多，放射性较高。我国某些用石煤渣制成的碳化砖建成的住宅中，室内氡的浓度高达300 Bq/m^{3}以上；国内的一般住宅在通风的情况下，氡的浓度一般低于300 Bq/m^3。

（3）户外空气带进室内的氡

在室外空气中氡的辐射剂量是很低的，可是一旦进入室内，就会在室内大量地积聚。研究发现：室内的氡具有明显的季节变化，冬季最高，夏季最低。可见，室内通风状况直接决定了室内氡气的浓度，从而决定了其对人体危害的大小。

（4）取暖和炊事时燃料的燃烧

煤和气体燃料的燃烧均可以释放出一定量的氡；由于沉积在土壤中的氡子体可以被吸收进入植物体内，故烟草中也含有一定的氡子体，可以随吸烟进入体内或者污染室内环境。

图 6－2　室内氡的来源（美国国家环保局资料）

1—从地基土壤中析出；2—由于通风从室外进入室内；3，4—从建筑材料中析出；5，6，7—从供水、取暖和厨房设备的天然气中释放出

6.4.2.4　室内放射性氡的标准

《室内氡及其子体控制要求》（GB/T 16146—2015）规定，对新建建筑物室内氡浓度设定的年均氡浓度目标水平为 100 Bq/m^3；对已建建筑物室内氡浓度设定的年均氡浓度行动水平为 300 Bq/m^3。

《室内空气质量标准》（GB/T 18883—2022）中规定空气中氡的浓度限值为 300 Bq/m^3（年平均值）。

6.4.2.5　居室放射性氡对人体健康的影响

氡的半衰期是 3.825 d，在体内停留时间又较短，而且在 0.5 h 内，吸入的氡与呼出的氡可达到平衡，所以氡在呼吸道内产生的剂量很小，危害也较小。而氡子体（Pb、Bi、Po）则不然，它们是金属离子，很容易被呼吸系统所截留。氡子体在呼吸道的沉积率为 20%～50%，而沉积率是决定呼吸道上皮组织接受辐射剂量的一个重要因素。氡的短寿命子体被吸入呼吸道以后，它们可以不断地在呼吸道表面沉积，在局部区域内积累，在原处衰变，产生电离和激发，破坏周边细胞，因而是大支气管上皮细胞辐射剂量的主要来源，大部分肺癌首先就是在这段发生的，这就是氡子体致肺癌的机理。氡及其子体暴露引起肺癌的潜伏期可长达15~40年。氡直接导致肺癌概率较小，致病的是氡子体。

氡对人类的健康危害主要表现为确定性效应和随机效应。

① 确定性效应主要表现在高浓度氡的暴露下，血细胞可能出现变化；氡和人体脂肪有很高的亲和力，与神经系统结合后，危害更大。

② 随机效应主要表现为肿瘤的发生，氡及其子体主要致肺癌。专家研究表明，氡是除吸烟以外引起肺癌的第二大因素，WHO的国际癌症研究中心（IARC）认为氡是当前认识到的19种主要的环境致癌物质之一。科学研究还发现，从20世纪60年代末，首次发现室内氡的危害至今，氡对人体的辐射伤害占人体一生中所受到的全部辐射伤害的55%以上，世界上有1/5的肺癌患者与氡有关；白血病死亡者中有10%~25%是由氡诱发的。据美国国家安全委员会估计，美国每年因为氡而死亡的人数高达30 000人，比艾滋病高近1倍。据不完全统计，我国每年因室内氡污染而致肺癌的病例高于50 000例。由于氡及其子体无色无味，所以被称为居室内的“隐形杀手”。

6.4.2.6 降低室内放射性措施

（1）选择建房地点

绝大部分室内的放射性都来自地面，不要在地质断裂带附近建房，不要把房建在尾矿坝上，不要把房建在空气不流通的地方，尽量不要在经常发生逆温现象的地区建房。

（2）选择建筑材料

建筑材料中放射性核素含量应符合有关规定，要尽量选用本地产的建筑材料。对于外地产的建筑材料要看其是否经过了放射性检验，根据A类、B类、C类产品，决定其用途。一般来讲，江西、浙江、安徽一些地方生产的煤渣砖等，其中铀、镭、钍的含量较高。花岗岩、页岩等不适宜作居室的建筑材料，特别不适宜作室内装修材料。

（3）建造排氡地基

这是最有效的减少室内氡的方法。居室内的氡有80%~90%来自地基下的土壤。如果在建房之初就注意到降低室内氡的问题，在地基方面采取一些措施，就可以起到事半功倍的效果。

（4）注意施工质量——密封裂缝

裂缝和缝隙是氡气进入室内的重要途径，特别是经过装修的房子，地面、天花板、卫生间、厨房等处的缝隙被遮盖更不易发觉，这对降低室内氡不利。在装修过程中，应该把这些裂缝和缝隙全部堵死。具体方法视缝隙的大小而定。一般小的缝隙通过刷油漆就可堵住。较大的裂缝要用适当的密封剂，避免使用硬质材料。也有的裂缝可能与季节有关，这在密封时都要给予考虑。要注意下水管道的密封。水封弯管要能真正起作用，避免地下的有害气体进入室内。

（5）室内通风

室内通风是降低室内氡的一个有效方法。氡的相对密度较大，氡气一般在地面附近。在室内不要进行吸烟、点蚊香、烧佛香、烧纸等使用明火的活动。因为这样的活动会产生大量的颗粒悬浮在空气中。这些悬浮颗粒有的本身对人体就极为有害，有的会吸附氡子体等有害物质而被人体吸入后造成危害。要封闭暂时不用的烟道。

6.4.3 居室电磁辐射对人体健康的影响

电磁辐射（electromagnetic radiation，EMR）无色无味、看不见、摸不着，充斥整个人类生活的空间，令人防不胜防，成为除水、气、噪声之外的又一污染源，即人们通称的第四污染源。近年来关于室内电磁辐射对人体健康的危害引起了广泛关注，电视、电话、手机、对讲机、空调、热水器、电冰箱、洗衣机、电热毯、电磁炉、微波炉、计算机、收录机等已成为每个家庭不可缺少的物品，家电在给家庭带来方便、快捷和乐趣的同时，也对室内环境产生了不良影响。

室内环境的电磁辐射来自三个方面：① 家用电器或者电子设备产生的电磁辐射；② 室外的电磁辐射源辐射到室内的电磁辐射能；③ 地球上，主要由太阳和雷电活动形成的低强度、低频电磁场。在长期的进化过程中，地球上一切生命已经适应了地球本身的低强度、低频电磁场环境，能够在这种环境中生殖、生存和发展。但值得注意的是在过去的100年来，尤其是近30年来，电器和电子设备的迅速发展，大大改变了人类生存的电磁环境。

6.4.3.1 超高压输送电线与变电站的电磁污染

对于来自高压、超高压输电线路与变配电站的工频污染，早在第二次世界大战之前，人们就已经开始发觉并有所认识，但一直没引起充分关注。时至今日，事实已使人们不得不相信，高压输电线路和配电装置等形成的工频电磁场可以对人体健康造成危害。在工业电频率电磁场的长时间作用下，人容易疲劳、诱发心脏病、导致中枢神经系统和内分泌系统失调。专家们特别警告，高压电磁场对儿童尤为有害。

（1）输电线路下的工频场强分布特点

高压、超高压输电线、高压变电站和电气设备，以及导线周围都存在着频率为50 Hz的交流电场，即工频电场。

一般而言，由于空间工频电场很容易由进入工频场内的物体引起畸变，变得更为复杂。因此，测量时人体必须远离测量天线1.5 m以上。

（2）高压输电线及变电站电磁污染对人体健康的危害

国外医学研究结果表明，超高压输电线的电磁场会对人体组织产生有害影响。据德国医学杂志报道，住在超高压输电线附近的居民，由于强电场的长时间作用，血液和神经系统发生变化，使一些居民受电污染而死亡。一位德国妇女也曾向法院起诉，自从电力总局在她的农场附近架设高压输电线以后，她家奶牛的产奶量开始减少，因此要求赔偿损失。后经鉴定，高压输电线附近的电场确实能影响家畜乳腺的正常功能。

科研人员对变电站、变压器、铁路输电线和高压输电线周围150 m以内的建筑物的电磁场强进行测试，发现其中46户居民住房周围的电磁场强度超过0.3 μT（微特斯拉），这些居民患癌症和白血病的概率要比正常地域的正常人患病高出1倍多。

6.4.3.2 计算机的辐射污染

（1）辐射机理与辐射强度

视频终端显示器和家用电视机的工作机理是电子扫描，鉴于视觉显示终端（VDT）的彩色显示器阴极射线管的电子枪需要在30 kV的高压作用下，将电子流射向荧光屏，电子在高压作用下迅速射击，碰撞荧光屏，从而产生电磁辐射。

原北京劳动保护科学研究所和某系统医学工程研究所曾多次对有关部门的计算机辐射进行了实际测量，发现由于计算机的工作频率在150 kHz～500 MHz，这是一段包括中波、短波、超短波与微波等频段的宽带辐射，按标准评价，计算机的上部与两侧等部位均超标，一般超标几倍到几十倍，最高达45倍。

（2）计算机辐射对人体健康的危害

关于视频终端显示器电磁辐射对人体健康的影响与危害，美国、法国、英国、德国、加拿大、日本、瑞典、新加坡、挪威、澳大利亚等许多发达国家组织力量，进行了大量的研究，研究发现：计算机主要对眼睛、头部、骨髓肌、皮肤等第三器官和部位产生危害作用；此外，对妊娠也产生有害影响。

有关劳动卫生职业病科研单位对288名作业人员的身体健康状况进行了调查，发现被调查者均有眼睛疲劳、视力下降、头痛头昏等症状，且明显高于对照组。体检发现晶状体混浊人员比例为56%；计算机辐射对人的视力产生不良影响，并存在积累效应，作业工龄越长，所出现的症状越显著。

6.4.3.3 手机辐射污染

使用手机有没有辐射危害？这个问题被人们争论了多年，有人认为手机功率小，不存在辐射污染；而另一些人则认为手机在使用过程中紧紧贴在耳边，辐射强度肯定不小。对于这个问题，就连相关研究机构与手机生产企业之间也存在着不同意见。一般而言，通信系统与移动通信制造企业多数倾向无害论；而环保部门、卫生防疫部门等则主张预防为主，防患于未然。

（1）手机的通话机理与辐射污染

用手机通话时，持机者的音频信号，经过手机转换为高频率的电信号，通过天线以电磁波的形式发射出去。这时，手机在天线附近会产生较强的电磁辐射。由于手机工作频率一般在920～980 MHz和1 800～2 000 MHz频段，为发射微波波段。持机者在使用时，分为发话与收话两种状态。发话时，由于手机振荡产生一定功率的辐射，通过天线发射出去。本来手机工作功率仅几瓦，其辐射强度在一定范围内也是较小的，如距发射天线半米之外，其辐射强度均在50 $\mu W/cm^2$ 以下；只是由于手机的使用方法特殊，必须将天线与受话器等紧贴在人头部耳朵附近，处在手机辐射的近区场范围，因而受到了超量的电磁辐射。而手机收话时，接收来自基地站的微波信号，然后将此微小信号转变为音频信号。此时，由于信号来自基站，距离较远，人体所受的辐射强度较小，不会超量。

通过对手机电磁辐射部位的分析，可以认为其电磁辐射与泄漏的大体部位为手机工作天线，收、发话器，工作电路等。但通过场强测试分析，确定手机的主要辐射源为天线。换句话说，只要将天线辐射强度降低（当然不能影响通话质量）或将天线远离人体头部，就可以确保使用手机者的安全与健康。一些人认为手机辐射主要是由于工作电路的辐射所造成的，更有些人把收话器作为强辐射源，这些观点都是不正确的。

有关单位对手机的辐射场强进行了实测，实测结果表明：不同厂家生产的不同类型手提电话，其辐射场强有一定差别。一般而言，手机的电磁辐射场强为几百 $\mu W/cm^2$；无绳电话电磁辐射场强在几千 $\mu W/cm^2$；对讲机的辐射强度在（1～4）$\times 10^3$ $\mu W/cm^2$。

一些人使用手机时不注意，将手机紧紧贴在耳边，所测辐射场强可高达 600 至 1 100 $\mu W/cm^2$。

（2）手机辐射对人体的危害

考虑到手机发射体天线与人体头部距离过近的特殊性（仅 2～5 cm），近区场中的辐射与耦合、直接波与反射波、吸收与折射等作用极为复杂；又因手机天线辐射直接作用在头脑部，而不同于其他微波辐射作用于整体，所以手机的电磁辐射所带来的不良影响与危害还是客观存在的。其大致可归纳为：长期使用辐射场强超过国标限值的手机，敏感人群可引起紧张、头疼、头胀、失眠、多梦、反应迟钝、四肢无力、心血管系统紊乱、食欲不振、头面部起红斑、红肿、刺痒等症状，国外还有报道说可引发脑瘤。

（3）手机辐射干扰引发严重事故

众所周知，乘飞机或在加油站、医疗区等场所严禁接打手机，这是因为手机辐射干扰的存在。若乘飞机时使用手机，会干扰飞机导航系统的正常工作，致使通信联络中断，严重的甚至导致飞机失事。在医院里使用手机会干扰医院心电监护仪、血液透析机、自动注射仪、心电图与脑电图机、心脏起搏器等医疗器械的正常工作。在加油站使用手机可干扰计数系统的正常工作，甚至诱发火灾。为杜绝此类事故的发生，许多国家颁布法令禁止在上述地区与环境中使用手机。

6.4.3.4 家用电器的一般防护

（1）手机的正确使用与防护

《移动通信终端电磁辐射暴露限值》（GB 21288—2022）对工作在 100 kHz～300 GHz、使用时靠近人体 20 cm 以内的移动通信终端设备，如移动电话、无线集团电话、卫星移动终端、可穿戴设备、便携式移动终端等的电磁辐射暴露限值进行了规定。

为了减少手机辐射对人体的影响，可以采取以下措施：

① 使用耳机或免提模式：通话时尽量使用耳机或开启免提模式，避免将手机直接靠近头部。

② 减少通话时间：尽量缩短通话时间，或者使用短信、即时通信工具替代。

③ 避免在信号弱的地方使用手机：信号弱时，手机会增加功率以保持连接，从而增加辐射强度。

④ 使用飞行模式：在睡觉或不使用手机时，将手机设置为飞行模式。

⑤ 选择辐射值低的手机：购买时可以参考手机的比吸收率（SAR）值，选择辐射较低的型号。

⑥ 保持距离：尽量将手机远离身体，避免长时间将手机放在腰部、腹部或胸前。

⑦ 增加户外活动：多接触自然环境，减少辐射对身体的影响。

（2）计算机防辐射

为了减少计算机辐射对人体的影响，可采取以下措施或方法。

① 保持适当距离：将电脑屏幕与眼睛的距离保持在 50 ~ 70 cm，辐射强度会随距离增加而减弱。

② 调整屏幕亮度与角度：将屏幕亮度调整到适宜的水平，避免过亮或过暗。屏幕应略低于视线水平 15°，以减少颈部和眼部的压力。

③ 保持室内通风：电脑工作时会产生有害物质，保持室内通风可以减少这些物质的积累。

④ 使用防辐射屏幕保护器：使用防辐射屏幕保护器可以有效降低电脑屏幕发出的电磁辐射强度，减少对眼睛和皮肤的直接伤害。

⑤ 佩戴防辐射眼镜：佩戴防辐射眼镜可以过滤掉电脑屏幕发出的有害蓝光，减轻眼睛疲劳和干涩感。

⑥ 选用防辐射衣物：对于长时间接触电脑的专业人士，可以考虑穿着防辐射背心或围裙。

⑦ 选用低辐射设备：选择低辐射的显示器和机箱，如 LCD 显示器和具有良好屏蔽效果的机箱。

⑧ 合理控制使用时间：避免长时间连续使用电脑，每隔 1 h 起身活动，远眺或闭眼休息片刻。

⑨ 保持正确坐姿：坐姿应端正，脊柱保持挺直，双脚平放地面，避免长时间低头或扭曲身体。

⑩ 定期清洁设备：经常清洁电脑屏幕和键盘，减少灰尘和细菌的积累。

（3）微波炉与电磁灶防辐射

为防止微波炉、电磁灶的辐射危害，通常采取的有效措施如下：

① 选购合格的正规产品，不要使用伪劣产品。

② 必须及时清除炉灶内的油污脏物。

③ 开机后人员远离炉灶半米，不要滞留在微波炉附近。

④ 加强个体防护。为防止微波炉、电磁灶等对人体的危害，应穿用合适的个体防护用品。

⑤ 微波炉顶部与前部可加盖防护罩。

（4）电热毯防辐射

防止电热毯、电褥子对人体的危害，最根本的办法是不用老式电热毯、电褥子，可以选用低辐射的电褥子、电热毯。使用老式电热用品时，使用者可以买一块屏蔽布，铺在老式电热用品上面，包严并接地，也可以防止过量电磁辐射。

6.5 室内空气生物性污染及其对人体健康的影响

6.5.1 居室内的主要微生物及其来源

6.5.1.1 居室内的微生物污染

室内空气微生物污染是影响室内空气质量的一个重要因素，主要包括细菌、真菌（包括真菌孢子）、尘螨、病毒、立克次氏体、寄生虫等。在这些生物污染因子中有一些细菌和病毒是人类呼吸道传染病的病原体，有些真菌（包括真菌孢子）和尘螨则能够引起人的过敏反应。迄今为止，已知的能引起呼吸道感染的病毒就有 200 种之多，例如，2003 年暴发并传播的 SARS 病毒，及 2019 年底出现并在全球范围内流行的新型冠状病毒感染。这些呼吸道感染的发生绝大部分是在室内通过空气传播的，其症状可从隐性感染直到威胁生命。

居室内空气中的致病微生物主要通过以下不同方式进行传播。

① 附着于尘埃上。附着于尘埃上的微生物在空气中悬浮或散布，较小灰尘（一般粒径在 10 μm 以下）可被吸入呼吸道，较大尘粒则很快沉降或被阻留于鼻腔。

② 附着于自鼻腔和口腔喷出的飞沫小滴上。人在咳嗽或打喷嚏时，可喷射百万个细小的飞沫，称飞沫小滴。呼吸道疾病患者的飞沫小滴中可含有致病微生物，可通过飞沫小滴直接传染给健康人。

③ 附着在飞沫表面蒸发后所形成的“飞沫核”内。较小的飞沫喷出后，在空气中很快蒸发形成非常细小的粒子（粒径大多为 0.5 ~ 12 μm），在空气中悬浮播散，包裹其内的微生物也可存活较长时间。

6.5.1.2 影响居室微生物污染的因素

居室微生物的污染程度受多种因素的影响。室内空气中微生物数量与通风情况、室内陈设、人口密度、室内的温度湿度、人活动程度、建筑结构等因素密切相关。

（1）通风换气

充分的室内通风换气可以迅速地稀释和降低室内微生物的浓度，减少病原体飞沫在空气中的停留时间。

（2）温度

温度对居室内微生物的影响较大。冬季气温较低，一些微生物的繁殖、生长会受到限制，室内空气中的细菌等微生物的数量减少。温暖的气候有利于许多有害微生物的生长繁殖和扩散，现代的温暖住房恰恰为其中的一些有害微生物提供了良好的生长繁殖环境。而在寒冷的地区，冬季的冷凝作用则有利于霉菌的生长。

（3）湿度

湿度过低的空气会使微生物的抵抗力降低，繁殖体细菌容易趋向死亡。

（4）气流

气流不仅可将室外微生物带入室内，也可以将地面、墙壁的含菌粒子扬起，增加空气中微生物的数量。

（5）空气污染物

空气的化学污染物（如 SO_2、NO_2、CO 等）在不同环境条件、不同浓度下，对空气微生物可呈现杀灭或保护作用。

（6）人的活动

由于居室空气中微生物对颗粒物有较强的依附性，空气中颗粒物数量对室内微生物的数量影响很大，居室内人员走动、整理卫生和清扫等带来的颗粒物的增加都可引起空气带菌微粒数量的显著变化，如扫床、叠被子前后，室内空气中的细菌总数可相差几百倍甚至几千倍。此外，室内微生物数量还与室内人员数量、空气污染程度等有关。

6.5.1.3 居室内的主要微生物

微生物污染物普遍存在于室内环境中，包括细菌、真菌、病毒、立克次氏体、寄生虫及生物体所产生的副产物或毒素等。这些微生物可通过环境中各种介质（如空气、水、食物等）侵害人体，进而对人体造成危害。居室内对人体健康危害较大的微生物主要包括以下几种。

（1）细菌

在室内空气微生物中细菌占绝多大数量。空气中的细菌主要以两种形式存在：一是附着于空气颗粒物上；二是含于飞沫中。在通风不良，空气污浊，细菌数量多的居室内，极易造成呼吸道传染病的传播。

（2）霉菌

霉菌是一种能够在温暖和潮湿环境中迅速繁殖的微生物，其中一些霉菌能够引起恶心、呕吐、腹痛等症状，严重的会导致呼吸道及肠道疾病，如哮喘、痢疾等。患者会因此精神萎靡不振，严重时则出现昏迷、血压下降等症状。

（3）尘螨

尘螨是最常见的空气微小生物之一，是一种很小的节肢动物，肉眼不易发现，它是引起过敏性疾病的罪魁祸首之一，室内空气中尘螨的数量与室内的温度、湿度和清洁程度相关。尘螨对人体的有害作用主要是由其蜕皮、尸体作为致敏源引起的。尘螨的致敏作用极强，最典型的是诱发哮喘。尘螨同时还可以引起过敏性鼻炎、过敏性皮炎、慢性荨麻疹等。

（4）病毒

病毒在自然环境中的抵抗力较差，但在适宜的温度和湿度下，附着于室内颗粒物或飞沫上的病毒可生存一段时间。

6.5.1.4 居室微生物的来源

一般来说，空气中缺乏微生物生长所需的水分和养料，不是适宜微生物生长的环境，但在某些室内环境中，特别是在通风不良、人员拥挤的情况下，如有致病微生物的存在，则可通过空气传播，使易感人群发生感染。居室内的微生物的来源可分为室内来源和室外来源。

（1）室内空气微生物的室内来源

① 人们在室内的生活和活动。微生物可通过带菌者的皮肤、衣物、皮肤脱屑、铺床叠被、清扫房间等进入室内空气中。居室中的食品、草垫、家具、人类及宠物的代谢物，特别是目前大量使用的建筑及装饰材料均可成为微生物理想的来源地。

② 人体排出的微生物是居室中微生物污染的重要来源，如喷嚏、咳嗽、讲话等。

③ 现代家居中空调的使用。随着住宅内空调的普及，空调已经成为居室微生物污染的重要来源之一。在空调使用时，居室的封闭性往往很强，如不正确换气，室内微生物就很难被排放出去，因而加重室内微生物的污染。

（2）室内空气微生物的室外来源

由于大气环境的日益恶化，生活污水、乱扔的垃圾以及工厂排放的废弃物也能产生出大量的微生物，并伴随通风与空调送风进入室内。室外微生物还可以通过人员的流动进入室内。

6.5.2 室内典型微生物对人体健康的危害

6.5.2.1 尘螨

尘螨不像有些病原微生物那样，以活体进入人体内而致病，它的代谢产物，如蜕皮、分泌物、粪便等才是真正的过敏原，都具有极强的变态反应原性，是室内主要的生物性变态反应原。这些物质在微生物的作用下分解成微小的尘埃颗粒，通过人的走动、铺床叠被、打扫房屋等飞扬于空气中。过敏体质者吸入后即可引起变态反应，如尘螨性哮喘、过敏性鼻炎和过敏性皮炎。一般以哮喘为主，一个病人可同时伴发一种或两种症状，也有三种或两种交替出现的情况。其过敏性危害的主要症状有：

（1）尘螨性哮喘

尘螨的致敏作用最典型的是诱发哮喘。过敏性哮喘往往从幼年即发作，有湿疹史的婴儿，经久不愈，到3～5岁时可转为哮喘，成年人接触后也能发作。过敏性哮喘的特点为突发性和反复发作。前期症状为干咳，喷嚏，大量白色泡沫痰，随即出现胸闷、气急、不能平卧，呼吸困难，严重时导致缺氧。发作时间多在睡眠后或晨起时，春、秋季易发作或加重。

（2）过敏性鼻炎

表现为鼻塞，鼻内奇痒难忍，连续打喷嚏，大量清水鼻涕，有时还有头痛、流泪。发病有间歇性，发作和停歇都很迅速。

（3）过敏性湿疹

婴儿多见于面部湿疹，成人主要在四肢及肘关节、膝关节的屈侧，也可以扩展至全身，冬季好发作。

（4）过敏性皮炎

蠕形螨主要破坏人的皮肤，尤其是面部皮肤，引起蠕形螨病。螨虫可随皮脂从毛囊中溢出或者自动溢出毛囊，通过床褥或洗脸巾等物品传播，故具有家族性。好发部位在皮脂分泌旺盛者的鼻翼、前额、下须、面颊等处，甚至头发、上胸背亦可发生。轻微感染者常无明显症状，或有轻微痒感或刺痛，局部皮肤略隆起为坚实的小结节，呈红点、红斑、丘疹状，可持续数年不愈。大多数人会出现症状极轻的皮炎，如不加注意，便可使毛囊扩大，堵塞毛囊口，导致毛囊感染，周围产生炎症，表现为红斑、丘疹、糠状鳞屑，可呈现痤疮、酒渣鼻样的临床表现。

6.5.2.2 真菌

室内真菌污染已经成为现代居室微生物污染的重要来源之一。由于近年来室内空气处理系统和不同建筑材料的运用，室内空气被产毒真菌污染的可能性日益增加，尤其现代家庭广泛使用的采暖、通风、空调系统在特定条件下会成为真菌和细菌污染的聚居地。近年来发现，20% ~50% 的现代家庭中有真菌污染。

虽然有些真菌在工农业生产中有重要的价值，但是真菌污染人类生活环境，对人体健康的危害则不容忽视。在适宜的条件下，室内真菌可在衣物、皮革、家具、仪器、家电等表面大量生长繁殖，也可以在粮食中生长。一方面它们能形成霉点和污斑，影响物品的美观；另一方面它们能产生多种代谢物质，从而危害健康。室内真菌污染与过敏性鼻炎、过敏性肺炎、皮炎、哮喘等有关，也是有机粉尘综合征和致病建筑物综合征（SBS）的主要原因。此外，霉菌还能产生悬浮在空气中的有机体，这些有机体常能产生我们常说的霉变的臭味。

6.5.2.3 冠状病毒

可引起急性感染，当前纳入我国传染病防治法规定的乙类传染病有传染性非典型性肺炎（SARS）和新型冠状病毒感染。

传染性非典型性肺炎，又名严重急性呼吸综合征，由严重急性呼吸综合征冠状病毒引起。其主要临床表现为发热、头痛、肌痛和乏力、干咳、呼吸急促和呼吸困难等症状，少数发展为呼吸窘迫综合征。SARS - CoV 主要通过飞沫、密切接触造成人与人之间传播，也可通过被感染者污染的物体表面间接传播。

新型冠状病毒感染是由新型冠状病毒引起的一种传染病。新冠病毒属 β 属冠状病毒，对紫外线和热敏感，乙醚、75%酒精、含氯消毒剂、过氧乙酸和氯仿等脂溶性溶剂均可有效灭活病毒。人群普遍易感，传染源主要是新冠病毒感染者；主要传播途径为经呼吸道飞沫和密切接触传播，在相对封闭的环境中经气溶胶传播，接触被病毒污染的物品后也可能造成感染。至2024年，奥密克戎变异株已成为国内外流行优势毒株，其潜伏期缩短，多为2～4 d，传播能力更强，传播速度更快，致病力减弱，具有更强的免疫逃逸能力。

6.5.2.4 流行性感冒

流行性感冒简称流感，是由流感病毒引起的急性呼吸道传染病，临床上表现为急性上呼吸道炎和全身中毒症状。多见于春秋季，主要通过飞沫传播，传染性强，往往在短时间内使很多人患病。婴幼儿、年老体弱患者易发肺炎。由于该病的潜伏期短、起病急、经呼吸道飞沫途径传播容易实现，加之目前国际交往频繁、交通运输便捷，使该病的传播速度极快。另外，由于流感病毒抗原易变异，人群对变异株普遍易感，因此，流行常具有周期性，并容易迅速引发世界大流行，对人群健康，甚至对社会稳定均有重要影响，危害极大。

流感主要通过空气飞沫传播，病毒存在于病人或隐性感染者的呼吸道分泌物中，通过说话、咳嗽或喷嚏等方式散播至空气中，并可存在30 min，易感者吸入后即能感染。传播速度取决于人群的拥挤程度。通过接触污染食具或玩具，也可引起感染。

6.5.2.5 军团菌

军团菌病近年来在大中城市中的影响越来越大，这与人们越来越城市化的工作和生活方式关系密切，因此，军团菌病也被称为“城市文明病”。

军团菌能长期且广泛存活于自然界中，然而有研究发现，只有直接感染肺泡的军团菌才会导致发病。研究表明，军团菌最适宜生存在35～45 ℃的温水中，空调系统为军团菌的理想生存和繁殖场所，其中被污染的空调冷却塔水是最重要的传染来源。空调系统气溶胶是传播军团菌的最主要方式，气溶胶经空调机入口或通风管道进入室内，经呼吸道进入肺泡而引起感染。气溶胶是军团菌传播、传染的重要载体。供水系统可通过水龙头、淋浴、涡流浴、泡泡浴、人工喷泉等方式形成气溶胶。冷却塔和空调系统的空调风机可将冷却水或冷凝水吹到空气中，也可形成气溶胶。

6.5.3 室内空气生物性污染的特点

室内空气微生物的时空分布比大气中微生物的分布更加复杂。因为微小环境中，各种因素对空气微生物都会产生决定性的影响。

（1）可变性

与室外大气相比，室内环境是个小环境，种类繁多，人员活动情况和卫生条件差异很大，因此空气微生物种类和浓度变异很大。从浓度来讲，每立方米中含有空气微生物个数从几十个到几万个不等。有些病原体1立方米或几立方米才1个。在不同级别的洁净室内允许存在的菌浓度也有要求。从种类上讲，细菌、真菌、病毒、支原体、衣原体和其他生物气溶胶都可能出现，在野外至今只能找到少数病原体。空气微生物的时空分布多有规律，譬如日内变化是早7点前后和下午6点前后出现两个低谷。可是室内却无这种规律，空气微生物浓度变动与人员活动和特殊操作（如打扫卫生）等关系更密切。

（2）可控性

正因为室内环境小，空气微生物浓度以及其他空气卫生标准都比较容易控制。自1987年国务院颁布《公共场所卫生管理条例》以来，空气微生物的控制就有了明确目标，各行各业室内空气质量有了改进，预防各种疾病的传播，在控制室内空气生物污染方面取得了较好效果。

6.5.4　室内空气生物污染的防治措施

目前，室内空气污染问题已经成为世界性备受关注的环境问题之一，居室内的微生物污染也越来越引起人们的重视。为避免由微生物污染带来的健康危害，可采取以下一些预防措施。

（1）保持家居环境清洁

经常用水擦洗物体表面，去除尘埃和污垢，保持室内用具及各种物体表面的清洁，虽然这样不可能清除全部细菌，但可以减少微生物的数量，并可防止带菌尘埃扬起扩散细菌，并有助消减尘螨及其他引致过敏的源头。

（2）保持室内空气流通，清除能引致真菌滋生的水源或潮湿源头

装配空调的房间应经常开窗换气，有研究发现：经常开窗通风的房间，每立方米空气约含5 800个细菌，而密闭的房间每立方米细菌的含量可高达19 000个。

（3）厨房和浴室安装并使用排风设备，将废气排出室外排放

厨房和浴室往往是一些细菌、真菌等微生物寄生的良好环境，安装排风设备及时将废气排出，可降低空气湿度，减少微生物的繁殖。

（4）定期检查、清洗居室的通风系统

居室的通风系统很容易受细菌和真菌污染，应采用有效的预防性检修，使用有效的隔尘网来减少真菌孢子和粒子进入空调的通风系统，并定期清洗隔尘网，必要时进行消毒。

（5）注意个人和室内环境卫生

养成良好的卫生习惯，如饭前洗手、便前和便后洗手，洗手时用流动水和肥皂或洗手液；食具、卫生用具等定期消毒；毛巾、脚布、鞋垫等定期消毒和晾晒；抹布应根据不同用途分为洗碗抹布、擦灶台抹布和抹桌子抹布，并以不同颜色加以区别不使混淆，用后及时清洁、消毒、晾干，以干燥状态存放；电冰箱、洗衣机、电话机定期用消毒液擦洗；牙刷要干燥存放，并经常更换。

（6）注意饲养宠物的卫生

宠物的皮毛是许多微生物寄生的场所，应经常清洗动物的皮毛，有助于防止微生物

的大量繁殖。

（7）空调等定期检测消毒

有条件的可定期到相关的卫生机构对空调和冷热水进行检测，一旦发现军团菌检测阳性和浓度超标，应当立刻采取有效的消毒措施。对于家用的壁挂式的空调也可以自己消毒。

（8）居室绿化

居室内适当的绿化，既能给居室增添盎然生机，让环境雅洁清新，还能改善室内空气质量，因为绿色植物有净化空气、除尘、杀菌和吸收有害气体的功用。但是居室内的植物不能过多，也不要放在卧室里。

（9）定期对居室环境进行彻底的清洁和消毒

室内几乎所有物品均可以成为微生物的营养来源，一旦温度湿度、营养和氧气适宜就会马上大量繁殖，所以必须在其大量繁殖前就将其消除掉。

6.6 车内空气污染及控制

随着我国汽车工业的发展和人民生活水平的提高，汽车保有量不断增加。对于与汽车相关的环境问题，广受人们关注的是汽车尾气造成的大气环境污染问题，而对车内环境质量问题的重视还远远不够。然而，作为人们出行的主要交通工具之一，人们在车内度过的时间正在不断增加，车内空气质量与人们的关系越来越紧密，甚至成为对人体健康产生影响的一个重要因素。北京市曾对 100 辆轿车进行检测，结果表明，90% 的汽车存在车内空气质量问题，据调查统计，大约有 65% 的驾驶员在驾车时会出现头晕、困倦和咳嗽等现象，车内空气污染已成为导致驾驶员感到压抑、烦躁和注意力无法集中的主要原因之一。

欧美国家从 20 世纪 80 年代就开始进行车内与车外空气质量的比较研究，结果表明，在拥挤的道路上，车内空气污染水平比城市平均高出约 10 倍。多种车内污染物有致癌的嫌疑，有的可能对神经系统、免疫系统或生殖系统产生影响，有的会干扰内分泌系统。

6.6.1 车内空气污染物及其来源

6.6.1.1 车内主要空气污染物

汽车车内空气污染物按其性质大致可以划分为化学性污染物、物理性污染物和生物性污染物。

（1）化学性污染物

化学性污染物主要为气态污染物，是车内环境中的主要污染物，约占车内污染的 70%。据统计，至今已发现的车内空气化学性污染物有几百种。其中可挥发性有机物占多数。此外，还包括一些其他的有害气体，如一氧化碳、二氧化碳、二氧化硫、氮氧化物等。表6－3为车内优先考虑检测的化合物。

表6－3 车内优先考虑检测的化合物

序号	化合物	序号	化合物	序号	化合物
1	苯	10	苯乙烯	19	镉及其化合物
2	甲苯	11	甲乙酮	20	镍及其化合物
3	甲醛	12	甲异丁酮	21	1，3－丁二酯
4	乙醛	13	二氯乙烷	22	邻苯二甲酸酯
5	二甲苯	14	三氯乙烯	23	多氯联苯
6	丙烯醛	15	四氯乙烯	24	TVOC
7	丙烯腈	16	六价铬化合物	25	甲苯基二异氰酸酯
8	氰化物	17	汞及其化合物	26	多环芳烃
9	氯乙烯	18	砷及其化合物		

（2）物理性污染物

物理性污染物主要包括汽车内的噪声，车内电器所发出的电磁辐射，车内照明的不足或过亮、车内温度湿度过高或过低等。

（3）生物性污染物

生物性污染物主要是指由于汽车内清洁工作没有做好以及在湿度较大和通风较差的情况下，产生的一些存活的有机体或者曾经存活的有机体，包括细菌、真菌、病毒、螨虫等，同时也包括人类活动后在车内所留下的毛发、角质、皮屑、飞沫以及车外扩散到车内的植物花粉等污染物。

6.6.1.2 车内空气污染物的来源

车内空气污染物来源于车内和车外两个方面，车内来源包括车用材料和装置所含有害物质的释放和人体及其活动，车外来源包括大气环境和汽车自身排气。

（1）车用材料和装置释放污染物

散发有害物质的车用材料包括涂料、塑料、橡胶、各类胶黏剂、隔热保温材料和其他装饰材料，如地毯、座椅外包装等。据调查，20世纪90年代我国汽车平均塑料用量只有14～28 kg/辆；随着材料技术的进步和降低车重要求的提高，汽车塑料用量不断增加。目前，塑料用量超过100 kg/辆。

地毯是车内主要装饰材料，纯羊毛地毯的绒毛不仅可引起皮肤过敏，还会引发哮喘等疾病。另外，地毯的吸附能力很强，能吸附许多有害气体、灰尘及病原微生物。汽车座椅及其面套的材料有皮革、人造革或纺织品。用来做坐垫的人造革为人造纤维泡沫，新生产的纤维有刺鼻的臭味。装饰纺织纤维织物主要有衬面纤维织物、聚氨酯发泡和底层编织纤维物，这些纤维物如果清洗不彻底，也会散出异味。

胶黏剂在使用时会挥发大量有机化合物，包括酚、甲酚、甲醛、乙醛、苯乙烯、甲苯和乙苯等。在车内，苯主要用作黏合剂和油漆、空气消毒剂的溶剂，因此，在新买的车内空气中会有较高浓度的苯。

汽车上用到的隔热保温材料通常是一些密度小的有机材料，如聚苯乙烯泡沫、聚氯乙烯泡沫塑料和聚乙烯泡沫塑料等。这些材料存在未被聚合的游离单体或其他成分，它们会逐渐逸散到空气中。随着使用时间的延长，这些材料还会分解释放出多种气态化合物，造成车内空气污染。这些污染物的种类有很多，主要有甲醛、苯、氯乙烯、甲苯和醚类物质等。

与建筑物内部材料释放有害气体相类似，车用材料释放有害气体的浓度，随温度升高而急剧增加。同时，材料的成分和质量决定释放有害气体的种类和多少。除了车用材料外，车载燃油和制冷剂的泄漏、机械润滑用油蒸发和空调系统滋生霉菌也是车内空气污染物的主要来源。

（2）人体及其活动产生污染物

人体代谢物质主要通过呼吸、汗液等排出体外，人的呼出气除二氧化碳之外，还可能有一氧化碳、氯仿等数十种有害气态物质。其中，有些是外来物的原型，有些则是外来物在体内代谢后产生的气态产物。此外，呼吸道传染病患者或带菌者通过谈话、喷嚏、咳嗽等活动，可将其病原体随唾沫喷出，污染车内空气。吸烟产生的烟雾是最常见的车内空气污染物，烟草的烟雾成分十分复杂。其中，致癌物质至少有40种，它们在空气中以气态或气溶胶状态存在，严重危害车内人员的身体健康。在公交车上乘客的交叉污染更是严重，人体各类分泌物弥散在车内空气之中，对车内设施构成污染，并继而影响乘客。有关检测表明，当公交车辆不进行消毒处理时，各类致病菌和病毒均能检出。

（3）车外的污染物进入车内

如果车体密封不严，外界大气环境的污染物进入车内环境，也会造成车内空气污染。研究表明，当车外空气受到污染后，污染物通过开启的汽车门窗或车上的一些孔隙直接进入车内，影响车内空气质量。一般地，前面车辆排放的废气对紧随车辆的车内污染水平影响最大。在交通拥挤的道路上行车，即使关上窗户和通风系统，人们也会长时间受到高浓度尾气污染物的影响。检测表明，以柴油为动力燃料的公共汽车或卡车可使紧跟其后的车辆车内颗粒物浓度在短时间内增加数倍；旧车或状况不好的汽油车也可使紧跟其后的车辆车内污染物水平大大提高。

除了周围车辆的作用之外，当车辆破旧时，汽车自身尾气从车底排气管排出后，可通过车厢底部破损处窜入车内，使车内污染物浓度升高，导致车内人员中毒伤亡的事件也时有报道。

6.6.2 车内空气污染的特点

车内空气环境污染相对于室内空气环境污染来说，有其显著的特点。

（1）空间相对狭小，对健康影响更大

居室或办公场所的房间大多都有几十到几百立方米的空间，而一般小汽车的车内空间不到5 m^3，中大型客车的车内空间也只有四五十立方米左右，所以车内人均空间有时不足1 m^3。在这样狭小的空间内人员密度高，车内可能释放有害气体的各种材料密集程度高，有害气体累积速度快、浓度高。因此，对人体健康的影响更大。

（2）通风方式与建筑室内环境区别较大

室内空间的通风是通过打开门窗利用自然风进行内外空气的交换，尽管车内窗户可以随时开启，但当条件变化如风雨、夏冬季及市区道路或车内空气污染严重时，车窗户则不适宜开启。

（3）外环境变化快

一般建筑物室外环境都有国家标准限定，所以一般室内空气环境的评价不考虑外环境的影响。而汽车的流动性很大，汽车外环境随着不同的时间、地点、区域、风速、季节等客观条件的不同而不断变化。因此，在评价车内环境污染时必须考虑车外环境的影响，这也是最复杂、最难定量的评价因素。

（4）密封性更强

汽车的密封性比建筑物室内更强，尤其很多空调客车，出于安全和节能考虑，其车窗都是处于封闭状态，不能随时随意打开。因此，车内污染物的排出和车外污染物的进入都与一般室内空气有较大的差别。

（5）条件变化快、影响因素多

由于汽车的移动性，随着行驶状态的不同，车内的日照强度、温度等因素的变化也会对车内空气污染产生较大的影响。如在太阳的照射下，车内温度升高时会使车内材料中的有害气体加倍释放。

（6）人员流动性大

汽车作为人们日常出行的重要交通工具，比室内的人员流动性更大，尤其是公用客车的乘员不固定，有时在很短时间内会有很大的人流量，是给车内带来各种病毒、细菌、飞沫等污染物的重要途径。

6.6.3 车内空气污染的危害

车内空气污染物中的甲醛、甲苯、苯、二甲苯和总挥发性有机物等有毒气体和细菌、螨虫、病毒及发动机产生的一氧化碳、汽油等复合空气污染异味会使人在不知不觉中受到伤害。其危害为：

① 短期内感觉难闻，呼吸不畅，出现头痛、恶心、乏力、脱发、失眠、记忆力下降等临床症状。

② 长期接触则可能对神经系统、免疫系统、内分泌系统、生殖系统等人体多系统、多脏器、多组织造成影响或损害，如出现辣眼睛、流泪、咳嗽、胸闷及皮肤刺激症状等疾病。

③ 甲醛、苯及苯的同系物等有强致癌作用，引起白血病，免疫力低下等严重疾病。

④ 车内狭小的空间会为呼吸类病毒创造交叉感染机会，尤其对老人、儿童和孕妇的

危害更大。

6.6.4 车内空气污染的控制

6.6.4.1 主要控制方法

（1）污染源控制

毫无疑问，消除或减少车内污染源是改善车内空气质量，提高舒适性的最经济、最有效的途径。目前，装饰材料是造成车内空气污染的最主要根源，因此，从理论上讲，用无污染或低污染材料替代有害气体释放率高的材料，以此来避免或减少车内空气污染物产生的设计、制造和维护方案是最理想的车内空气污染控制方法。例如，用水基涂料替代油基涂料，可以避免或减少 VOCs 进入车内。

（2）通风换气

通风换气是指用车外新鲜空气来稀释车内空气污染物，以降低空气污染物浓度。这是改善车内空气质量最快捷的方法。车内通风换气主要通过开窗和启动空调外循环来实现，当空调外循环系统启动时，空气从车外吸入，经过加热或制冷后从车内的出风口吹出。大多数汽车的外循环进气口安装了进气过滤装置，如花粉滤清器或灰尘滤清器。

值得注意的是，若汽车空调使用不当，自身也会成为污染源或污染物的传输途径。这是因为空气通过蒸发器时，水蒸气会凝结成水珠。正常情况下，水会流到空调加热装置外壳的底部，洗刷掉上面附着的灰尘后，通过导管排到车外。如果汽车经常在灰尘较多的地方行驶，空气中的杂质和灰尘不可能全部被蒸发器叶片上的水冲刷掉，慢慢地积聚在蒸发器的叶片上，会成为霉菌生长的温床。此外，汽车空调的风道内也会积存大量的灰尘，在常年保持潮湿、温热的情况下，这些地方同样适宜于细菌的繁衍。为了防止细菌繁衍，最简单的方法是及时对空调系统的风道、暖风水箱、蒸发器和进气过滤装置进行清理，更换过滤器的滤芯，以铲除污染源。

（3）车内空气净化

对于空调系统内部污染，也有一些专门的方法，如市场上有多种用于清理空调风道的清洗剂。清洗时，可先取下灰尘滤清器，启动车辆，打开空调，并把空调置于外循环位置，将清洗剂喷到进风口处，空调的外循环风会把清洗剂送入风道，并附着在风道、蒸发器和暖风水箱的表面，从而起到除菌和去除异味的作用。这种清理方法操作简便，省工省时。清理工作完成后，更换灰尘滤清器，可确保车内出风口吹出清新的空气。此外，为了保证送风口百叶部分清洁，可将抹布裹在宽度适宜、头部为矩形的薄木片上，来清扫这个部件上积聚的灰尘，从而减少汽车空调对车内空气的污染。为了消除车内异味，有些车主会采用喷洒香水或空气清新剂的方法，来达到遮盖异味的目的。必须注意的是，这并不能从根本上解决问题，因为霉菌依然在蒸发箱和通风管道中衍生，污染的空气仍然被吸入体内；另外，为了促进芳香物质的挥发，在这些香味剂中一般都添加了工业酒精，过量吸入会导致中枢神经麻痹，使驾驶员反应迟缓，不利于行车安全。

6.6.4.2　健康驾驶的建议

车内空间狭小，密封性能好，污染物容易积累。为了确保车内空气清洁，防止人体健康受到危害，建议采取如下措施：

① 对于新购车，除了常规性能外，环保指标也不可掉以轻心。如果气味严重，可以委托专业检测部门，检测车内有害物质的含量，并进行环保性能评估。在目前尚无车内空气质量标准的情况下，可以参照国家室内空气标准评估车内空气质量状况。

② 购买新车或自行进行内部装饰后，尽可能保持车内外空气的交换，以便让车内有害气体尽快释放出来。自行进行内部装饰时，要注意选择无污染和低污染材料。由于新车半年内材料所含挥发物的释放速率较高，所以通风换气更为重要。

③ 如果驾驶新车或新装饰车一段时间后发现有体征反应，比如眼睛刺激、呼吸刺激，甚至头晕，一定要进行车内空气质量检测，以便及时发现和清除车内污染源。

④ 体质较弱者、妇女、儿童和有过敏性体质的人要特别注意新车内污染物质的危害，最好避免长时间驾驶或乘坐新车。另外，妇女对苯、甲醛的吸入反应格外敏感，妊娠期妇女长期吸入苯还易导致胎儿发育畸形和流产。

⑤ 人进入车后的短时间内，应打开车窗或开启外循环通风设施，引入新鲜空气。严禁在封闭车窗、车门状况下长时间行车，更不能在封闭的车内睡眠或长时间休息。避免长时间使用空调内循环模式，尽量不在车内吸烟。

⑥ 树立在开阔、空气流动大和空气质量良好的道路上行车的意识。当遇到堵车或尾随排气污染严重的车辆时，应当把空调、暖风开关调到车内自循环模式；开窗行驶的车辆应暂时关闭车窗，待道路空气质量改善时，及时恢复车内外的空气交流。

⑦ 定期对驾驶室、空调风道和设备进行保洁既是降低车内空气污染物浓度的有效方法，也是防止细菌类污染物在车内繁衍的重要手段，对于维持车内空气质量极为重要。

⑧ 面对市场上种类繁多的车内空气净化产品，要学会识别和使用。一般来说，过滤和吸附方法对于车内空气净化是有效的。但是，二氧化钛光催化净化器、芳香剂和清新剂类商品要慎用。有些净化产品能在一定程度上降低车内污染，但也可能带来二次污染。

思考题

1. 什么是室内空气质量？室内空气质量对人体健康有什么作用？
2. 什么是室内空气污染？简述室内主要污染物、来源及对人体健康的影响。
3. 简述室内化学性污染的主要来源及其危害。
4. 简述室内空气污染的特点。
5. 室内物理性污染的类型有哪些？如何降低其对人体健康的影响？
6. 何谓空气负离子？空气负离子对人体健康有何影响？
7. 生物性污染种类包含哪些？如何防治室内空气生物性污染？
8. 简述车内空气污染的防治方法。

第 7 章　日用化学品与人体健康

日用化学品是指人们日常生活中经常使用的精细化学品，其种类繁多，与人们的衣、食、住、行息息相关，主要包括化妆品、洗涤用品、香精、香料等精细化学品。如肥皂、洗衣粉、洁面乳、牙膏、洗发水、润肤霜、口红、墨水、鞋油等都属于日用化学品。按日用化学品所占有的市场份额区分，化妆品与洗涤用品是日用化学品的两大类产品。据不完全统计，2014 年全国化妆品和洗涤用品的产量占全部日用化学品产量的70%以上。

随着科学技术的发展、人民生活的丰富，日用化学品的品种越来越多，由通用型逐渐转向专用型。例如，就肥皂而言，除了常用的洗衣皂，还有洁肤用的香皂、治疗皮肤病的药皂，以及透明皂、浮水皂和有各种花纹的异形皂，以满足消费者多方面的需求。

通常把生产日用化学品的工业叫日用化工。日用化工是综合性较强的密集型工业，它涉及面较广，不仅与物理化学、表面化学、胶体化学、有机化学、染料化学、香料化学、化学工程有关，而且与微生物化学、皮肤科学、毛发科学、生理学、营养学、医药学、美容学等密切相关。这就要求多门科学知识的相互配合，并综合应用，才能生产出优质、高效的日用化学品。

7.1　化妆品

化妆品是以涂抹、喷洒或其他类似方法，施于人体表面相应部位（皮肤、毛发、指甲、口唇等），以达到清洁、消除不良气味、护肤、美容和修饰目的的日用化工产品。

目前，使用化妆品的人越来越多，但由化妆品存在的质量问题或使用不当而引起的疾病逐年增多。化妆品引起的不良反应所表现出的症状和体征是多样的，最为常见的不良反应是化妆品皮肤病，是发生在化妆品涂抹部位的炎症性皮肤病。这是因为化妆品、香水、除臭剂及头发染料都存在致敏成分，如香精、防腐剂、稳定剂、各种脂类物质、乙醇、色素等。过敏症状包括刺激性接触性皮炎、变态反应性接触性皮炎、光敏性皮炎和光毒性皮炎等，其中以变态反应性接触性皮炎最为常见。

7.1.1　化妆品分类

（1）按使用目的分类

清洁化妆品：用以洗净皮肤、毛发的化妆品，如清洁霜、洗面奶、浴剂、洗发护发剂、剃须膏等。

基础化妆品：化妆前，对面部、头发进行基础处理，如各种面霜、蜜、乳，化妆水，面膜，发乳、发胶等定发剂。

美容化妆品：用于面部及头发的美化用品，如胭脂，口红，眼影，头发染烫及发型处理、固定的用品。

疗效化妆品：介于药品与化妆品之间的日化用品，如清凉剂、除臭剂、育毛剂、除毛剂、驱虫剂等。

（2）按使用部位分类

肤用化妆品：指面部及皮肤用化妆品，如各种面霜、浴剂。

发用化妆品：指头发专用化妆品，如洗发水、摩丝、喷雾发胶等。

美容化妆品：主要指面部美容产品，也包括指甲与头发的美容品。

特殊功能化妆品：指添加有特殊作用药物的化妆品。

（3）按剂型分类

液体化妆品：浴液、洗发水、化妆水、香水、乳液、蜜类、奶类。

膏霜类：润面霜、粉底霜、洗发膏。

粉类：香粉、爽身粉、粉饼。

（4）按年龄分类

婴儿用化妆品：婴儿皮肤娇嫩，抵抗力弱。配制时应选用低刺激性原料，香精也要选择低刺激的优制品。

少年用化妆品：少年皮肤处于发育期，皮肤状态不稳定，且极易长粉刺。可选用调整皮脂分泌作用的原料，配制弱油性化妆品。

男用化妆品：男性多属于脂性皮肤，应选用适于脂性皮肤的原料。还有一些起到特殊作用的男性专用化妆品，如剃须膏、须后液等。

7.1.2 化妆品主要成分

化妆品成分由基质原料和配合原料组成。基质原料是构成化妆品基体的物质原料，在配方中占有较大比重，主要包括油脂、蜡、粉类物质、水和有机溶剂等。油脂和蜡类是用于化妆品生产的油性原料总称，是组成膏霜、乳蜜等乳化体型和油蜡型化妆品的基质原料，主要起滋润、柔滑、护肤、护发等作用。粉类物质是构成香粉、粉饼、胭脂粉等各种粉类化妆品的基质原料，主要起滑爽、遮盖、吸收等作用。水和有机溶剂主要起稀释、溶解等作用。配合原料是使化妆品成型、稳定或赋予化妆品以芳香和其他特定作用的辅助原料，主要包括乳化剂、着色剂、赋香剂、防腐剂、抗氧化剂、紫外线吸收剂和其他添加剂（保湿剂、黏合剂、收敛剂、表面活性剂、特殊功效添加剂等）。配合原料在化妆品中所占的比重虽不大，但作用极为重要，因此添加过程中一定要掌握好度，用量不够，起不到作用；过量使用，则有可能对人体有害。例如，防晒化妆品中使用的紫外线吸收剂如果用量太少，则产品起不到防晒作用；若使用过多，将有可能引起光毒性皮炎或光敏性皮炎。

一些化妆品的主要成分，见表 7－1。

表 7－1　一些化妆品的主要成分

化妆品	主要成分
清洁霜、卸妆油	植物油、蜂蜡、蛋白质、多重植物提取液等
洗面奶	表面活性剂、鞠酸、蜂蜡、营养添加剂（如海藻精华、水溶性 V_C、纯植物提取液等）、硼砂等
磨砂膏	角质软化素、植物酵素、润滑油脂及微酸性海藻胶等
润肤霜	精纯植物油、植物美白剂、卵磷脂、润肤剂、保湿剂、柔软剂、去离子水等
乳液	植物油、动物脂、抗氧化剂、去离子水等
防晒霜	植物提取液、植物油、氧化锌、二氧化钛、高岭土等
化妆水	表面活性剂、保湿剂、植物提取液、去离子水等
祛痘霜	紫草、川芎、牛劳等中草药精华，胶原蛋白，甘草酸二钾等
粉底霜、粉底液、粉条、粉饼、蜜粉、胭脂	植物纤维粒子、纳米级物理折光剂、向日葵提取液、洋甘菊等多种植物精华等

7.1.3　化妆品对人体健康的影响

化妆品大多是化学合成品，虽然有保护和美化人体的功能，但使用不当也会对人体皮肤产生刺激作用，有些甚至会引起皮肤水肿、瘙痒、斑疹等“化妆品皮炎”。

（1）使用化妆品应注意的事项

① 不要使用变质的化妆品。化妆品中所含的油脂、蛋白质等物质时间长了容易变质或被细菌等微生物污染。化妆品应选用生产日期较晚且在保质期内的，储存在阴凉干燥处，并开启后一般在 3～6 个月内用完。

② 不要使用劣质化妆品。为防止使用纯度较低的劣质原料或添加了有毒有害物质制造的化妆品，应选择经卫生部门批准的优质产品。

③ 要防止过敏反应。用一种新产品前，应先做皮肤试验，无发红、发痒等反应时再用。一旦发现化妆品对自己皮肤有不良反应，应立即停用。

④ 应根据气候变化使用不同类型的化妆品。寒冷干燥的冬天宜用油性大的化妆品，春秋宜用水分大的化妆品，夏季外出应适当使用防晒产品以防晒伤。

⑤ 应根据自身特点选择适宜的化妆品。如油性皮肤应选用水包油型的霜剂，干性皮肤应选择油包水型的脂剂；娇嫩的皮肤应选用刺激性小的化妆品；小孩最好不使用化妆品；少女要选用专用化妆品，一般不要使用香水、香粉等美容化妆品。

⑥ 应注意化妆品的使用卫生。化妆品只供外用，应避免吃进体内。为慎重起见，最好在饮食前擦去口红，以免其随食物进入体内。睡前应将皮肤上涂的彩妆品洗去，不要涂着彩妆品入睡。

化妆品是每天都使用的日常生活用品，因此它的安全性居首要地位。化妆品与药品不同，药品即使具有某些暂时性的副作用，只要与治疗作用相比较是微不足道的，在一定条件下可以暂时允许使用。但化妆品则是长期使用，长时间停留在皮肤、毛发等部位上，因此不应有任何影响身体健康的不良反应或有害作用。

（2）化妆品易发生的安全性问题

① 毒性。化妆品的毒性是由化妆品的原料中含有超出规定量的毒性物质或违规添加了禁止使用的毒性组分所引起的。例如，粉类化妆品中的无机粉质原料常含有铅、镉、汞等有毒重金属，这些重金属会通过皮肤进入体内，日积月累不仅会造成色素沉积，而且还可能引起重金属中毒。铅中毒表现为损害骨髓造血系统，并引起贫血；铅中毒会损害神经系统，并引起末梢神经炎，出现运动和感觉异常；铅中毒还会对心血管和肾脏产生损害，并对消化系统产生危害。再如，汞离子能够干扰皮肤内酪氨酸变成黑色素的反应过程，使皮肤黑色素生成减少，从而使皮肤变白。所以汞制剂曾作为传统的化妆品原料，广泛用于化妆品中。至今仍有一些化妆品制造商为了达到快速祛斑的效果，在美白祛斑类化妆品中添加汞盐，尤其是少数美容院使用的一些自产自销化妆品中，汞盐的添加量非常高。汞在金属中是较富于脂溶性的，即汞相比于其他金属更易溶于脂肪通过皮肤可达到某种程度的吸收而严重危害消费者健康。汞中毒的症状是疲乏、多汗、头痛以及易怒，或发展为手指和脚趾失去感觉，视力模糊及肌肉痉挛萎靡，出现运动失调、听觉损害、语言障碍等症状。

② 致病菌感染性。化妆品的原料中有油脂、蛋白质、淀粉、维生素、水分等，这些营养性基体为微生物的生长和繁殖提供了丰富的物质条件。化妆品虽然通过添加防腐剂来防止微生物污染变质，但是在生产和使用过程中还是很容易受到微生物的污染。微生物将化妆品中某些成分分解，致使化妆品腐败变质，不仅影响化妆品的色、香、味及剂型，而且对使用者的健康造成危害。例如，使用被微生物污染的化妆品可能引起皮肤、面部器官等局部感染甚至全身感染。一些致病菌有可能通过皮肤的损伤部位或口腔侵入体内，其中铜绿假单胞菌可引起人的眼、耳、鼻、咽喉和皮肤等处感染，严重时能引起败血病；金黄色葡萄球菌能引起人体局部化脓，严重时也可导致败血病；链球菌易引起皮炎、毛囊炎和疖肿；某些真菌可能引起面部、头部等部位的癣症。

③ 刺激性。化妆品常含有酸、碱、盐、表面活性剂等化学成分，这些化学物质作用于皮肤、器官的黏膜等可能引起刺激性皮肤病变。这种病变是化妆品引起的最为常见的一种皮肤损伤。除了皮肤用化妆品，毛发用化妆品也可能出现刺激性接触性皮炎，如染发剂中含有的对苯二胺、在氧化过程中产生的中间产物苯醌二亚胺以及烫发剂中的巯基乙酸等也可刺激皮肤引发皮炎。另外，洗发水中的碱性表面活性剂以及睫毛膏中的间苯二酚等都会对眼睛产生刺激性，也会引发眼部炎症。

④ 过敏性。化妆品引起的过敏性接触性皮炎是化妆品引起的常见不良反应之一，是由化妆品内存在的致敏性物质引起的抗原抗体反应。皮肤病变往往具有以下特征：初次使用化妆品时，反应极其轻微或者没有任何不良反应；使用一段时间后，接触部位开始出现病变，皮炎部位的外观多种多样，出现米粒状丘疹，边界常不很清楚；停止使用后，皮肤的病变不会很快消失；如再次使用，可迅速诱发或加重病变，重症患者的皮肤

会出现红肿或出现弥漫性黑斑。

化妆品皮肤病是指人们在日常生活中使用化妆品引起的皮肤及其附属器官的病变，是一组有不同临床表现、不同诊断和处理原则的临床症候群。化妆品皮肤病发病前要有明确的化妆品接触史，皮肤损害的原发部位是使用该化妆品的部位，还必须排除非化妆品因素引起的相似皮肤病。

（3）化妆品易引起的皮肤病

① 化妆品接触性皮炎。这是指接触化妆品而引起刺激性接触性皮炎和变应性接触性皮炎。这是化妆品皮肤病最多见的类型，多发生在面部、颈部。一般来说，使用频率较高的普通护肤品常常引起变应性接触性皮炎，而特殊用途化妆品（如除臭、祛斑、脱毛等类）则常在接触部位引起刺激性接触性皮炎。

② 化妆品光感性皮炎。这是指用化妆品后，又经过光照而引起的皮肤炎症性改变。它是化妆品中的光感物质引起皮肤黏膜的光毒性反应或光变态反应。化妆品中的光感物质可见于防腐剂、染料、香料以及唇膏中的荧光物质等成分中，防晒化妆品中的遮光剂（如对氨基苯甲酸及其酯类化合物）也有可能引起光感性皮炎。

③ 化妆品皮肤色素异常。这是指应用化妆品引起的皮肤色素沉着或色素脱失，以色素沉着较为常见，多发生于面部、颈部，可单独发生，也可以和皮肤炎症同时出现，或者发生在接触性皮炎、光感性皮炎之后。

④ 化妆品痤疮。这是指由化妆品引起的面部痤疮样皮疹。多由于化妆品对毛囊口的机械堵塞引起，如不恰当地使用粉底霜、遮瑕膏、磨砂膏等产品，有可能引起黑头、粉刺或加重已存在的痤疮，也可造成毛囊炎症。

⑤ 化妆品毛发损害。这是指应用化妆品后引起的毛发损害。化妆品损害毛发的机理多为物理性损伤及化学性损伤，可以是化妆品的直接损害，也可能是化妆品中某些成分对毛发本身和毛囊的正常结构和功能的破坏。临床上可表现为发质的改变和断裂、分叉和脱色、质地变脆、失去光泽等，也可以发生程度不等的脱发。

⑥ 化妆品甲损害。这是指使用指甲化妆品所致的甲本身及甲周围组织的病变。指甲化妆品大致分为三类：a. 修护用品，如表皮去除剂、磨光剂等；b. 涂彩用品，如各种颜色的指甲油；c. 卸除用品，如洗甲水。这些化妆品成分中多含有有机溶剂、合成树脂、有机染料、色素及其他一些限用物质（如丙酮、氢氧化钾、硝化纤维等），它们多数有一定的毒性，对指甲和皮肤有刺激性和致敏性。如原发性刺激性皮炎由指甲清洁剂、表皮去除剂中的某些成分引起；变应性接触性皮炎可由指甲油的树脂类指甲硬化剂中的甲醛等成分诱发；光感性皮炎可由指甲油中的多种荧光物质引起等。

人们在购买化妆品时经常存在一些误区，以为越高级、越大牌、越具营养的化妆品越好，其实不然。从生理结构来讲，人体皮肤由表皮和真皮构成，表皮的最外层是角质层，它很坚实、紧密，能有效地防止细菌、有害物的侵入。在角质层的表面还有一层由分泌物组成的薄膜，它们一起构成了人体隔绝外界环境的有效屏障，保护着人体内部组织。因此，在正常情况下，营养型化妆品的营养成分是不能进入皮肤的，而往往只是以一种油膜的形式附着在皮肤上，使皮肤变软或减少皮肤水分的损失。皮肤的健康主要是靠内部的营养。在皮肤的真皮层里，有许多密密麻麻的毛细血管，其管壁非常薄，并且有一定的通透性，表皮细胞生长所需要的营养物质就是来自这些毛细血管渗出的各种氨基酸、糖类等。所以，皮肤细胞是靠真皮层从血液中获得营养的。化妆品中的营养物质实际上是不能给皮肤带来多少营养的，只有均衡营养、合理饮食、经常锻炼、加快血液循环才是增进皮肤健康的有效措施，而辅以适当的化妆品进行护肤保养，会使皮肤更焕发光彩。

化妆品已成为女士生活中必不可少的日用化学品，因此化妆品安全、舒适、无副作用成为能被使用的先决条件。“绿色”概念开始导入，并首先在国外从概念转入实施，最近我国化妆品也掀起了绿色狂潮。但有关专家指出，“狂潮”的背后，商业炒作多于实际内容。那么什么是绿色化妆品，绿色化妆品应该有什么样的标准呢?“绿色”是国际上对于环境保护有关的事物的通常称谓，“绿色化妆品”则是为了更加突出产品出自最佳生态环境。有的消费者把“绿色”与“天然”混为一谈，这显然是错误的。“天然”产品是没有额外添加任何化学成分的产品，一般真正的纯天然产品至多只能存放3天。绿色化妆品作为新兴事物，目前在国际上尚无通行的标准，但由英国科学家提出的绿色化妆品新概念却得到了广泛的认同。这一概念的具体内容是：① 选用纯天然植物原料，尽量不使用对皮肤有刺激作用的色素、香精和防腐剂，以减少化学合成物给人体带来的危害；② 采用在制造、使用、处理各个阶段中均对环境及人体无害的清洁生产技术，把污染防治由末端治理向生产过程转变；③ 使用可生物降解的和可再生利用的包装材料，减少过度包装，包装容器尽量循环使用；④ 用安全的液化石油气和二甲醚作为喷发胶、剃须用品、喷雾香水用的气溶胶喷射剂，以消除对臭氧层的破坏；⑤ 舍弃化学合成添加剂而采用生物工程制剂、天然植物提取物，在安全无害的前提下发挥除痘、美白、抗衰老等功效。由于绿色化妆品是一种高附加值的产品，它的萃取技术难度很高，而且需要消耗大量的植物资源，如从芦荟中萃取芦荟绿素，好比是从沙土里提炼黄金，因此其价格是比较昂贵的。

7.2　洗涤用品

随着人类文明生活的进步与发展，无论是工作环境还是生活环境，都需要保持良好的卫生状况。古人说，“流水不腐，户枢不蠹”，只有经常洗去污垢，才能保持干净。为了创造一个干净、卫生、舒适的工作、生活环境，就要使用不同性能的洗涤用品清除各种污垢。人类对清洁卫生的需要促进了洗涤用品的快速发展。

洗涤用品是广大劳动人民在长期生活和生产实践中发现和创造出来的。日常生活中，手、脸、衣服、物品上的污垢不只是尘土，还有蛋白质、油脂等混合物附着在其上，甚至浸润到纤维内部，仅用水是不能洗掉这些污垢的。为了解决这一问题，我国从古代起就知道利用天然产物来洗涤衣服。古人最早使用的是草木灰和天然碱，后来又发现不少植物的根、茎、叶可以洗衣服，如茶子饼、无患子、马粟等，特别是皂角。这些植物都含有皂素，衣物洗后有较好的光泽和手感。但是从植物中提取皂素有一定的局限性，其不易保存，不能大规模生产，也不能满足人们的需要，而且皂素对人体有一定毒性，使用范围受到一定限制。

随着人们需求量的增加，洗涤剂的生产得到了飞速发展，但生产工艺和产品质量的监督、管理尚未达到规范化的要求。一些假冒、伪劣产品混进市场，加之使用者缺乏必要的卫生知识和自我保护意识，所以因洗涤剂使用不当而对人体造成伤害的事件时有报道。为了保护消费者的健康和生态环境，保证生产合格的产品，我们国家对洗衣粉、香皂等合成洗涤剂制定了一系列标准。此外，消费者还要以预防为主，增强自我保护意识，增加科学知识，了解洗涤剂的主要化学成分、特性、作用及有关卫生知识，正确选购和使用洗涤用品。

7.2.1 洗涤用品分类

（1）按应用领域分类

合成洗涤剂可分为工业用洗涤剂（如用于纺织工业、金属表面处理和车辆洗刷等）和日用洗涤剂（如洗涤日常生活中的丝、毛、棉、麻等织物，餐具器皿和家用设备）。

（2）按去除污垢类型分类

合成洗涤剂分为重垢型洗涤剂（用于洗涤污染程度较重的物品，如汗渍斑斑的衣物）和轻垢型洗涤剂（用于洗涤污染程度较轻的物品，如蔬菜水果）。重垢型洗涤剂通常含有多种助剂，用以去除难以脱落的污垢，以粉状为主；轻垢型洗涤剂含很少助剂或不含助剂，用以去除易脱落的污垢，以液体为主。

（3）按使用对象分类

合成洗涤剂可分为衣用洗涤剂（如洗衣粉、衣物柔顺剂、领洁剂、干洗剂等）、发用洗涤剂（如各种洗发水）、皮肤洗涤剂（如洗面奶、洗手液、沐浴液等）和厨房洗涤剂（如瓜果洗涤剂、灶具清洗剂等）等。

（4）按外观形态分类

合成洗涤剂可分为块状洗涤剂、粉状洗涤剂、膏状洗涤剂和液体洗涤剂。

（5）按原料来源分类

合成洗涤剂可分为使用天然原料的洗涤剂和使用人工原料的洗涤剂。

7.2.2 洗涤用品主要化学成分

合成洗涤剂主要由表面活性剂和各种辅助剂按一定比例配制而成。

（1）表面活性剂

表面活性剂是分子结构中含有亲水基团和亲油基团的化合物。加入很少的量即能显著降低溶剂（一般为水）的表面张力，改变体系界面状态，从而产生润湿或反润湿，乳化或破乳，起泡或消泡，增溶等一系列作用。表面活性剂是洗涤剂的主要成分。

大家都知道油和水不相溶，搅拌后成乳状，静置后仍然分成两层，这是由于水和油之间，即液体间存在着一种表面张力。如何使油水相溶呢？表面活性剂就起这个作用。

表面活性剂是由憎水基和亲水基组成的两亲化合物，即由非极性的亲油（疏水）的碳氢链部分和有极性的亲水（疏油）部分组成，而且这两部分处于分子的两端，形成不对称结构。表面活性剂由于同时具有亲油性和亲水性的两亲性质，所以能吸附在油水互相排斥的界面，其亲油基分解成阴离子。

阴离表面活性剂是表面活性剂中使用量最大的一类，主要有羧酸盐、烷基硫酸盐、烷基磺酸盐、磷酸酯盐等种类。

① 羧酸盐类表面活性剂一般是天然油脂（也可用脂肪酸）与碱加热皂化制得的脂肪酸皂。随着碳链加大，凝固点增高，脂肪酸皂的硬度加大。钠皂和钾皂在软水中能产生较高的泡沫，有较高的去污能力。羧酸盐中的硬脂酸钠可以作为乳化剂，月桂酸钾有丰富的泡沫和乳化作用，是液体皂和洗发水的主要成分。

② 烷基硫酸盐也被称作脂肪醇硫酸盐，它是液体洗涤剂的主要原料，特点是在硬水中稳定。溶液呈中性或弱碱性，具有很好的发泡性和乳化作用，去污力强，适合做洗发水等中高档液体洗涤剂。常使用的烷基硫酸盐表面活性剂有月桂硫酸钠、月桂醇聚氧乙烯醚硫酸钠等。

③ 烷基磺酸盐是一种阴离子表面活性剂。烷基苯磺酸盐是阴离子表面活性剂中最重要的一种品种，也是中国合成洗涤剂的主要活性成分。烷基苯磺酸盐在硬水中不与钙、镁离子形成沉淀，既耐酸又耐碱，有良好的去污力、渗透力、润湿力和起泡力。烷基苯磺酸盐泡沫稳定性以及化学稳定性好，而且原料来源充足、生产成本低，在民用和工业用清洗剂中有着广泛的用途。

④ 磷酸酯盐也叫高级醇磷酸酯盐或烷基磷酸酯盐，它们是非常重要的阴离子表面活性剂。它们是用疏水原料高级脂肪醇与五氧化二磷中和制得。在合成洗涤剂中主要起抗静电、乳化、消泡和增稠的作用。其中，十二烷基磷酸酯盐可用作抗静电剂、调理剂；聚氯乙烯十二烷基醚磷酸酯盐稠度高，去油去污力强，适用于餐具洗涤。

阳离子表面活性剂的共同特性是溶于水时，其憎水基分解成阳离子。一般阳离子表面活性剂不具备去污能力，而且阳离子表面活性剂和阴离子表面活性剂配位后则发生沉淀，但可用作杀菌消毒剂，也可用作柔软剂、破乳剂及抗静电剂。几乎所有阳离子表面活性剂都是有机胺的衍生物。最常用，也是数量最大的一类为季铵盐阳离子表面活性剂，主要作柔软剂、抗静电和杀菌剂。

（2）辅助剂

洗涤剂中的辅助剂是指在去污过程中增加洗涤剂作用的辅助原料。它们可使洗涤的性能得到明显改善，或者降低表面活性剂的使用量，是洗涤剂的重要组成部分。辅助剂的种类很多，以下介绍几种辅助剂。

① 沸石是具有三维构造的硅铝酸盐，可软化洗涤剂，使其呈碱性，吸附污垢离子增强洗涤效果。合成沸石不仅价廉，而且在封闭水域中不存在富营养化的问题，对人与环境安全，在无磷洗涤剂中占有一定的比例。

② 硅酸钠有缓冲作用，使溶液的酸碱度稳定维持在一定范围内。硅酸钠能和水里的高价金属离子形成沉淀，对污垢粒子有悬浮、乳化、分散等作用，还有稳定泡沫的作用。它是金属的缓蚀剂，可以有效抑制三聚磷酸钠对洗衣机中金属的腐蚀。

③ 碳酸钠俗称纯碱，在水中显碱性，适合加入重垢粉状洗涤剂中，用于洗涤棉织物上的脂肪污垢。它碱性较强，会刺激皮肤，损伤丝、毛纤维织物的强度，所以高档洗衣粉中不含碳酸钠。

④ 羧甲基纤维素钠是纤维素用氯乙酸处理后得到的产物。它能够吸附在污垢质点周围以及织物的表面，使污垢质点很好地悬浮并分散在溶液中，不再沉积到织物上，羧甲基纤维素钠是洗涤剂中不可缺少的抗再沉淀剂。它还能使织物柔软，提高洗涤液的黏度，起润湿织物、稳定泡沫等作用。

⑤ 过氧化物以过硼酸钠和过碳酸钠为代表。随着洗衣机的普及，它们被适量地加到洗衣粉中，增强洗涤效果。在较高温度下，过氧化物能放出初生态氧，对织物起漂白作用，且不影响纤维本身性能，是良好的洗涤漂白剂。

7.2.3 洗涤用品对人类健康及环境的影响

日用洗涤剂正在逐步成为当今社会人们的生活必需品。在使用洗涤剂的同时，化学污染可能正通过各种渠道对人类的健康造成危害。由于这种污染的危害短时间内不是很明显，因此往往会被忽视。但是，微量污染持续进入体内，积少成多可以造成严重的后果，导致人体的各种病变。洗涤剂是石化产品，它的主要成分是表面活性剂，为了具有更多更好的洗涤功能，市场上的许多产品还添加了一些新的成分，如助洗剂、稳定剂、分散剂、增白剂、香精和酶等。研究表明，表面活性剂、增白剂、助洗剂直接接触或者附着在衣物上，会刺激皮肤，破坏皮肤角质层，使皮肤变得干燥、粗糙。长期接触洗涤剂还可能使皮肤出现瘙痒。因为人体的皮肤是弱酸性的，它具有抑制细菌生长的作用，而某些洗涤剂如洗衣粉呈碱性，人的皮肤和它接触时间久了的话，皮肤的弱酸性环境会遭到破坏，其结果就是出现皮肤瘙痒现象，某些过敏体质者还会出现皮炎等症状。此外，增白剂、表面活性剂、过多的香精等物质，在与人的皮肤、手接触后还可能使人发生过敏，出现湿疹、皮炎等症状，对健康造成很大危害。

合成洗涤剂开发后广泛用于洗涤业，并逐渐取代肥皂。20 世纪 70 年代以前洗涤剂中的表面活性剂主要为支链烷基苯磺酸钠，该物质不易被生物降解，洗涤剂中的大量泡沫就是由这些支链烷基苯磺酸钠在水中聚集所引起的。为解决泡沫对水体的污染问题，人们开始采用直链烷基苯类化合物代替支链烷基苯磺酸钠。理论上讲，直链烷基苯类化合物在环境中基本可被生物降解，对生态环境是安全的；但在其生产和使用过程中大剂量接触对人体健康还是有一定危险的，尤其是它的生殖毒性更值得重视，欧美等发达国家已开始开发和使用更加安全的替代品。

洗涤剂中的磷酸盐造成水体富营养化。洗涤剂中除了有表面活性剂外，还有许多助剂，其中三聚磷酸盐是合成洗涤剂最理想的助剂，自它引入合成洗涤剂配方后，洗涤剂的性能得到了大大提高，从而使洗涤剂工业有了一个大的飞跃。由于洗涤剂用后的废水大多通过下水道排入江、河、湖、海，因此直接对水体产生富营养化。近年来，我国珠江、长江口水质含氨、磷量增高，内陆的太湖、西湖、东湖、滇池、巢湖等城市饮用水水源地也因含磷、氮等营养成分超标造成水藻过量繁殖，水体发臭，使饮用水质量降